驯服螺旋帽

——葡萄酒密封技术的革命

Taming the Screw

A manual for winemaking with screw caps

［澳］Tyson Stelzer 著

特约编辑
Jeffrey Grosset
Michael Brajkovich MW
Dr John Forrest

廖祖宋　宋利珍　王春晓　主译

中国农业大学出版社
·北京·

内容简介

本书作为国内第一部关于螺旋帽主题的中文酿酒手册，填补了国内螺旋帽葡萄酒的知识空白。本书全面介绍了螺旋帽的优点和工作原理，引导消费者正确认识螺旋帽，同时可帮助酒厂(庄)建立螺旋帽葡萄酒的灌装、检验技术体系，从而推动螺旋帽的普及。

本书从五个部分详细介绍了所有与螺旋帽有关的主题——从葡萄树到消费者的整个生产加工过程。第一部分介绍螺旋帽的发展历史、选择螺旋帽的20个理由；第二部分介绍螺旋帽和螺口瓶的生产加工及质量控制；第三部分介绍与之相应的葡萄酒工艺及化学；第四部分介绍了螺旋帽葡萄酒的灌装及检验；第五部分介绍了螺旋帽葡萄酒的储存与运输操作。要实现成功的密封，获取稳定的葡萄酒，每个环节都必须协同工作。

全书以大量实例向大家展现出螺旋帽的优异密封性能，加上高度的一致性、容易开启等特点，螺旋帽被公认为葡萄酒最理想的密封物。螺旋帽的发展历史较短，但近几年在全世界得到迅猛发展，目前澳大利亚和新西兰至少80%的葡萄酒使用了螺旋帽。一个成功的市场营销，在于让消费者理解选择螺旋帽的理由。

螺旋帽的关键在于垫片；螺口瓶提供了螺纹和塑模样板；封帽设备提供了密封压力。螺旋帽的成功应用，需要螺旋帽、螺口瓶、封帽设备和密封操作等四个方面的协同作用。严格的质量控制程序有利于螺旋帽的成功应用。

图书在版编目(CIP)数据

驯服螺旋帽——葡萄酒密封技术的革命/泰森著；廖祖宋等主译. —北京：中国农业大学出版社，2013.2

书名原文：Taming the Screw：A manual for winemaking with screw caps

ISBN 978-7-5655-0648-2

Ⅰ.①驯… Ⅱ.①泰…②廖… Ⅲ.①葡萄酒-包装材料-研究

Ⅳ.①TS261.4

中国版本图书馆CIP数据核字(2012)第311169号

书　名　驯服螺旋帽——葡萄酒密封技术的革命

作　者　Tyson Stelzer 著　　廖祖宋　宋利珍　王春晓　主译

责任编辑　梁爱荣　　**责任校对**　王晓凤　陈　莹

封面设计　郑　川

出版发行　中国农业大学出版社

社　址　北京市海淀区圆明园西路2号　　**邮政编码**　100193

电　话　发行部 010-62818525,8625　　读者服务部 010-62732336

编辑部 010-62732617,2618　　出　版　部 010-62733440

网　址　http://www.cau.edu.cn/caup　　**E-mail** cbsszs @ cau.edu.cn

经　销　新华书店

印　刷　涿州市星河印刷有限公司

版　次　2013年3月第1版　2013年3月第1次印刷

规　格　787×1 092　16开本　16.5印张　310千字

定　价　58.00元

图书如有质量问题本社发行部负责调换

本书简体中文版本翻译自 Tyson Stelzer 著的“Taming the Screw：a manual for winemaking with screw caps”。

Translation from the English language edition：

Taming the Screw：a manual for winemaking with screw caps by Tyson Stelzer.

Copyright © Tyson Stelzer 2005.

All rights reserved.

中文简体版本由 Tyson Stelzer 授权中国农业大学出版社专有权利在中国出版发行。

All rights reserved. No part of this book may be reproduced，stored in retrieval system，or transmitted in any form or by any means，electronic，mechanical，photocopying，recording，or otherwise，without the prior written permission of the publisher.

本书任何部分之文字及图片，如未获得出版者之书面同意不得以任何方式抄袭、节录或翻译。

著作权合同登记图字：01-2012-8307

将螺旋帽用于优质葡萄酒是当代葡萄酒产业最重要的收获。

——Jeffrey Grosset

译　　者

主　　译　廖祖宋　宋利珍　王春晓

参译人员　马静远　赵　薇　罗媛媛　赵顺亮
乔鹏宇　都人豪　孙婴婴

译者序

螺旋帽与软木塞一样都是葡萄酒的密封物。

螺旋帽有着容易开启、成本低、方便储存、密封性能优异、没有木塞污染等优点。澳大利亚葡萄酒研究所（AWRI）对螺旋帽开展了一系列试验，最终证实了螺旋帽的优异密封性能。2008 年 6 月，《Decanter》在其官网上正式声明螺旋帽是葡萄酒最好的密封物。

由于遭受木塞污染（TCA）问题，2000 年澳大利亚克莱尔谷的 13 位酿酒师发起了一场使用螺旋帽的运动，也正是这一运动使得螺旋帽在近 10 年时间风靡全球，目前澳大利亚和新西兰本土葡萄酒中螺旋帽的比例超过 80%，传统国家如法国、意大利等国的本土酒中不乏螺旋帽的身影。2011 年 12 月，山西怡园酒庄在中国推出第一款螺旋帽葡萄酒，螺旋帽在中国本土酒中悄然兴起。

2011 年的报告显示，中国已超越英国成为世界第 5 大葡萄酒消费国。在进口酒中，澳大利亚葡萄酒在中国市场一直稳居第二，而澳大利亚葡萄酒超过 80%使用螺旋帽密封，越来越多的中国消费者接触到螺旋帽葡萄酒。

即便如此，绝大多数中国消费者对螺旋帽缺少了解。人们拿软木塞来做参照，主观地认为螺旋帽只适于廉价酒，甚至对这种密封物持怀疑态度。目前国内缺少系统介绍螺旋帽的中文书籍，作为国内第一部关于螺旋帽的中文书籍，希望以此弥补知识空白，向中国消费者展示螺旋帽的真实面貌。

刚刚获得 2012 年迈克威廉姆斯杯莫里斯·奥谢奖的格罗赛特在获奖演说中提到，这本书告诉人们选择螺旋帽的原因以及指导人们如何使用螺旋帽。本书中文版成稿于怡园酒庄，相关术语及难点在实际操作中摸索完成。如有不当或误译之处，恳请专家、读者赐教，译者对此深表歉意，并将及时纠正。

很高兴中国农业大学出版社负责本书的出版，该出版社此前已推出多部葡萄酒译著。感谢梁爱荣老师的辛勤努力。

希望有一天，当一切顺理成章地实现，那时我们可以坐下来，手握酒杯，忘却密封物，尽情享受葡萄酒的美妙、灵魂和激情！

廖祖宋

2012-12-12

目录

第三部分 酿造工艺和化学

第四部分 灌装

免责声明

感谢为本书编写提供过帮助的无数酿酒师、酒瓶制造商、螺旋帽供应商、灌装公司和顾问，是他们慷慨无私的帮助才使这个项目得以完成。许多个人和公司为本书提供了技术参数资料，但作者无意去推广任何一款产品及其供应商。写入或未写入本书的产品，我们绝没有暗示认可或否定之意。

随着这个领域新标准和新技术的快速发展，我们尽最大努力确保所介绍的理论代表着最实际有效的指导。本书所有信息真诚为您提供，并且广泛借鉴领域内最具经验专家的意见。任何由于本书编译产生的后果，作者和编辑不承担任何责任。

我们鼓励用户通过自己的试验来确定所使用的瓶子、帽和封帽设备的准确性、安全性和匹配性。鉴于本书提供的信息可能应用于各种条件，由此与书中程序产生的轻微偏差都是可接受的。

某一品牌的技术参数由该公司根据实际产品重新绘制而成。印刷时，我们尽最大努力确保这些数据的准确性和时效性。由于瓶帽的设计在不断发展，建议用户对比本书提供的图表、数据信息与厂家最新的数据表，确保使用最新的数据信息。

“斯蒂文”(Stelvin)和“斯泰尔普”(Stelcap)是佩希内包装公司(Pèchiney Capsules)的注册商标。“苏普尔万”(Supervin)是奥斯凯普公司(Auscap)的注册商标。“萨兰”(Saran®)是道尔公司(Dow corporation)的注册商标。本书的这些术语旨在明确这是产品的品牌。而“螺旋帽”(screw caps)泛指所有品牌的螺旋帽产品。

本书受版权保护。除了在重要文章和综述中简要引用外，本书任何一部分内容在未经出版商书面允许的情况下严禁印刷和电子转载。

图 1　泰森・斯泰尔则(Tyson Stelzer)

泰森·斯泰尔则(Tyson Stelzer)

澳大利亚布里斯班葡萄酒出版社(Wine Press),葡萄酒作家

泰森·斯泰尔则是葡萄酒自由职业作家,编写了如下书籍:《选择螺旋帽是否正确?螺旋帽红葡萄实例》、《密封保障:为什么选择螺旋帽》、《窖储葡萄酒——DIY 方案》。

1996 年泰森毕业于昆士兰大学(University of Queensland),并在此取得理学、文学双学士学位和教育学毕业证书。目前正在研修教育硕士学位,并在黄金海岸的三一路德学院(Trinity Lutheran College)担任主任一职。同时他还是科教书《物理》的联合作者,负责编写《背景方法》和《科学 10》。

泰森在科学和教育学的经验以及对葡萄酒产业浓厚的兴趣,为螺旋帽技术的广泛研究奠定了基础。近几年,他与葡萄酒行业中数百位从事螺旋帽研究的前沿人物建立并保持了密切联系。泰森很快成为发表这一主题最多的国际作家。

他的开创性书籍《选择螺旋帽是否正确?螺旋帽红葡萄酒实例》于 2003 年出版后在全球引起轰动。不到一年时间,已经印刷了 3 个版本并在 20 多个国家销售。提到这本书,《葡萄酒观察家》的作者哈维·斯特曼(Harvey Steiman)总结道"如果螺旋帽在全世界取得成功,斯泰尔则的书功不可没。那时我会站在酒窖为他拍手庆祝!"*Divine* 杂志报道说这本书罗列出"让读者第一次看到所有争议性的问题。"

2003 年以来,泰森在杂志和期刊上就螺旋帽发表了 20 多篇文章,这些杂志和期刊包括《实用车间和基地》(加州) *Practical Winery & Vineyard (California)*、《澳大利亚与新西兰种植师及酿酒师》*Australian and New Zealand Grapegrower & Winemaker*、《澳大利亚与新西兰葡萄酒行业期刊》*Australian and New Zealand Wine Industry Journal*、《澳大利亚葡萄种植师》*Australian Vignerons*、《全国酒饮料新闻》*National Liquor News*、《葡萄酒前沿月刊》*Winefront Monthly*、《葡萄酒专家》*Winepreos* 和《葡萄酒之星周刊》*The Winestar Journal*。

泰森几乎在澳大利亚每个州的广播节目和新西兰国家广播中都谈到了螺旋帽,并详细介绍了螺旋帽的诸多功能。2004 年 11 月在新西兰布伦海姆(Blenheim)召开的第一届国际螺旋帽研讨会上由他致闭幕词。

图 2　杰弗瑞·格罗赛特(Jeffrey Grosset)

杰弗瑞·格罗赛特(Jeffrey Grosset)

澳大利亚克莱尔谷格罗赛特酒庄(Grosset Wines)酿酒师

在毕业取得酿酒学和农学资格证书后,杰弗瑞·格罗赛特在大西部公司(Great Western)向赛皮特(Seppelt)学习积累经验,后来担任卡拉多克(Karadoc)地区林德曼(Lindemans)酒庄的酿酒师。随后在德国工作一小段时间后,杰弗瑞返回了澳大利亚,并于1981年在克莱尔谷的奥本(Auburn)建立了格罗赛特酒庄。

历经25年,格罗赛特酒庄的品质被人们广泛认可。波兰山(Polish Hill)和水谷(Watervale)的雷司令都列入了澳大利亚葡萄酒兰顿(Langton)分类的优秀级别。罗伯特·帕克(Robert Parker)赞誉波兰山"这是我在澳大利亚品尝过的最出色的干型雷司令",詹希斯·罗宾逊(JR)称赞这款酒是"可以购买到的新世界顶级的雷司令之一。"2000年詹姆斯·哈利迪(James Halliday)选出了澳洲百佳葡萄酒(Top 100 Australia Wines),其中格罗赛特就有3款入围,詹姆斯·哈利迪评论这是"唯一一家入围三款酒的生产商",并认为"格罗赛特作为酿酒师精湛技术和严格细节把控的又一见证。"

1998年10月,杰弗瑞荣获首届"葡萄酒杂志澳大利亚年度酿酒师"称号。评委会主席彼得·福瑞斯特(Peter Forrestal)评价道"评委们认为在过去的一年没有任何一位酿酒师像杰弗瑞那样给澳大利亚葡萄酒行业和公众留下如此深刻的印象!"

仅仅两个月后,在德国汉堡(Hamburg, Germany)举办的第二届雷司令峰会上,杰弗瑞被评为首届"国际雷司令年度酿酒师"。

2000年,由于遭受木塞污染和氧化问题,杰弗瑞和其他12位克莱尔谷酿酒师组成的小团队,将螺旋帽用于他们的优质雷司令。这是一个重要的举措,为此还专门从法国进口了一种新型酒瓶。他们的创举证明了澳大利亚可以使用螺旋帽,第二年即有近50个生产商效仿了他们的做法。

作为在国际上拥有很高声誉的顶级酿酒师,杰弗瑞将螺旋帽用于他的雷司令葡萄酒,随后用于他的优质红葡萄酒Gaia,结果证明具有很高的影响力。其他顶级酿酒师纷纷效仿,包括澳大利亚、新西兰、德国还有法国的酿酒师。2001年访问新西兰时,他组织了一次螺旋帽陈年雷司令的品酒会,立即促成了新西兰螺旋帽协会的成立。

杰弗瑞在葡萄酒酿造和螺旋帽灌装上一直备受同行的追捧。他相信这些信息可以为全世界生产者享有,同时反过来还有助于更好地理解螺旋帽的工作原理。为此,2003年他筹建了澳大利亚密封基金会(ACF),借此积累并宣传葡萄酒密封物的知识。2004年,ACF设立了一项研究奖学金,用以研究氧气对瓶储葡萄酒的影响作用,该研究成果转载于本书附录2中。

杰弗瑞认为,将螺旋帽引入优质酒是近代葡萄酒产业最有意义的收获。他相信螺旋帽是目前最好的密封物,格罗赛特的葡萄酒全部使用了螺旋帽。

图 3　葡萄酒大师迈克尔·布拉克维奇(Michael Brajkovich, MW)

葡萄酒大师迈克尔·布拉克维奇(Michael Brajkovich,MW)

新西兰库妙河酒庄(Kumeu River Wines)酿酒师

1981 年在南澳的罗斯沃斯农学院完成酿酒学(他是学习标兵)后,迈克尔回到了家族在库妙河的庄园,开始承担起酿造葡萄酒的使命,从此游历于广袤的葡萄酒世界。1983 年他在法国利布尔纳 (Libourne) 地区的知名酒商让·皮尔·莫艾克 (Jean Pierre Moueix) 的庄园经历了葡萄采摘期,与此同时还走访了勃艮第等重要产区。

基于这些经历,库妙河酒庄诞生了一系列新产品。库妙河霞多丽在国际市场尤其是在美国取得了巨大成功并获得极高的评价。《葡萄酒观察家》已经 6 次将库妙河酒庄的霞多丽列入年度百佳葡萄酒名单。

1989 年,迈克尔成为新西兰第一位"伦敦葡萄酒大师学会"的成员。他常年担任新西兰国家葡萄酒大赛的评委,并在澳大利亚几个主要城市,包括堪培拉、霍巴特、珀斯和阿德莱德的葡萄酒展上担任评委。

在品尝了 20 世纪 80 年代早期南澳许多螺旋帽陈年葡萄酒后,迈克尔坚信螺旋帽可以为高品质的白葡萄酒提供长期有效的密封。2000 年在克莱尔谷酿酒师的引领下,库妙河酒庄于 2001 年开始使用螺旋帽。与此同时其他众多生产商也成为了新西兰螺旋帽葡萄酒密封协会的成员。迈克尔荣任协会首任主席(2001—2003)。

酒庄葡萄酒品质的不断提升和螺旋帽显著的技术优势,令迈克尔备受鼓舞。到 2001 年底,酒庄所有葡萄酒都使用了螺旋帽。

图4　约翰·福瑞斯特博士(Dr John Forrest)

约翰·福瑞斯特博士(Dr John Forrest)

新西兰马尔堡地区福瑞斯特庄园(Forrest Estate Winery)酿酒师及所有者

1981 年约翰·福瑞斯特博士毕业于新西兰奥塔哥大学,并获得神经生物学博士学位。在加州、澳大利亚和新西兰从事 8 年的分子生物和医药工作后,1989 年约翰回到了马尔堡(Marlborough)并建立了福瑞斯特庄园。

福瑞斯特庄园是一个小型的顶级葡萄酒公司,以清新雅致的白葡萄酒和浓郁的红葡萄酒著称。他的长相思、霞多丽、雷司令、琼瑶浆和黑比诺全部来自马尔堡葡萄园;波尔多式红葡萄品种来自霍克湾(Hawkes Bay)的吉百特格拉维尔(Gimblett Gravels)地区;优质黑比诺则来自奥塔哥的班诺克本(Bannockburn)和北瓦塔其园(Waitaki North)。

1990 年福瑞斯特首个年份的葡萄酒立即获得了成功,一举摘得全国葡萄酒大赛奖杯。从此以后,福瑞斯特不断在全国和国际上获得大奖,包括新西兰航空葡萄酒大赛、旧金山国际葡萄酒展、新西兰皇家复活节展、布拉加托(Bragato)葡萄酒展和澳大利亚冷凉气候葡萄酒大赛等。

约翰·福瑞斯特将自己的激情、艺术鉴赏力以及科学家的严谨性融入酿酒中。皇家复活展授予福瑞斯特展会酿酒师头衔即是对他酿酒技艺的肯定。他十分注重"亲自动手",在葡萄园和酒厂中都可以看到他和他的小团队的身影。他还会花大量时间满世界热情地推广他的葡萄酒。

约翰在新西兰葡萄酒产业担任数职,包括新西兰葡萄种植委员会成员和新西兰葡萄种植研究委员会成员,马尔堡葡萄酒营销公司董事会成员以及伯特珍生物技术公司董事会成员。约翰还是新西兰螺旋帽协会发起人之一,现在仍是该协会成员。

约翰在世界各地满怀激情地推广螺旋帽。他将螺旋帽用于自己所有的葡萄酒,以此证明对该密封技术优越性的肯定。

前言

软木塞由栓皮栎的树皮制成，主要在葡萄牙和西班牙种植生产，传统上一直用于瓶装密封。一个根深蒂固的传统观念认为，软木塞是葡萄酒最好的密封物。由于软木塞是天然制品（组成不同、微孔结构），再加上生产质量控制的差异，使得软木塞面临三大问题：渗漏、随机氧化和污染。随着木塞质量的提高，渗漏不再是大的问题；随机氧化是木塞多样性的表现，这一直困扰着我们；随着其他酿造污染问题被克服，木塞污染开始引起我们的广泛关注。

这三个问题促使酿酒师寻找新的密封物，反过来也刺激木塞生产商加强质量控制。目前已发展多种密封物，其中一种是防伪帽筒式的密封物，也就是早期人们熟知的斯泰尔普-万螺旋帽。斯泰尔普-万螺旋帽由法国乐博查机械公司（Le Bouchage Mècanique）生产，在澳大利亚的名称是斯蒂文，由佩希内公司（后兼并LBM公司）推广。这种密封物具备优质密封物的潜质，激励着人们将其用于红白餐酒中。

这种螺旋帽的基本特点是，与酒液接触的是一层惰性锡层，能够阻止气相、液相的交换。选择锡做垫片的另一个重要原因是它不会与葡萄酒发生反应，而其他金属会被葡萄酒腐蚀。后部支撑锡层的填充物，其材质和质量也很重要。

1970年，澳大利亚联合工业公司（Australian Consolidated Industries/ACI）获准在澳大利亚生产斯泰尔普和斯泰尔普-万螺旋帽，ACI意识到要使这两种螺旋帽在澳大利亚取得成功，必须有科学的推广方法。为了与法国方面区分，澳大利亚将斯泰尔普-万缩写为斯蒂文。随后，澳大利亚三个大型酿酒公司联合澳大利亚葡萄酒研究所（Australian Wine Research Institute/AWRI），在墨尔本的ACI实验室进行了一系列试验，下面做简要介绍。

大家一致赞同与酒厂合作实施灌装计划，以便安装螺旋帽灌装设备。由ACI担当这些公司的顾问，来确保灌装设备的安装并监控灌装设备的公差。接下来成立了由4个顶级酿酒专家组成的品尝小组——奔富葡萄酒有限公司（Penfolds Wines Pty Ltd）的唐·J·迪特（Don J Ditter），迈克威廉姆斯葡萄酒有限公司（McWilliams Wines Pty Ltd）的布鲁斯·泰森（Bruce Tyson），赛皮特父子私人有限公司（B Seppelt and Sons Pty Ltd）的彼得·韦斯特（Peter Weste）和作为澳大利亚葡萄酒研究所主席的我。

我们对来自每个公司的一系列750 mL装红白葡萄酒，使用了斯蒂文358螺旋帽、一系列其他螺旋帽和标准软木塞。然后将所有酒分成两组，放置在一个专门建造的能够严格温控的储藏室，于13℃和22℃两个温度下存放。在瓶子上标注编号，随机储存，最后取出品尝并做点评。前三年每半年品尝一次，三年后每年品尝一次。AWRI的贝万·威尔逊（Bevan Wilson）测量了开瓶扭矩、缺量体积、二氧化硫含量和pH等指标。所有结果由阿德莱德联邦科学和工业研究组织数学统计学会(CSIRO Division of Mathematical Statistics)的格兰汉姆·康西丁博士(Dr Graham Considine)使用方差分析进行数据统计。

品尝是在ACI专门设计的具有温控和湿控的实验室中进行,每个人都有独立的品酒室。葡萄酒被放在随机编号的酒杯中,这样品尝者不知道葡萄酒的真实身份。算下来,12种不同的密封物涉及成千上万瓶酒。

整个项目由ACI公司来确保结果的客观性,项目的总成本还不清楚但一定非常巨大。试验结果说服了ACI和品尝小组的专家——对于两种温度下的红白葡萄酒,斯蒂文都以最高的统计结果胜过了其他所有密封物(包括软木塞),而高温下的差异更显著。

由ACI组织的品尝小组和其他顾问通过大量试验和评价,得出这个结论:将斯蒂文用于餐酒的商业生产是可行的。研究结果刊登在《澳大利亚葡萄种植师及酿酒师》的两篇文章中(埃里克,1976;兰金,1980),而该杂志当时已在葡萄酒行业具有很高的知名度。

基于试验结果,人们期待着螺旋帽的商业应用能够蓬勃发展。但近30年,情况并非预想的那样。一些富于进取的葡萄酒公司如御兰堡(Yalumba)、托马斯哈迪(Thomas Hardy)和赛皮特(Seppelt)开始使用螺旋帽,但除了赛皮特的马鲁巴莫赛尔酒,其他的并不是很成功。销售人员给出的解释是这种密封物看起来廉价(尽管它并不便宜),而消费者和侍酒师传统地认为酒瓶本应该搭配软木塞。消费者的偏好战胜了已经被证实的技术发现。

近几年随着葡萄酒品质的提升,人们开始重新关注木塞污染。研究发现这主要是由于存在极少量的2,4,6-三氯苯甲醚(TCA),这种很臭的化合物其感觉阈值低到十亿分之一。人们发现TCA与木塞制作过程有关,因为处理树皮时会加入氯,而软木树皮中一旦有霉菌和真菌,很容易产生TCA。

由于斯蒂文螺旋帽不含TCA,这激励了许多酿酒师开始使用斯蒂文或类似密封物封装葡萄酒。据我所知,目前使用的一种表面涂层萨兰垫片并没有出现在我们的测试项目中。2000年13位克莱尔谷酿酒师决定将斯蒂文用在他们的顶级雷司令中,随后的2001年其他生产商纷纷效仿,从而推动了螺旋帽在澳大利亚白葡萄酒的大量应用。此后,螺旋帽也开始用于红葡萄酒中。试验结果与执行试验酿酒师的预想一样,螺旋帽可有效密封红葡萄酒。

这里我要提到其中一位特约编辑——新西兰的迈克尔·布拉克维奇。迈克尔是我在罗斯沃斯农学院的优秀学生,在那里他取得了酿酒师资格,此后有力推动了螺旋帽在新西兰的应用。

有个名称需要解释。"斯蒂文"用以代表我们的试验以及来自澳大利亚和新西兰葡萄酒行业中其他生产者所试验的螺旋帽。斯蒂文是佩希内公司的螺旋帽商品名,这家公司对螺旋帽的普及做了大量推动性工作。最初的专利已经到期,其他生产商现在可以生产类似的产品。因此,未来我们可以广泛使用这一术语——螺旋帽。

在这种背景下，是时候将记录的方法应用于螺旋帽的商业生产，这本书就这样诞生了。作为可能与螺旋帽对话时间最长的人，我必须祝贺泰森·斯泰尔则和他的特约编辑们，这样一本全面而启发性的手册定能经得起时间的考验。祝贺他们大功告成，也祝愿澳大利亚和新西兰葡萄酒行业因此受益！

布鲁斯·兰金博士
(Dr Bryce Rankine)
2004.04.30

图 5

第一部分

介绍材料

1 引言

酿酒是捕捉元素的过程——果实的微妙，产地的灵魂，季节的时段以及酿酒师的激情。装瓶是为了保存这些元素，使之合理成熟并维持到葡萄酒的生命全程。在这个过程中，密封发挥着重要作用。

密封自身意义似乎不大，但对酒的影响十分深远，因为它影响着酒的美妙、灵魂和激情。从密封物作用在酒瓶的那一刻起，其职责在于确保葡萄酒的健康发展。对葡萄酒品质的追求促使许多酿酒师选择螺旋帽。

这是一本关于品质的书。葡萄酒在瓶内的品质是本书每个章节的潜在主题，这也是选择密封物的基本原则。对品质的追求也是本书三位作者与我们一同分享的激情和态度，在他们自己的酿酒过程中也充分展示了这种激情和态度。他们酿造优质葡萄酒，并选择螺旋帽来延续酒的优异品质。

本书每一页都融入了三位作者的激情和认真精神。我们关注的不是使用螺旋帽的最低要求，而是致力于酿造优质葡萄酒并提供卓越的密封技术。

独特的密封物

任何行业都要求产品的不断发展和提高。

对于葡萄酒行业，这一点在当前时代背景下表现得尤为突出。在现代葡萄酒世界中，生产商的竞争已经全球化，市场竞争比以往任何时代都要激烈。因此，酿酒师和市场人员都在不断追求更高的品质、更具吸引力的包装、更具创意的营销、更精细的种植管理、更先进的酿造技术——几乎每个环节都是为了追求最好的酒质、最合理的价格和最吸引人的外观。

在包装上，葡萄酒的密封物独具特色。一方面形成了吸引人的外观，另一方面构成了葡萄酒品质的一部分(酿酒工艺中最后的关键步骤)。认识到这点，酿酒师们投入了上百年精力，不断提升葡萄酒密封物的品质和美学外观。

近年来，对天然塞的各种处理工艺相继出现，如化学处理、酶处理、辐射处理、蒸汽处理甚至基因处理。同时还生产出各种形式的塞子，如表面膜处理的木塞、复合塞、2+2 木塞、合成塞、玻璃塞(如 Vintegra)和可扭断的塑料塞(如 Zork)等。

很显然，目前仍没有一种完美的通用型密封物。但经过 35 年的严格试验，现在大家普遍认可螺旋帽比其他密封物更接近这种理想。由于传统软木塞长期面临木塞污染、随机氧化、香气消减和"木塞味"等问题，促使许多公司转而使用螺旋帽。

螺旋帽用于商业葡萄酒可追溯到 20 世纪 70 年代初，目前人们普遍认为螺旋帽对各种葡萄酒有着可靠的密封表现。只要酒瓶匹配、设备合适并且封帽操作得当，螺旋帽可以提供完美的密封，为酿酒师和消费者带来更多信心。

螺旋帽是一种完全不同于软木塞的密封技术。因为螺口瓶、螺旋帽和封帽操作存在差异，甚至葡萄酒本身化学成分的差异都会影响密封性能，因此要建立一套适合螺旋帽的技术体系，包括葡萄酒的准备、灌装和储存等。

螺旋帽与木塞在很多方面有着本质的区别。螺旋帽是在酒瓶外部形成的密封，而木塞是在酒瓶内部形成的密封；螺旋帽是加工制品因此具有很高的一致性，而木塞是天然制品因此不可避免存在差异；螺旋帽提供了几乎不可通透的隔离层，而木塞不同程度上具有气体通透性；封帽工艺需要严格的公差要求，而木塞相对宽松能够克服酒瓶表面一些缺陷。综上因素，螺旋帽的公差比木塞的更严格。

近年来随着螺旋帽的广泛应用，人们对它的认识也愈加清晰。与此同时，与螺旋帽相匹配的酿造技术、灌装技术等相关知识的需求日益强烈，这些知识在很多方面与传统的木塞有着本质的区别。这正是本书的目标——弥补知识空白。

重要时刻

近年来，螺旋帽的普及速率极大地超过历史上任何其他密封物。就在 5 年前，瑞士以外的市场还很难找到螺旋帽葡萄酒。而现在每年有上亿瓶螺旋帽葡萄酒。这一发展超出了我们的预想。

螺旋帽起源于瑞士、澳大利亚和新西兰，随后迅速推广到法国、德国、美国、加拿大、南非、南美洲和其他国家及地区。

任何新产品在发展阶段，从实践中获取的信息和经验十分重要。当螺旋帽在世界各地被迅速使用时，相关知识却来不及推广普及。在澳大利亚和新西兰，有经验的酿酒师成为业内追捧的咨询顾问。但有些时候他们能处理的问题远不及

图 6　全世界每年有上亿瓶螺旋帽葡萄酒被消费掉。

图片来自新西兰螺旋帽协会。经许可转载。

他们听到的问题。在这些国家以外,像这样的咨询专家都很难找到。酿酒师只能在实践中学习,逐个排查每种方法可能出现的问题。随着螺旋帽的广泛使用,与螺旋帽相关的酿造、灌装等知识的普及变得极其重要。

国际论题迅速从"我们应该使用螺旋帽吗?"发展到"为什么要使用螺旋帽?"直到今天的"如何更好地使用螺旋帽?"对于多数消费者,目前仍关注前面两个问题;而对于葡萄酒行业,当务之急是如何使每个国家的每位生产者获取专业知识,从而最好地使用螺旋帽。这正是本书要解决的问题。

近年来,媒体很快在新闻中报道了螺旋帽应用中的相关问题,如漏酒、瓶子不规范、还原硫化物特性、氧化、细菌破败以及挥发酸等问题。每个酒厂似乎都大胆而贸然地使用了螺旋帽,并且形成了各自的一套程序和方案,这就不可避免地出现问题。

然而就在最近,酿酒师们已经找到了避免这些问题的方法。这种探索精神必然会延续下去,目前我们已经在对优质葡萄酒使用螺旋帽密封的过程中积累了大量信息。本书将结合来自澳大利亚、新西兰和其他地方最成功的酒厂的专业技术和经验来讲述这些问题。

关键专家

2003 年底,本书特约编辑与我取得联系并邀请我参与这项工程。在这之前我已非常了解这三位在螺旋帽密封技术上做出的卓越贡献。

2000 年,荣获"澳大利亚年度酿酒师"和"国际雷司令年度酿酒师"的杰弗瑞·格罗赛特领导了克莱尔谷的酿酒师团队将螺旋帽用于他们的优质葡萄酒。这是一个需要极大勇气的创举,因为这些主要是小型、家族式的酒厂,冒着风险使用了之前不被市场认可的密封物。为此还需要从法国进口新型酒瓶,使得成本大幅增加。然而这一举动取得了巨大成功,杰弗瑞·格罗赛特迅速成为澳大利亚该领域的权威。他对酿造细节的关注无人能及。

出于对螺旋帽的热爱,次年格罗赛特访问了新西兰。在罗斯·劳森(Ross Lawson)的带领下,一群新西兰酿酒师迅速成立了新西兰螺旋帽葡萄酒密封协会(New Zealand Screw Cap Wine Seal Initiative),协会的重要人物包括库妙河酒庄的葡萄酒大师迈克尔·布拉克维奇(其霞多丽被认为是新世界最好的霞多丽之一)和福瑞斯特庄园的约翰·福瑞斯特博士(精于各种葡萄酒)。布拉克维奇担任协会首届主席,而福瑞斯特博士对化学的精通在重新确定螺旋帽葡萄酒酿造工艺方面发挥着重要作用。他们都是螺旋帽的忠实支持者,螺旋帽在国内外市场的成功也使他们不断被认可。仅仅 4 年时间,协会见证了螺旋帽的迅猛发展,目前螺旋帽葡萄酒至少占据新西兰葡萄酒的 80%。

格罗赛特、布拉克维奇和福瑞斯特代表了螺旋帽领域的权威。他们意识到自己的经验以及所有同行的经验应当记录下来,供全世界酿酒师参考利用。2004 年

11月在新西兰布莱尼姆召开了第一届国际螺旋帽研讨会，进一步印证了这一知识需求。为推动这一项目，国际螺旋帽葡萄酒密封协会（International Screw Cap Wine Seal Initiative）成立。该协会负责本书英文版的印刷经费。

图7　2004年11月第一届国际螺旋帽研讨会。有来自12个国家的250位代表参加，反映出近年来全球对螺旋帽教育的高涨兴趣。

图片来自新西兰螺旋帽协会。经许可转载。

纵观全球，螺旋帽作为葡萄酒的密封技术经验已超过35年。尽管在20世纪60年代早期经历过一系列失败，时至今日我们取得了长足进步。现在我们已经掌握了正确的知识，所以没有理由重蹈覆辙。

本书收集了来自澳大利亚、新西兰和其他地方最富经验的酿酒师、瓶帽生产商、灌装公司和咨询公司的知识和技术，涵盖了螺旋帽葡萄酒的所有细节问题。

内容概述

这不是一本综合性酿酒教科书，而是普及一些被广泛认可的基本知识，使人们更好地使用螺旋帽。

本书从五个部分详细介绍了所有与螺旋帽有关的主题——从葡萄树到消费者的整个生产加工过程。要实现成功的密封，获取稳定的葡萄酒，每个环节都必须协同工作。

第一部分关于螺旋帽的介绍、历史和使用螺旋帽的20个理由。酒厂应当思考螺旋帽带来的市场机遇，一个成功的市场营销在于使消费者充分理解选择螺旋帽的理由。

第二部分介绍了螺旋帽和螺口瓶。着重强调了在创造良好的密封上，每个部分发挥的作用。并详细解释了一些复杂的知识,包括垫片、螺纹、公差、R 角、质量保证程序和潜在的问题等。说明过程中我们使用了大量的图片、插图和表格。另外我们也列举了多个厂家的产品技术参数和设置参数,并详细介绍了一些常见性问题。

第三部分的重点是封帽前葡萄酒的灌装准备。这与木塞酒略有不同,进而引入螺旋帽葡萄酒的酿造工艺和化学。着重讨论灌装前葡萄酒的准备,包括溶解二氧化碳、溶解氧、二氧化硫含量和硫化物等问题。

第四部分是关于灌装,也是本书的一个重点。副标题包括装瓶、封帽、灌装线检验、封帽设备和扭矩。详细介绍了封帽问题以及瓶帽厂商和设备厂商提供的具体技术参数。对酒厂而言,关键是要熟悉这些产品的公差,从而有效实施质量保证程序。

第五部分详细介绍了合适的储存和运输管理。最后一个章节提供了螺旋帽葡萄酒长期窖储能力的有力证据。

最后的附录信息贯穿全书。附录 1 介绍了质量保证体系中对购入和待售出的产品进行的抽样计划。附录 2 转载了一篇研究报告,主要介绍氧气对瓶储葡萄酒的影响作用。附录 3 是特定品牌的螺旋帽、螺口瓶和设备厂商提供的详细图解和技术参数。由于瓶帽的设计在不断发展,因此要反复对比当前的生产数据和本书提供的数据和图表,确保参数正确。螺旋帽产业发展迅猛,本书第一稿和第二稿很多技术参数都有改动。

我们推荐了其他书目,以便读者更好地理解螺旋帽。

2 历史

有史可查的葡萄酒密封物可追溯到4000年前，后来逐渐发展出各种密封物，包括泥土、木头、布、树脂、蜡、玻璃和软木塞。最近合成塑料和金属也被用于密封葡萄酒。随着科技和生产技术的发展，密封物的标准也在不断改进。现在的酿酒师比以往有更多的选择。

玻璃酒瓶发明于17世纪，但直到20世纪初才得以规模化生产。而玻璃瓶进入葡萄酒领域还是近段历史。

螺旋帽的历史始于19世纪中期，正值玻璃瓶和坛罐子的使用在不断增加，这推动了酒瓶密封物的发展，最终促成了1856年螺旋帽的诞生。直到一个世纪后的1959年，法国乐博查机械公司生产出一款通用型斯泰尔普螺旋帽，螺旋帽才被正式用做葡萄酒的密封物。

法国人对这种新型密封物做过一系列试验，但出于各种原因直到1965年它的潜力才被认可。勃艮第大学在20世纪60年代中期对比过软木塞和螺旋帽(包括聚乙烯/铝和聚偏二氯乙烯两种垫片)，在不同的储藏条件下，检测了二氧化硫和抗坏血酸含量。通过检测氧化还原潜力和感官评价确认了PVDC（聚偏二氯乙烯）与锡箔组成的垫片可以成功地用于白葡萄酒和红葡萄酒。这些肯定性的成果促使人们转向优质葡萄酒的试验，同样取得了不同程度的成功。

波尔多著名的奥比昂酒庄(Château Haut-Brion)使用螺旋帽灌装了一瓶1969年份的酒样，但不到10年这项试验宣告中止，因为帽上的塑料膜破裂后掉入酒中，酒液透过纸和橡木层与外层铝发生反应，最终导致葡萄酒氧化。于是法国酿酒师和消费者开始质疑这种密封技术，但瑞士和新世界国家并没有因此中断螺旋帽商业潜力的验证。瑞士起初也遭遇失败。1970年在使用葡萄品种茶斯莱斯(chasselas)试验成功后，1972年首次将螺旋帽用于商业葡萄酒。到20世纪80年代初，瑞士酿酒师纷纷使用萨兰-锡箔(Saran®-tin)垫片的螺旋帽，因为这种垫片可以有效阻隔氧气。由于市场反应积极，接下来的15年瑞士每年要生产6000万个螺旋帽。这些螺旋帽大多用于大瓶装的中低端葡萄酒，不标示酒的年份。这些葡萄酒一般酒体轻适于年轻时消费，如茶斯莱斯、米勒·斯瑞高(Müller Thürgau)、霞多丽等白葡萄酒和使用梅鹿辄酿造的白葡萄酒，或使用佳美、黑比诺酿造的红葡萄酒。

与此同时，20世纪70年代澳大利亚的试验也证明了螺旋帽的优越性。早期螺旋帽使用木塞层和纸层，部分程度上导致了一些试验的失败，因此现在被锡箔层和PVDC层取代。1976年，澳大利亚酿酒师开始将“斯蒂文(Stelvin)”螺旋帽(该名称是乐博查机械公司被法国佩希内公司接管后的品牌名称)用于商业葡萄酒。

澳大利亚消费者对螺旋帽的抗拒导致螺旋帽在市场上消失了近十年。直到2000年，在杰弗瑞·格罗赛特领导下的克莱尔谷酿酒师团队的努力下，使螺旋帽重返市场。这个团队发布的优质雷司令备受市场青睐，接下来的几年澳大利亚所有风格的葡萄酒都使用了这种螺旋帽。这次成功举措最突出的特点是，他们将螺旋帽用于自己顶级的葡萄酒。

2001年杰弗瑞·格罗赛特访问新西兰后，为螺旋帽带来进一步影响。新西兰酿酒师坚信螺旋帽可以解决木塞污染和氧化问题，于是很快成立了新西兰螺旋帽葡萄酒密封协会。随后，螺旋帽在新西兰的使用比例从0%激增到4年后的80%。

这些成功的例子激起了世界葡萄酒的涟漪。螺旋帽在南美洲、南非、美国、加拿大、德国和法国得到迅猛发展。

螺旋帽近几年的历史是一个空前绝后的成功案例，而它在国际舞台的表现却刚刚开始。

图8　20世纪70年代螺旋帽在澳大利亚表现出巨大潜力，可惜好景不长。

螺旋帽的历史

1856	发明螺旋帽。这种螺旋帽附有一个软木垫片，用于密封玻璃罐。
1889	丹·纳兰德(Dan Rylands)在英国申请了螺旋帽专利。
1926	螺旋帽用于密封威士忌。
1930s	加州大学戴维斯分校对螺旋帽密封的葡萄酒开展了部分试验。
1950s	许多公司生产了金属密封物，包括法国乐博查机械公司(LBM)生产的名为“斯泰尔普”的滚压筒式防伪密封物。
1959	LBM开始针对葡萄酒的密封要求开展相关试验。
1961	对波尔多红酒开展的密封物比较试验发现，密封物的密封性能各异。
1963	在法国，针对产品的差异性和成熟过程进行了系统研究，包括微生物、氧化还原潜力以及垫片的通透性。
1964	波尔多和勃艮第的进一步试验得出了相同的结果。

1965	测试显示使用新型垫片的斯泰尔普螺旋帽与优质软木塞的表现相同。
1966	阿尔萨斯的试验证实了1965年的结果。
1967	法国的研究结果公之于众。
1968	法国立法规定，螺旋帽可以用于葡萄酒的密封。
1970	澳大利亚联合工业公司(ACI)获准生产斯泰尔普螺旋帽。
	澳大利亚御兰堡酒厂首次使用LBM的斯泰尔普螺旋帽。
1970—1971	瑞士首次使用茶斯莱斯葡萄酒做密封试验。
1971—1972	顶级葡萄酒的试验，包括1969年奥比昂酒庄的葡萄酒。
	长期直立瓶储。
1972	瑞士哈默尔(Hammel)地区首次将螺旋帽用于商业葡萄酒。
1973	在ACI和澳大利亚葡萄酒研究所(AWRI)的指导下，澳大利亚7个葡萄酒公司联合开展密封物试验。
1972—1976	法国所有产区开展了螺旋帽试验。
1975—1976	澳大利亚生产商索泰酒庄(Saltram)、迈克威廉姆斯(McWilliams)、御兰堡等发布了螺旋帽红白葡萄酒。
1976	ACI/AWRI密封试验的初步结果证明了斯泰尔普螺旋帽的成功。
	在澳大利亚，ACI将斯泰尔普(Stelcap)用于商业生产。
	澳大利亚御兰堡酒厂首次将斯蒂文螺旋帽用于雷司令的商业灌装。
1977	在新西兰，蒙塔纳酒庄(Montana)第一个发布了螺旋帽葡萄酒。
1978	人们在奥利弗(Oliver)餐厅品尝了螺旋帽密封的奥比昂葡萄酒，鉴定与软木塞酒并无差别。
	大多数航空用酒使用螺旋帽密封。
1979	由于垫片脱落掉入酒中，奥比昂酒庄随后放弃了该项试验。
	佩希内公司的包装部门赛博 (Cebal) 并购了乐博查机械公司。
1980s	瑞士酿酒师纷纷将螺旋帽用于茶斯莱斯葡萄酒，每年使用上百万个螺旋帽。
	ACI/AWRI的密封物试验得出结论，螺旋帽取得了全面成功。
	螺旋帽进入澳大利亚市场的前期，人们的接受意向逐渐下降。
1984	由于澳大利亚公众的反应，御兰堡和其他公司停止使用螺旋帽。
1990	瑞士市场每年使用超过1000万个螺旋帽。
	佩希内公司针对2～3年内消费掉的葡萄酒引入了宝丽鲜萨兰(Polexan Saranex)垫片。
	引入了BVS瓶口，从而使顶端成型密封效果更好。
	加州的苏特家族(Sutter Home) 酒厂开始使用螺旋帽。
1995	在瑞士，螺旋帽的年使用量超过6000万个。苏特家族酒厂的使用量超过1000万个。

2000　杰弗瑞·格罗赛特领导的澳大利亚克莱尔谷酿酒师团队使用螺旋帽封装他们的优质雷司令。

加州发布了顶级螺旋帽葡萄酒。

2001　新西兰螺旋帽葡萄酒密封协会成立，迈克尔·布拉克维奇任主席。

澳大利亚葡萄酒研究所使用包括螺旋帽在内的各种密封物，对不同风格葡萄酒的技术表现做了开创性试验。

在新西兰，多种芳香型白葡萄酒使用螺旋帽封装。

在瑞士，螺旋帽葡萄酒占生产总量的37%。

2002　BVS瓶口在澳大利亚和新西兰被广泛使用。

在澳大利亚和新西兰，人们将螺旋帽用于口感浓郁的红葡萄酒和白葡萄酒。

在智利，针对芳香型白葡萄酒进行了螺旋帽试验。

夏布利特级园(Michel Laroche)首次使用了螺旋帽。

英国超市巨头乐购(Tesco)和塞恩斯伯里(Sainsbury)订购螺旋帽葡萄酒。

福瑞斯特庄园的长相思荣获皇家复活节展白葡萄酒冠军，这也是螺旋帽葡萄酒首次在国际葡萄酒展上获得认可。

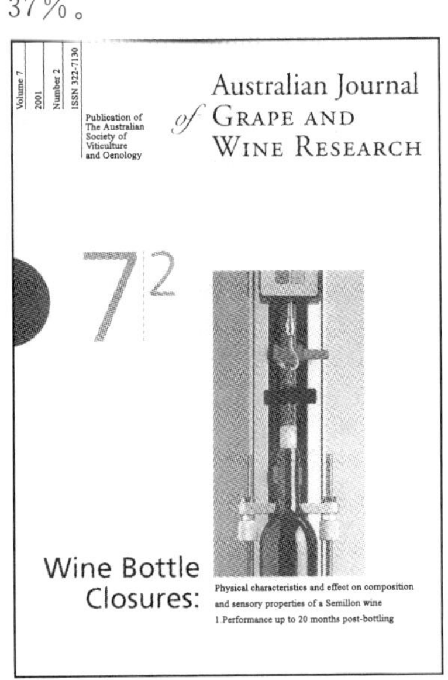

图9　2001年AWRI的葡萄酒密封物的研究报告，仍然是研究螺旋帽性能最权威的试验之一。

2003　澳大利亚出版了《选择螺旋帽是否正确？螺旋帽红葡萄酒实例》。

国际高标准的品酒会上，品尝了49款使用不同密封物的葡萄酒，证实了螺旋帽的优越性。

在智利，螺旋帽被推广用于酒体饱满的白葡萄酒和红葡萄酒。

加拿大首款螺旋帽葡萄酒诞生。

螺旋帽供不应求，使得全球范围生产计划提前5个月。

在新西兰，螺旋帽的销售量超过了软木塞。

在优质葡萄酒方面，澳大利亚成为螺旋帽的最大使用国。

2004　波尔多和勃艮第的酿酒师发布了螺旋帽葡萄酒。

德国酿酒师发布了螺旋帽雷司令。

第一届国际螺旋帽研讨会在新西兰布伦海姆召开，并成立了国际螺旋帽葡萄酒密封协会。

在澳大利亚、新西兰和美国，螺旋帽的使用量迅速上升。

新西兰引领了螺旋帽的使用潮流，新西兰 80%的葡萄酒为螺旋帽封装。

新西兰航空葡萄酒大奖赛上，获奖的所有葡萄酒都使用了螺旋帽。

瑞士 60%的葡萄酒使用了螺旋帽。

澳大利亚 25%的葡萄酒使用了螺旋帽。

斯蒂文被广泛使用并主导着螺旋帽市场。

2005　澳大利亚南方集团(Southcorp)对氧气在瓶储葡萄酒中的作用的研究显示，红白葡萄酒都可以在螺旋帽密封下合理成熟。

图 10　20 世纪 70 年代初，澳大利亚和瑞士首次将螺旋帽用于商业葡萄酒。

3 选择螺旋帽的 20 个理由

使用软木塞、合成塞还是螺旋帽？表面看这似乎是一个简单的决定，但对葡萄酒的影响深远。

密封物直接影响着葡萄酒的质量、稳定性和长久性。密封物与酿酒工艺、风土以及栽培管理一样，决定了葡萄酒的品质。

优秀的葡萄酒密封物，必须满足以下 4 点：

- 可靠的密封性能；
- 惰性，对葡萄酒不产生任何反应和影响；
- 容易开启；
- 成本低。

在这些条件中，螺旋帽无疑是最理想的选择。目前澳大利亚葡萄酒研究所将螺旋帽作为检测新木塞的“参照标准”。

下面是选择螺旋帽的 20 个理由。这些内容涉及克服了传统密封物的问题、维持葡萄酒窖储的能力、对不同窖储条件的忍耐性、使用的方便性和美学享受等方面。正确理解这些知识有助于螺旋帽的市场推广。

前 4 个优点是螺旋帽克服了传统软木塞的缺点。

1. 螺旋帽消除了木塞污染的风险

近年来，针对木塞污染问题已经有专门的记录。虽然我们还从未精确统计过木塞污染的程度，但清楚的是近几年平均有 5%～15%的葡萄酒受到木塞污染。

木塞污染，或 2，4，6-三氯苯甲醚（TCA），是指被霉菌侵染的栓皮栎橡木树皮（用于制造软木塞）与氯发生反应所出现的破败。木塞经过冲孔后会用氯清洗，因此 TCA 可能存在于软木塞的外部。然而由于橡木森林遭受氯污染如有机氯杀虫剂，TCA 更多的是存在于软木塞的内部。

受 TCA 污染的葡萄酒的气味常常具有不愉悦、发霉、湿纸板或狗臊味的特点。TCA 很难被直接发现，它会抑制果香并缩短葡萄酒的口感。澳大利亚葡萄酒研究所发现，即使含量在万亿分之一的水平（远低于大部分饮用者的阈值），TCA 也能抑制 45%的果香。极端情况下，高浓度 TCA 的葡萄酒让人无法接近。

木塞污染是近几年促使葡萄酒领域寻找其他密封物的首要原因。

当然需要指出的是，不是所有的木塞都会使葡萄酒遭受木塞污染。实际上 TCA 可以通过任何物质传播，在现代酒厂中，玻璃瓶、橡木桶、木托盘、纸板箱、硅胶塞、皇冠帽、橡胶管、排水沟、加湿设备甚至整个酒厂都可以传播 TCA。也就是说，木塞的透气性和吸附能力是挥发性物质进入葡萄酒的主要原因。

目前我们对鉴定 TCA 的来源非常有把握。通过对比每瓶酒的差异能够确认 TCA 的来源,另外通过一定比例的苯甲醚物质和多酚物质也可以精确判断 TCA 的来源。

理论上螺旋帽垫片也会传播 TCA。但到目前为止还没有发现任何一瓶被 TCA 污染的螺旋帽葡萄酒。即便如此,螺旋帽生产商仍非常谨慎地确保螺旋帽不受木塞污染,如储存时避免使用木质托盘等。

2. 螺旋帽消除了随机氧化的威胁

对葡萄酒而言,软木塞理应是非常优秀的密封物。但木塞之间存在天然差异,只有少量的软木塞实现其完美作用。

除木塞污染外,传统木塞最大的问题是随机氧化。随机氧化指的是,葡萄酒由于处在氧化环境或氧气进入密封物从而使葡萄酒快速成熟,结果导致褐变、马德拉化、果香损失、风味变淡、尾味缩短,极端情况下只有醋味或苦味。如果整批木塞质量差,最后导致整批酒被氧化。

弹力密封如软木塞和合成塞,主要依赖塞子的弹性在塞子和瓶子周边形成轻微的弹性密封。这种密封会由于塞子或酒瓶品质不良而失去作用。优质软木塞能够有效阻挡氧气侵入,然而天生的差异性意味着许多软木塞不能提供良好的密封作用。天然塞含有皮孔、大孔洞、裂缝和虫洞,氧气会通过这些孔洞穿过木塞。打塞操作不当容易引起木塞侧面褶皱,最终导致渗漏和氧化。

图 11　2001 年新西兰马尔堡(Marlborough)的酿酒师们告别了软木塞。

酒瓶自身因素也增加了氧化和渗漏的风险。制瓶过程瓶子外表面可直接成型,而内表面很难控制。内表面的不规则会产生不完美的密封。软木塞相对宽松,可以掩盖这一缺陷,但并不是所有软木塞都能实现这一点。第 6 章会深入讨论玻璃及制瓶过程中出现的各种缺陷。

剧烈的温度变化也是导致氧化的重要原因。葡萄酒热胀冷缩，从而推动木塞，削弱塞子的密封性能，最终使木塞松动葡萄酒渗漏。昼夜温差波动大，对葡萄酒的危害尤为严重。

引起随机氧化的另一个因素是将塞子打入瓶子的方法，而这个因素常常被忽略。这种“活塞式”推入会显著增加溶氧量(取决于打塞机抽真空设备的效率)。

灌装头本身也有一定影响，因为激流使溶解氧增加。在新西兰螺旋帽葡萄酒协会首次进行的密封试验中发现，每瓶酒的溶氧差异十分明显。第 11 章会详细介绍。

AWRI 通过测定装瓶近 3 年的葡萄酒的透氧量来判断不同密封物的技术性能。随机抽取了 12 瓶使用 44 mm 的软木塞葡萄酒，每天的透氧量为 0.0001～0.1227 mL，平均 0.0179 mL。可以看出，最好的软木塞与最差的软木塞相差超过 1200 倍。同样测试了螺旋帽葡萄酒的透氧量，发现结果相对一致，从 0.0002 mL 到 0.0008 mL，平均 0.0005 mL。

图 12　南方集团在奔富麦吉尔庄园(Penfolds Magill Estate)的酒窖。南方集团的研究表明软木塞之间的氧气传输率存在显著差异。

南方集团的独立研究公布了类似的结果，题目为“氧气对瓶储葡萄酒的影响作用”。整篇报告于 2005 年由阿伦·哈特(Allen Hart)和安德鲁·克莱尼格(Andrew Kleinig)发表，见本书附录 2。研究表明，使用 44 mm 的软木塞每天的透氧量最低的为 0.001 mL，最高的达到 1 mL；螺旋帽的透氧量都小于 0.001 mL；合成塞的为 0.010 mL(见附录 2 图 1)。

螺旋帽的高度一致得益于密封方式，这点与柱形塞有着明显不同。螺旋帽是在瓶口外边缘产生的密封，一个成型、光滑、可控的表面，而不是在内部、不可控的瓶颈表面。由于螺旋帽几乎没有差异，只要瓶子没有差异，并且封帽得当，每个螺旋帽都能产生相同的密封作用。

合成塞不适于装瓶2年后才被消费的葡萄酒。哈特和克莱尼格的研究结果表明，对于这种密封物而言，透氧量非常重要。

3.螺旋帽避免了风味变化

木塞污染和随机氧化并不是人们放弃木塞的唯一原因。

软木塞会不同程度地将自身的味道传递给葡萄酒，这种味道可能带有木头味、树液味、土味，甚至香草、咖啡或者发霉的菌味。合成塞会带来轻微的化学味道，在所有类型的葡萄酒中都能感知出来，尤其在轻淡的白葡萄酒中表现更明显。

软木塞还会改变葡萄酒的颜色。泡在水里的木塞呈现黄色或棕色，在白葡萄酒中同样会出现。软木塞带来了额外的香气、风味和颜色。

相比而言，螺旋帽是中性、惰性的物质，因此不会改变葡萄酒的风味、香气和外观。这种密封物可以确保葡萄酒的真实特性，并且成熟过程更加一致。

4.螺旋帽保存了葡萄酒的香气

除了增加酒的气味，天然塞和合成塞还会削减香气。这种“剥离”作用会选择性地减少葡萄酒的果香。

澳大利亚葡萄酒研究所测定出不同密封物剥离葡萄酒特定香气的精确比例。如烃2,5,8-三甲基二氢(TDN)会赋予某些白葡萄酒煤油味，这种成分会完全被合成塞吸收，被天然塞吸收大部分。单萜类化合物，会赋予某些白葡萄酒荔枝风味，但会被合成塞吸收一部分。对于同一款葡萄酒，相比螺旋帽，软木塞葡萄酒常被检测到轻微水果风味的损失，部分原因可能是轻微的氧化。

有些情况下，这种选择性剥离却是优点。如天然木塞可以消除长相思和冷凉地区赤霞珠的生青味。使用螺旋帽密封时，要使葡萄酒不出现这种味道，需要通过栽培管理和酿造工艺来实现。

密封物会对瓶内葡萄酒的发展以及开瓶后的口感产生深远影响。天然塞和合成塞都可以吸收非极性挥发物质，合成塞的吸收能力更强。澳大利亚葡萄酒研究所的试验表明，螺旋帽不会吸收任何香气成分。

下面4个优点与螺旋帽能够维持葡萄酒长期陈酿有关。

5.螺旋帽有利于白葡萄酒的长期陈酿

很多人甚至包括行业内的一些知名人士认为，螺旋帽只适于短期葡萄酒，不能够长期储存。从螺旋帽40多年的使用实践看，这一认识是错误的。

1961年开始了螺旋帽的试验，1972年螺旋帽开始用于葡萄酒的商业生产。

在此期间，无数正式和非正式的试验都证明了螺旋帽的长期持久性。其中比较著名的是ACI/AWRI在20世纪70年代进行的密封物试验，这些试验由本书前言作者布鲁斯·兰金教授监督完成。结果证实，“检测了一系列葡萄酒(白葡萄酒和红葡萄酒)，使用斯蒂文螺旋帽的葡萄酒比软木塞葡萄酒的品质更加优异。”

图13 20世纪七八十年代，澳大利亚使用螺旋帽密封雷司令。这些葡萄酒目前仍处在极佳的状态。

1999年AWRI开始了进一步试验(目前仍在进行)，将白葡萄酒使用14种不同密封物密封，结果表明螺旋帽保持了最高的果香特性、最慢的成熟速度、最低的褐变速度和最小的瓶间差异(戈登 Godden，2001)。

20世纪70年代初使用螺旋帽灌装了无数瓶白葡萄酒，近几年的品尝证实了螺旋帽有利于白葡萄酒的长期陈酿。具体例子会在第17章介绍。

全球各个产区的众多知名酒厂开始将螺旋帽用于他们的“珍藏”级葡萄酒，以期远离氧化和木塞污染。如陈酿30年的澳大利亚雷司令、瑞士茶斯莱斯、德国雷司令和各种法国葡萄酒都表现出经典的陈酿特性，如同期待中的软木塞葡萄酒那样。但不同点在于螺旋帽保留了果香特征，没有表现出氧化、平淡或者过熟的特性。此外，连续灌装也证实了产品显著的一致性。相比软木塞，螺旋帽葡萄酒的卓越品质随着成熟变得越发明显。

30多年商业实践经验的积累，最终证明了螺旋帽有利于瓶内成熟，为白葡萄酒的长期陈酿提供了保障。

6.螺旋帽有利于红葡萄酒的长期陈酿

近年来人们对非软木塞葡萄酒的储存能力持怀疑态度。然而，上面提到的试验结果同样证明了红葡萄酒与白葡萄酒的情况一样乐观。

20世纪60年代在法国以及70年代在澳大利亚做了一些灌装尝试，近几年的结果显示这些葡萄酒表现一致，依然处在非常好的状态。

这其中最古老的是来自勃艮第大学(Université de Bourgogne)一款1966年份的梅克雷(Mercurey)，到开瓶时已陈酿38年，据说有着极好的新鲜感、漂亮的酒体和绝佳的状态。在澳大利亚，有一款使用西拉和赤霞珠调配的葡萄酒，在螺旋帽下密封了25年，品尝时有着该年龄葡萄酒的所有风味，散发着健康成熟酒的陈酿特性。更多例子会在第 17 章介绍。

对比同年龄的软木塞和螺旋帽葡萄酒，螺旋帽葡萄酒更新鲜、果味更多、结构更紧凑，更好地保留了品种特性和果味持久性。由于没有木塞污染和随机氧化，因此能够确保每瓶酒一致。随着螺旋帽的使用，古谚语“没有永恒的好酒，只有永恒的好酒瓶”将成为过去。与白葡萄酒一样，螺旋帽对红葡萄酒品质的影响在经过窖储后变得更加明显。

图 14　存放近 30 年的红葡萄酒证明了螺旋帽能够长期陈酿。

7. 氧气并非葡萄酒瓶内成熟的必要条件

上面及 17 章引用的例子证明了螺旋帽可以长期保存葡萄酒。因为螺旋帽可以阻隔氧气进入瓶中。

AWRI 通过测量软木塞和螺旋帽的透氧量，揭示了氧气对葡萄酒的成熟作用。这些结果近几年得到公布，非常感谢他们提供的准确数据和技术指导。软木塞每天的透氧量在 0.0001～0.1227 mL，螺旋帽的是 0.0002～0.0008 mL，很显然螺旋帽与最好的软木塞有着相似的透氧性。几乎为零的透氧量，有利于葡萄酒的理想发展。

自路易斯·巴斯德于 1863 年宣称“氧气缔造了葡萄酒”以来，关于从瓶塞进入的氧气是不是促进瓶内酒良好成熟的必备条件的讨论一直都在进行。近期，波尔多葡萄酒教授让·里贝·嘉永(Jean Ribéreau-Gayon)和埃米尔·裴诺(Emile Peynaud)争辩这一事实：葡萄酒的成熟是还原而非氧化的过程，正常进入酒瓶的氧气量可忽略不计。因此，可以认为瓶储葡萄酒的成熟过程不需要氧气。

加州大学戴维斯分校(University of California Davis)的罗格·鲍尔顿博士(Dr Roger Boulton)最先对上述理论提出反对意见，他认为葡萄酒的成熟依赖于透过木塞的微量氧气。十分有趣的是，最近他评论“我不理解为什么有些人仍然使用木塞封装葡萄酒”(索格 Sogg，2005)。

哈特和克莱尼格的研究结果也印证了 AWRI 的测量结果，这似乎最终解决了争论，最终确认了让·里贝·嘉永和裴诺的观点理论——从最好的软木塞进入的氧气量几乎为零，可忽略不计。

现在人们普遍接受的观点是最伟大的陈年葡萄酒使用了最好的软木塞和最

小的顶空，这些软木塞具有最小的透氧量。螺旋帽如同优质软木塞，保证了每瓶酒的一致性，而不是偶然出现的“最好的例子”。

理想的瓶内陈酿条件是缓慢成熟、还原环境、没有氧气作用。螺旋帽是理想的密封物，因为螺旋帽可以阻隔空气，实现完美的密封，保证瓶储葡萄酒特性一致。第8章会进一步介绍氧气对瓶储葡萄酒的影响作用。

8.螺旋帽维持了长期可靠的密封

垫片中的纸层和木塞层有吸收葡萄酒的趋势，最终腐蚀了螺旋帽。这正是20世纪六七十年代早期螺旋帽试验失败的原因。要维持密封，务必保持螺旋帽结构完整。

从20世纪70年代中期开始，垫片材质被聚乙烯、锡箔和PVDC取代。只有惰性的食品级PVDC膜表面才与酒液接触，确保不影响酒的口感和品质。最初使用这种材质的螺旋帽葡萄酒到现在仍保存良好。历经30多年陈酿，垫片没有表现出任何退化的迹象，类似的膜仍用于现在的螺旋帽。

图15　螺旋帽可实现直立储存。

只要正确使用酒瓶和封帽机，佩希内公司担保斯蒂文螺旋帽10年内不出现问题。最早使用螺旋帽的样品酒已有30年，这些螺旋帽丝毫没有退化的迹象。发泡聚乙烯层维持着密封压力，这种膜层很耐久，即使在30年后表现依然完美。随时间推移，它最终会失去弹性，但在何时目前我们还不清楚。考虑到它们今天的表现，很显然这些螺旋帽可以维持更长时间。

从开始收集螺旋帽的经验信息到现在，我们没有理由怀疑它们维持长期密封的能力。但也有例外，瓶储时间长的酒对氧化比较敏感，螺旋帽一旦碰撞变形，垫片从酒瓶顶部露出从而使密封失效。新一代的“Bague Verre Stelvin”(BVS)密封会在瓶顶直立外边缘形成一个边缘密封，从而减少外部对螺旋帽的影响，大大降低失效风险。第4章会进一步介绍。

修建酒窖时，需要考虑各种条件来满足木塞葡萄酒的陈酿要求。当存放螺旋帽葡萄酒时，这些窖储条件和管理规则会完全有别于木塞葡萄酒的陈酿要求。下面的7个优点与螺旋帽忍耐不同窖储条件的能力有关。

9. 螺旋帽实现了葡萄酒的直立存放

在传统酒窖，酒瓶必须水平放置，这样能保持木塞湿润，从而减少木塞问题和氧气的入侵。除不方便外还有其他缺点，如对于陈年老酒，在饮用前我们需要提前几天直立酒瓶，这样才能使沉淀物沉降下去。

螺旋帽不需要水平存放，它可以直立放置，也可以任何角度存放。水平放置螺旋帽葡萄酒还有一个优势，可以提前发现由于瓶子缺陷、帽缺陷、封帽问题或储运管理产生的渗漏。

10. 螺旋帽可以更大程度地承受温度的变化

理想的窖储条件最重要也是最困难的是保持一个稳定的温度。

温度波动会使葡萄酒膨胀收缩，引起瓶内压力变化，从而威胁密封的完整性。木塞对温度的变化非常敏感，因此常常出现渗漏。螺旋帽优越的密封性能可以降低这一风险。

保守而言，已经证实螺旋帽可以承受300 kPa的压力不渗漏。佩希内公司表示斯蒂文螺旋帽能够承受400 kPa的压力。以最差情况300 kPa看，当顶空很小，装有高酒精度和高糖度的葡萄酒，温度接近40℃时，标准瓶内的压力才会达到300 kPa。相同情况下，温度接近25℃(平均而言)木塞就会移动。这个结果表明在极端条件下，螺旋帽比木塞的密封性能更加可靠。因此，螺旋帽可以保护葡萄酒免受运输和储存过程中温度变化产生的影响。

密封物的好坏直接影响着葡萄酒的品质。澳大利亚保留了20世纪70年代螺旋帽试验的酒样，在墨尔本的室温条件下储存。20年后，所有软木塞密封的酒样都被氧化甚至不能饮用，而螺旋帽密封的酒样口感相当不错，没有任何氧化的迹象。

螺旋帽可以很好地应对温度变化，但即便螺旋帽保持了密封，高温却破坏了葡萄酒的品质。超过20℃的温度会使葡萄酒过早成熟，因此务必要避免将葡萄酒置于30℃以上的环境中。夏天一辆停靠着的小汽车内部温度可能超过80℃，仓库和卡车的高温也会威胁酒质。基于这个原因，在温暖地区长距离运输葡萄酒时，最好使用冷藏厢。

11. 螺旋帽不受湿度影响

窖储时，螺旋帽最大的优点是不受湿度影响。

对木塞而言，需要最佳的湿度条件。一方面为避免木塞变干和酒的蒸发，湿度要尽可能高；另一方面为避免霉菌生长和保护标签，湿度要尽可能低。尽管普遍认为湿度75%～80%是比较理想的条件，而实际上即使保持了这种湿度，仍会在这两方面出现问题。

对于螺旋帽，完全没有必要通过保持充足的湿度来维持密封性能。螺旋帽不会因湿度过大或不足而出现不良状况。

12. 螺旋帽可以避免酒窖的气味

窖储时，螺旋帽的另一个优点与其良好的气密性有关。

螺旋帽可以有效阻隔气体或液体的进入，从而避免葡萄酒遭受污染。酒窖的气味会潜在地威胁木塞葡萄酒，但不会危害螺旋帽葡萄酒。

13. 螺旋帽可以避免酒窖昆虫的影响

螺旋帽不会遭受软木飞蛾、螟虫和其他昆虫的侵害，而这些昆虫会入侵软木塞。

14. 陈酿酒无需换帽

天然木塞的寿命一般在15～25年，这以后葡萄酒需要重新换塞。换塞时通常需要补充由于木塞缓慢渗透挥发的酒液。而对于螺旋帽，不需要重新换帽。

螺旋帽优越的密封性能可以保持极少的损耗，另外较长的寿命可以保证长期窖储而不退化。虽然不清楚聚乙烯的寿命，但清楚的是即使需要重新换帽，也不会发生在目前的试验周期内——装瓶后30年。

15. 葡萄酒可以窖储更长时间

众所周知，葡萄酒在螺旋帽和软木塞下有着相似的发展状态，但螺旋帽成熟更加缓慢。这与密封标准及透氧率有关。螺旋帽与最好的软木塞一样透氧率极低，因此螺旋帽葡萄酒与使用最好的软木塞密封的葡萄酒有着相似的成熟速度。

目前仍不清楚螺旋帽葡萄酒的精确成熟速率。比较螺旋帽和软木塞（平均值），假设软木塞葡萄酒是在冷的酒窖中储存，螺旋帽葡萄酒则是在非常冷的酒窖中储存。比如一款 8～10 年的葡萄酒，使用螺旋帽可能会年轻 2～3 年。

螺旋帽不仅增加了葡萄酒的寿命，还保持了酒的口感。

众所周知，酒的成熟越慢越好，顶级陈年酒成熟十分缓慢且优雅怡人，并且保持了丰富的果香。螺旋帽能够保证每瓶酒在成熟过程中口感柔美，并维持在最佳饮用状态。螺旋帽可以更好地保持果味特性，犹如年轻的软木塞葡萄酒的风味。

螺旋帽对于家庭储藏十分重要。它的优点可能远远超出我们目前意识到的。

不良的储藏条件在小瓶装酒中表现得更加突出，尤其是木塞封装的葡萄酒。酒窖温度的波动有利于空气透过木塞，从而引起酒的氧化。由于小瓶装酒会接收更多氧气，因此一般不适于长期储存。相对应的大型瓶如玛格纳姆(magunm)，被认为能长期保存，因为进入的氧气量较少。因此，玛格纳姆瓶被认为能更好地保持葡萄酒的成熟。

对于螺旋帽，不论瓶子多大都能保持酒同样的成熟状态。当然在这点被证实前，我们需要等待适合螺旋帽的大型瓶的设计生产。那时，人们关注的将是如何降低装瓶过程吸收的氧气量。

螺旋帽最后 5 个优点与方便性及美学享受有关。

16. 螺旋帽容易开启

螺旋帽最显而易见的优点是容易开启。

开瓶时不需要借助任何特殊设备，即使装瓶窖储 10 年后，跟刚完成封帽一样很容易被拧开。

当前购买和消费葡萄酒的群体发生着变化，尤其是北美和欧洲市场，这些市场推动了密封物的更新换代。“方便”储存的葡萄酒正以指数速度热销，很少有家庭拥有开瓶器。如今的市场逐渐被女性和年轻买家占据，他们不太关注开瓶拔塞的仪式，而螺旋帽有着很好的便利性。螺旋帽葡萄酒也更容易获得老人和残疾人的青睐。

如何开启螺旋帽葡萄酒？很简单，一只手握紧整个螺旋帽，另一只手旋转酒瓶即可。

17. 螺旋帽方便回拧密封

螺旋帽葡萄酒用于家庭消费、餐厅和夜场，其方便性还在于能够回拧密封。

18. 螺旋帽成本低

虽然单个螺旋帽的成本低于软木塞，但螺口瓶的成本略高，从而使整个包装成本与软木塞包装差不多。随着需求的增加以及更多生产厂家的进入，有望通过竞争降低成本。

价格的比较要综合瓶子＋木塞＋铝塑帽与螺口瓶＋螺旋帽的整体成本。相比之下，螺旋帽很适合取代那些在储存过程中出现问题的软木塞。

19. 螺旋帽可回收利用

回收有利于可持续发展，因此我们要节约资源减少浪费。铝制螺旋帽容易回收，且不会造成品质的下降。

铝是所有可回收材料中最经济的。因为回收的铝具有很高的价值，且重新回炉生产可节省 95％的能量。

螺旋帽生产商需要提供相关设备，用以去除遗留在瓶身的帽筒。

20. 螺旋帽富有浪漫色彩

拔出木塞发出的声音被认为是葡萄酒浪漫气息的表现。但木塞可能会使葡萄酒遭受木塞污染和氧化，从而使酒平淡无味。这些问题出现时就毫无浪漫可言了。

葡萄酒的浪漫在于葡萄酒本身，以及与佳人一同分享时的美妙感受，而不是如何开启酒瓶。或许真正的浪漫在于此刻——浪漫的螺旋帽陪伴着浪漫的葡萄酒。

图 16　螺旋帽具备实用性和方便性。

第二部分

螺旋帽和螺口瓶

4 螺旋帽

特别的设计和包装选材有利于提升所有优质产品的品质。在食品和饮料行业，没有哪种产品像葡萄酒这样需要严格的包装标准。葡萄酒装瓶后一方面要求密封性能维持数十年，同时在饮用时又能轻松快速地开启。螺旋帽在这两方面比其他密封物都有优势，使葡萄酒密封技术变得极具特色。

这种“长筒螺旋状密封物”简称“螺旋帽”，也被称为 ROTE（滚压式防伪包装）。过去常被称为 ROTEL（长筒滚压式防伪包装），用于区别斯泰尔普螺旋帽（20 世纪 70 年代初的一种中筒螺旋帽，目前仍用于烈酒包装）。ROPP（短筒滚压式防伪包装）主要用于软饮料产品，不用于葡萄酒。“斯蒂文”是螺旋帽一个特定品牌的专利商品名，由法国佩希内公司生产。“苏普尔万”螺旋帽是奥斯凯普公司的产品。另外，国际帽公司（Globalcap）、新凯普公司（Newkap）和其他一系列公司也都生产了各自品牌的螺旋帽。

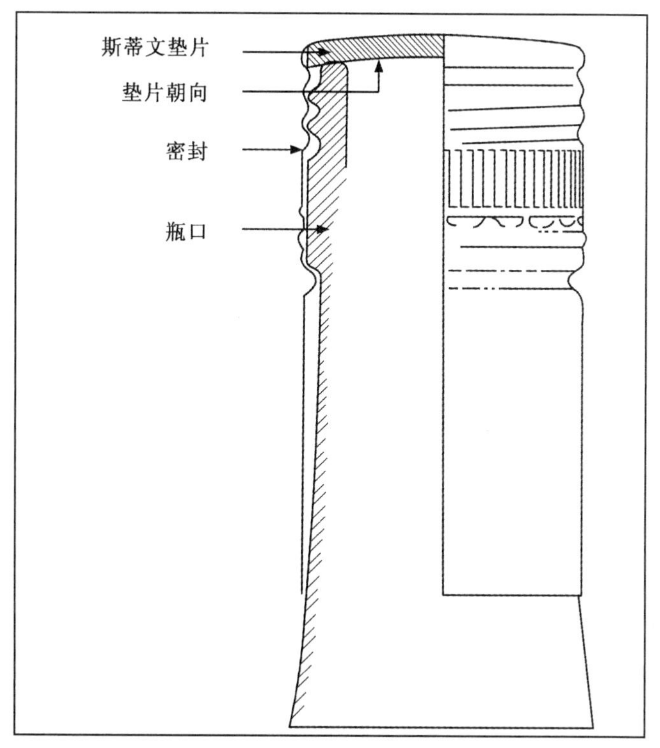

图 17　自该图 1976 年第一次印刷出版后，螺旋帽的设计几乎没有改变。

不论哪个生产商，所有 30 mm×60 mm 的螺旋帽形式都相似，由外壳和垫片组成。外壳由金属铝制成，与瓶口外部轮廓紧密接触。垫片是一个多层的填充物，在瓶帽之间形成密封。第 5 章主要讨论垫片。

螺旋帽外壳有 4 个主要功能：

(1)密封时保持垫片位置合适。

(2)以酒瓶为模成型，在要求压力下将垫片牢牢固定在瓶口上。

(3)形成的螺纹有利于开瓶。

(4)提供了装饰空间。

需要强调的是，螺旋帽不能密封气泡饮料如起泡酒。因为起泡酒产生的气压会使帽向上凸起，垫片被抬离密封表面。对此，皇冠帽是最佳之选。

螺旋帽的尺寸

螺旋帽通常因用途不同而在直径、帽筒高度和垫片材质上存在较大差异。

对于 750 mL 装葡萄酒，30 mm×60 mm 的螺旋帽是目前国际葡萄酒行业的标准形式，表示直径 30 mm，高度 60 mm。修长的帽筒主要带来审美享受，为装饰留下更多空间，相当于套在木塞葡萄酒的铝塑帽。这个标准目前也适用于375 mL 酒瓶。不久以后，还会出现 30 mm×60 mm 或 31.5 mm×60 mm 规格的1.5 L 玛格纳姆瓶。

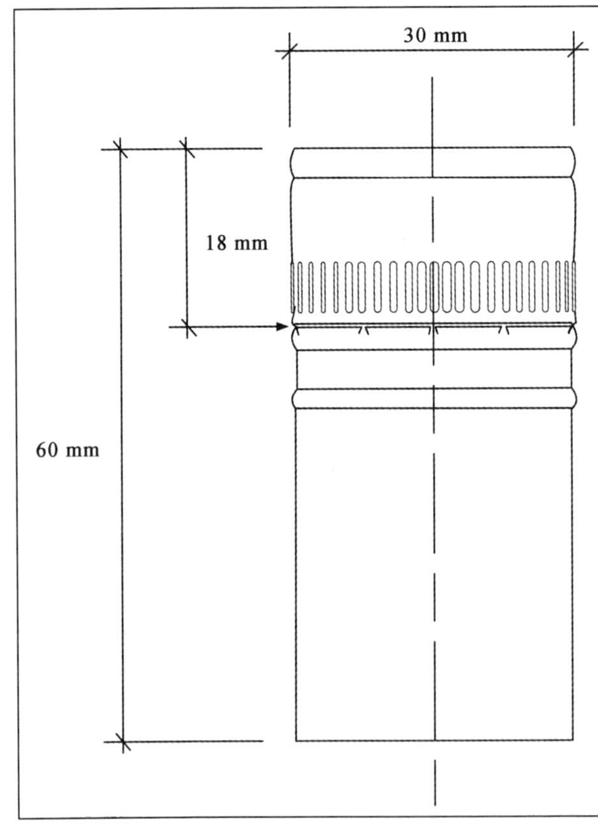

图 18　标准的 30 mm×60 mm 螺旋帽尺寸图。不同厂家在技术参数上略有不同。详情参考附录 3。

图片转载经由佩希内包装公司/艾斯万葡萄酒资源有限公司(Esvin Wine Resources Ltd)许可。

最近一种用于 750 mL 装葡萄酒，直径为 31.5 mm 的螺旋帽引起人们的兴趣，这种帽看起来很像勃艮第瓶型的加强环，但很难找到与这种帽匹配的螺口瓶。

由于不同尺寸的帽不仅需要相匹配的瓶子，还需要相匹配的封帽头，这就为生产不同尺寸的螺旋帽带来了技术挑战。因此有人建议瓶帽生产商针对 30 mm×60 mm 的标准生产出一系列 375 mL 和 750 mL 的螺口瓶。对于如1.5 L 的大瓶，这个标准有点小，必要的话可选用 31.5 mm 的帽替代。这就需要一个特别的封帽头，而新增的封帽头又是一笔巨大的投资。

密封

螺旋帽必须在下面三个位置密封：

(1)垫片在瓶子顶端密封。对于 BVS 瓶口还包括顶部外边缘。

(2)侧面与瓶螺纹密封。一方面加强顶部密封，另一方面使帽沿螺纹拧开。

(3)帽筒在瓶加强环下面形成凹槽，从而固定住帽。

要实现这种密封，螺旋帽、螺口瓶和封帽设备必须遵循统一的国际标准。瓶子为帽外壳提供了螺纹、凹槽和模板，垫片形成了密封。通过施加压力将垫片压在瓶顶表面，然后将帽固定在螺口瓶上，从而产生了密封作用。这个过程会在第 12 章讨论。

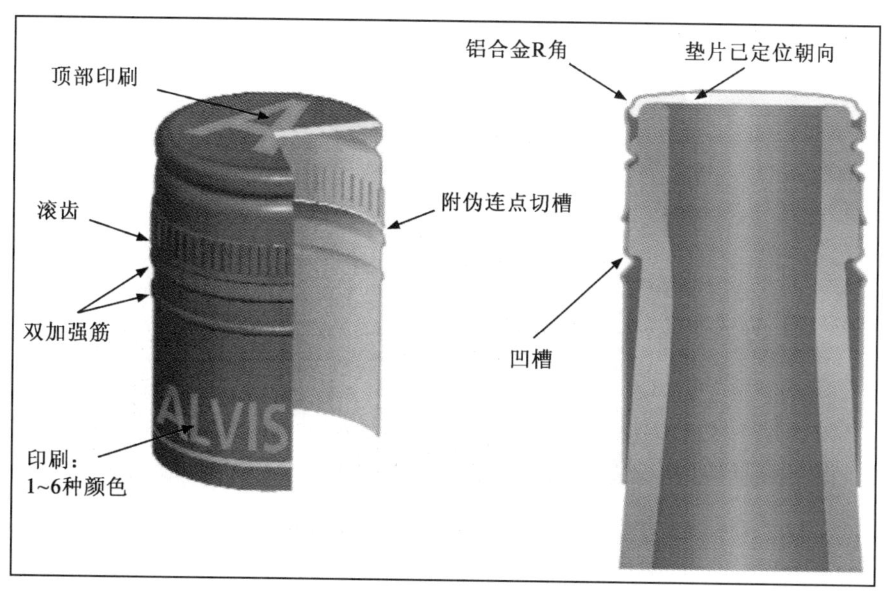

图 19　铝帽外壳将垫片固定在合适位置。外壳为装饰和印刷提供了创作空间。

图片转载经由佩希内包装公司/艾斯万葡萄酒资源有限公司许可。

成功的密封，需要考虑一系列因素，包括帽的一致性、垫片的完整性、连点的尺寸、垫片的尺寸、密封的形成以及边角剪裁等因素。本章节会详细介绍每个参数。

螺旋帽的生产

螺旋帽的外壳由优质铝合面板8011制成，这种铝合面板由专业生产商提供，每张面板的规格为1 m^2。面板的厚度严格控制在0.20～0.23 mm，有的生产商甚至控制在0.23±0.01 mm。面板的内表面使用环氧酚醛漆处理，外表面可实现高品质喷绘要求。

生产螺旋帽，第一步要完成面板的底色和装饰，然后面板被切割成圆盘状，接下来圆盘被逐步挤压成圆柱状，最后帽筒经过修剪成型。

目前螺旋帽生产商的队伍庞大且在稳步增加，而垫片生产商相对较少。螺旋帽生产商只需生产外壳，然后将外壳套在特定的垫片上即可。

对于帽的规格，包括铝材等级、垫片类型等，供应商和客户必须达成一致，确保生产无误。所有生产商生产的螺旋帽，包括内部上漆、装片和垫片的表面都必须符合法国、欧盟和FDA的规定。

运输时，螺旋帽葡萄酒可以松散地放在纸箱内，而木塞酒受铝塑帽影响需要交错放置。

图20　目前螺旋帽生产商的数量庞大且在不断增加。

图片转载经由佩希内包装公司/艾斯万葡萄酒资源有限公司许可。

斯蒂文螺旋帽生产步骤和质量控制

生产步骤	质量控制
1. 原材料	**由供应商控制**
铝合面板公称厚度 0.23 mm，脱脂	**铝材** 机械性能 尺寸 外观 纹理 **垫片** 识别面 厚度和直径 朝向 压缩性 回弹力
2. 上漆和平板印刷	**平板印刷**
铝板内外涂漆。帽顶部中心区域在本阶段完成装饰。	表层漆膜 外观和颜色 涂层特性
3. 润滑和制图	**制图：3 个阶段**
帽初步成型（多达 3 个阶段的制图）	制图区域尺寸 中心印刷 外观 调整环
4. 帽筒制图	**侧面印刷**
可实现在帽筒上装饰。包括上漆、彩印或丝网印刷等。	颜色 外观：不透明/覆盖 加强筋区域的印刷
5. 形成凹凸槽	**凹凸槽**
确定产品最后的形式，包括制造： · 滚齿 · 固定垫片的内陷槽 · 连点切槽	尺寸：高度 帽筒直径 内陷槽直径 连点切槽直径 外观

续表

生产步骤	质量控制
6. 嵌入垫片	垫片的识别和溯源 使用光电元件检查是否有垫片
7. 检测统计	**封帽测试** 开瓶扭矩 封帽时连点的表现 封帽时表层漆的表现
8. 装箱	

内容改编自佩希内包装公司和艾斯万葡萄酒资源有限公司。

连点

螺旋帽顶部通过一系列窄小的金属连点与帽筒连接，拧开帽时连点断裂，帽被拧开。虽然帽可以回拧密封，但断裂的连点表明螺旋帽被开启过，因此具有防伪功能。

一般情况下螺旋帽有 8 个连点，每个连点的尺寸为 1.4±0.1 mm。连点的数量会因生产商而异。设计螺旋帽时，形变高度和切槽十分重要。

为了检查连点的完整性，根据到货数量，参照附录 1 的抽样计划对产品随机抽样。然后使用尖锐的斯坦利刀或类似刀具，从帽顶部向帽筒下端小心下切。再用空瓶将切开的帽展平，然后在金属平板的连点处将其弯曲 45°～60°，使用放大镜检查连点有无裂纹或断裂。出现裂缝或断裂的连点不能超过 3 个。

装饰

从美学角度看，螺旋帽顶部和帽筒都可以装饰设计。另外，螺旋帽耐腐蚀，能为商标和产品名称提供装饰空间。螺旋帽因此可以取代传统的铝塑帽。

帽顶装饰首先被印制在铝合面板上，然后被挤压成型。因此对于所有螺旋帽，顶部装饰总是最清晰也是印刷质量要求最高的。帽筒装饰恰好相反，帽先成型后完成装饰。

早期的一些螺旋帽，由于帽筒印刷是在帽筒成型前完成的，因此成型时图案会被拉伸，导致帽筒印刷质量较差。后来通过先成型后印刷的方式解决了这个问题。为了确保装饰图像清晰，螺旋帽应先加工成型，后印刷装饰。

目前螺旋帽生产商可实现 6 色印刷，保证图案清晰，细节分明，画质精良。不久的将来很可能实现 8 色印刷，颜色足以满足客户的需求，并能实现不同的表面

图 21　帽顶装饰需要很高的工艺技术，因为装饰是在铝合面板被切割前印刷上去的。
图片转载经由佩希内包装公司/艾斯万葡萄酒资源有限公司许可。

做工，包括光泽清漆、烫金（哑光、半光泽和光泽）以及不透明实体（哑光、半光泽和光泽）。烤漆层属于耐磨损的环氧涂层，确保加工和运输过程中最大的抗性。其他效果，如顶部压花、帽筒压花和帽筒刨花，现在都能实现。

R 角

早期螺旋帽最大的缺点是顶部侧面容易渗漏，而现在的螺旋帽通过"R 角"作用克服了渗漏。

形成 R 角需要"BVS"形式的瓶口，或称为 Bague Verre Stelvin。早期的螺旋帽不能实现 R 角，因为对帽顶四周施压，垫片的木塞层会破裂。当发泡聚乙烯取代了木塞层，R 角才得以实现。

形成 R 角是指封帽时在螺纹入口上端 1.8mm 处沿着瓶顶边缘对铝帽施压密封的过程，因此 BVS 有别于早期的 BVP 标准。

图 22　在瓶顶四周形成的 R 角，提供了更持久的密封作用。
图片由新西兰螺旋帽协会提供。经许可转载。

这个过程由专门设计的封帽模块完成，从而创造出更大的密封面积。空隙会导致密封失效，而 R 角可以排除所有空隙。这项新成果提高了密封效率和持久性能，使密封具有一定的抗碰撞能力。BVS 瓶口提高了密封完整性，因此可以承受更大的内部压力(更大的温度波动范围)。R 角对加强可靠的密封非常重要。但当压力增加时，螺旋帽顶部可能会略微顶起。

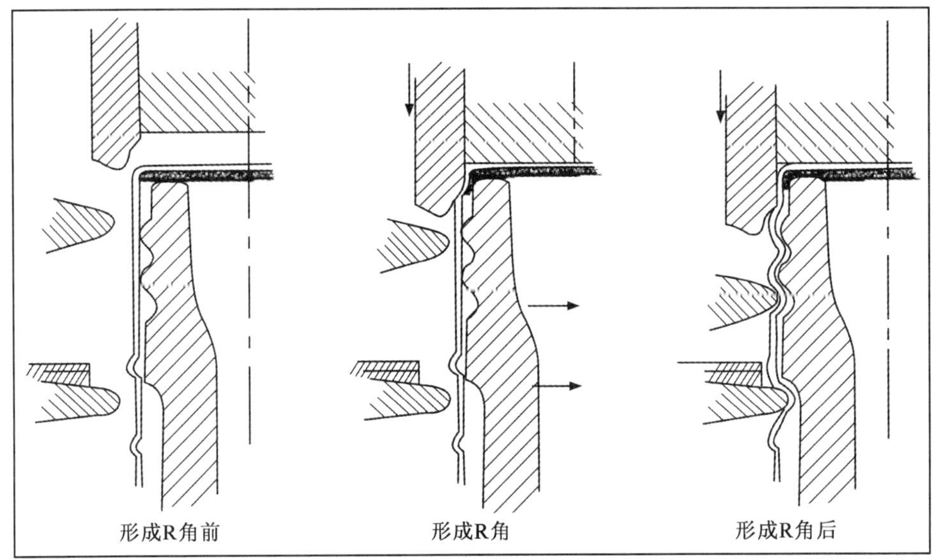

图 23　压力模块产生 R 角的三个步骤。

图片由佩希内包装公司/艾斯万葡萄酒资源有限公司提供。经许可转载。

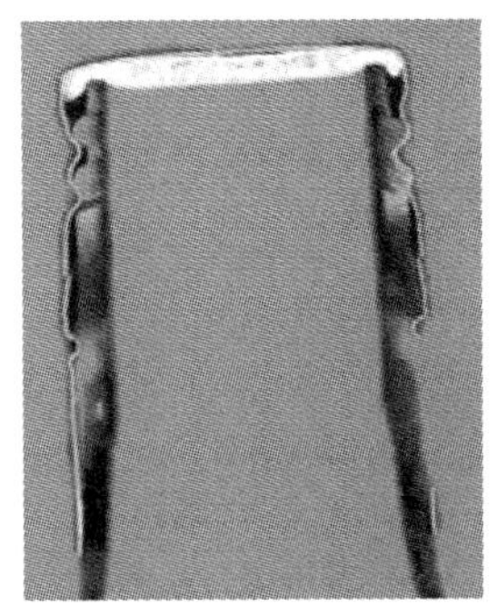

图 24　没有形成 R 角。注意介于垫片边缘下方和螺纹入口上方的气体空隙。

图片由佩希内包装公司/艾斯万葡萄酒资源有限公司提供。经许可转载。

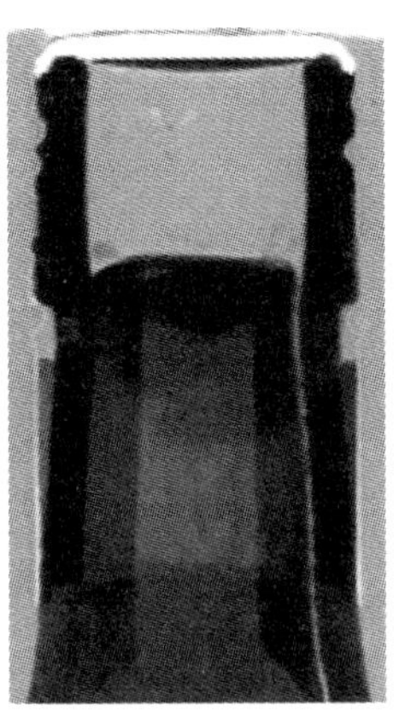

图 25　形成 R 角。注意垫片与瓶顶表面紧密接触，螺纹入口没有出现气体空隙。

图片由佩希内包装公司/艾斯万葡萄酒资源有限公司提供。经许可转载。

BVS是目前螺旋帽端口的国际领先标准，这种国际标准将相关产业与螺旋帽关联起来。目前有些玻璃瓶生产商使用着BVSP标准（一种结合BVP和BVS的标准），但人们更倾向于BVS标准，因此被推荐为国际标准。保持统一的标准，可以使封帽头对所有瓶子进行标准化操作和设置。

瓶口的尺寸和公差已经被螺旋帽和玻璃瓶生产商妥善解决，详情可参考附录3。第12章介绍了封帽时形成R角的步骤。

螺旋帽的储存管理

未使用的螺旋帽必须存放在避光、干燥、干净、无尘、无异味的地方，不能直接与地面接触，避免遭受TCA污染。

新凯普公司建议存放温度为5～30℃，20℃是最理想的温度。放置不用时，在仓库储存不要超过2年，若超过2年，使用前需要重新检验。佩希内公司建议储存在冷凉、干燥的地方，温度0～40℃，湿度30%～75%。国际帽公司规定储存温度要在5℃以上，湿度低于80%。低温会使帽变脆，使用时容易引发问题。高湿度会影响纸板箱结构的完整性，从而使底部的螺旋帽遭受挤压变形。

佩希内公司使用聚乙烯袋包装螺旋帽，每箱装1400支帽，20箱为1托盘包裹好。国际帽公司也使用聚乙烯袋，每箱1100支帽整齐摆放，使用纤维板装箱，25箱为1托盘收缩包裹好。每个箱子贴有标签，标示产品的编号、箱号、生产日期、操作员和搬运移库等信息。

使用塑料袋包装螺旋帽的，最好在螺旋帽放入料斗前再拆开袋子。拆开包装袋时，防止塑料碎片掉入袋中。没用完的螺旋帽可以放回袋中，然后重新密封纸板箱，这样可以有效防止外来污染和有毒物污染。灰尘、玻璃、发丝和其他物质落入帽中都会影响密封结果。

新进展

螺旋帽领域的新技术以迅雷之势飞速发展。佩希内公司不久将推出一种新的密封物TOTE（防伪扭矩塞）。这种技术类似于斯蒂文螺旋帽，但提供了一个隐蔽的螺纹。这种螺纹由实现两步封帽操作的设备完成，类似的技术曾一度用于“君度瓶”。国际帽公司近期也将发布类似产品。毫无疑问会有更多的新产品诞生。

为了更好地满足密封要求，瓶帽的技术参数有望捆绑在一起。螺旋帽正以强劲的步伐迅猛发展，随着标准的确定将来会有更多的螺旋帽生产商进入这个市场。

质量保证体系

质量定义包含很多方面，这里指的是“适用性”——产品的尺寸参数必须满足消费者和供应商之间的要求。

质量保证与质量控制的不同点在于，质量保证是一个预防性概念，是人们为避免不符要求的情况而采取的一系列措施，通过对进程的回顾来确保一切进展顺利。质量控制是过程后的检查，是为了防止不合格产品进入市场。很显然质量保证对确保产品达标更具优越性。

螺旋帽的加工机制比木塞复杂。螺旋帽的允许公差更窄，瓶帽以及设备的兼容性需要更精确的控制。这些参数不是绝对的数值，但都有公差（或范围），只有在公差范围内才能很好地匹配。要实现满意的密封，螺口瓶、螺旋帽和封帽设备都是关键因素。

严格的质量控制对生产螺旋帽非常重要。现在一些生产商使用在线影像技术检查生产线上的每支螺旋帽。将数码相机与强大的计算机软件相连，可以即时检查每个帽并剔除不合格品。这样的程序可以将缺陷率（不合格率）降到百万分之一。

灌装前为确保产品的尺寸符合要求，帽生产商最好对配送前的产品抽检，或供应商对样帽检验。如果样品合格，客户在收货后可再进行一次质量保证检查。由于不可能检测所有的帽，因此可以抽样检查，样本量可根据附录 1 的抽样计划确定。下面的表格列出了需检查的项目、检查方法和可接受质量水平。公差可从生产商的规格表中查询，见附录 3。

务必按程序对收到的螺旋帽进行检验。要特别注意以下几方面：

- 有无垫片。
- 垫片是否完整。
- 垫片锡箔层是否存在（见第 5 章）。
- 垫片与帽外壳紧密结合，不松动或脱落。
- 颜色、装饰一致（目测）。
- 刮痕，尤其是滚齿区域（常见性问题）。
- 运输或生产过程产生的缺陷，如装箱时掉入袋中产生凹痕等。
- 托盘受损影响螺旋帽（常由叉车造成）。

下表提供了螺旋帽的缺陷水平标准。缺陷定义如下：

严重缺陷：该缺陷会损害消费者的健康或严重破坏品牌形象。AQL＝0.01％～0.04％。

主要缺陷：该缺陷会影响装瓶或消费者使用时的密封效果，从而破坏品牌形象。AQL＝0.25％～0.65％。

次要缺陷：所有不会危害到螺旋帽外观品质和功能品质的缺陷。在不影响功能的前提下，包括轻微的尺寸缺陷等。AQL＝1%～2.5%。

用百分率来界定合格质量水平（AQLs）。不同螺旋帽生产商的具体参数会与表中所列有差异。

需检查的项目和缺陷	规格标准	检查方法	单个抽样水平Ⅱ，AQL（%）	缺陷类别
1 包装		目测		
1.1 类型和保护措施	纸板箱或密闭塑料袋			
PE 袋缺失	导致缺少保护和帽的污染		0.01～0.04	严重缺陷
外包装尺寸不符合要求			1～2.5	次要缺陷
1.2 识别		目测		
包装标记与实物不一致			0.01～0.04	严重缺陷
缺少标记			0.01～0.04	严重缺陷
配送出错			0.01～0.04	严重缺陷
1.3 常见问题		目测		
同一箱内出现不同种类的螺旋帽			0.25～0.65	主要缺陷
箱子开口、破损、灰尘、潮湿			0.01～0.04	严重缺陷
2 螺旋帽与垫片的匹配性	标准螺旋帽和产品尺寸图			
模具不同			0.01～0.04	严重缺陷
尺寸、颜色及图形与标准不同	标准		0.01～0.04	严重缺陷
材料与规定的不一致			0.01～0.04	严重缺陷
同一箱内混合了两种或多种螺旋帽			0.01～0.04	严重缺陷
缺少滚齿	根据规格	分析检测	0.25～0.65	主要缺陷

续表

需检查的项目和缺陷	规格标准	检查方法	单个抽样水平Ⅱ，AQL(%)	缺陷类别
密封模式与规定的或与标准不符		目测	0.01～0.04	严重缺陷
3 螺旋帽和垫片的清洁度：油脂、碎片或其他会污染酒液的物质			0.01～0.04	严重缺陷
3.1 内部：污渍或污点			0.25～0.65	主要缺陷
3.2 外部：污渍或油脂			1～2.5	次要缺陷
4 清漆涂料				
4.1 内部缺少清漆（导致开瓶扭矩增加）	清漆。见标准		0.01～0.04	严重缺陷
4.2 外部清漆（印在顶部或侧面）	见颜色范围标准	最大值和最小值范围		
缺失			0.01～0.04	严重缺陷
清漆分布不均匀			1～2.5	次要缺陷
颜色微小差异			1～2.5	次要缺陷
颜色显著差异			0.25～0.65	主要缺陷
划痕，印刷模糊或其他外观缺陷			1～2.5	次要缺陷
颜色不符合要求			1～2.5	次要缺陷
顶部印刷偏离中心(>0.7 mm)			1～2.5	次要缺陷
侧面印刷偏离>1 mm			1～2.5	次要缺陷

续表

需检查的项目和缺陷	规格标准	检查方法	单个抽样水平Ⅱ，AQL(%)	缺陷类别
5 帽的常见问题				
不完整或部分破损		目测及使用瓶子测试	0.01～0.04	严重缺陷
物流配送、封帽或使用出错			0.01～0.04	严重缺陷
外部掉漆、毛边或波纹状>1 mm			0.25～0.65	主要缺陷
出现裂缝、缺口或孔洞			0.01～0.04	严重缺陷
边角锋利可能使消费者受伤			0.01～0.04	严重缺陷
封帽时至少2个连点损坏			0.25～0.65	主要缺陷
封帽时垫片割损			0.25～0.65	主要缺陷
帽变形但不影响封帽			1～2.5	次要缺陷
帽顶端凹陷(>5 mm)			1～2.5	次要缺陷
帽变形不可使用			0.01～0.04	严重缺陷
6 尺寸				
总高度不符合规格	图纸公差	深度计，千分尺，卡尺	0.25～0.65	主要缺陷
连点高度或帽筒高度不符合规格	图纸公差	深度计，千分尺，卡尺	0.25～0.65	主要缺陷
内径不符合规格	图纸公差	深度计，千分尺，卡尺	0.25～0.65	主要缺陷
外径不符合规格	图纸公差	深度计，千分尺，卡尺	0.25～0.65	主要缺陷
铝壳厚度超出最大规格范围			0.25～0.65	主要缺陷
垫片厚度不符合规格			0.25～0.65	主要缺陷

续表

需检查的项目和缺陷	规格标准	检查方法	单个抽样水平Ⅱ，AQL(%)	缺陷类别
7 垫片的安装		目测	0.01～0.04	严重缺陷
垫片缺失			0.01～0.04	严重缺陷
不牢固,松动		在平面上敲击垫片必须保留在帽中	0.01～0.04	严重缺陷
垫片不完整,很可能引起渗漏		目测＋渗漏检测	0.01～0.04	严重缺陷
安装不恰当			0.01～0.04	严重缺陷
两个垫片		目测	0.01～0.04	严重缺陷
杂质(不溶性物质)		目测	0.25～0.65	主要缺陷
8 开瓶扭矩不符合规定	开瓶时所有连点必须断裂	灌装线上检测扭矩	0.25～0.65	主要缺陷
9 滑动	螺旋帽在料斗内能够轻松上移	利用碗式振动送料机检测或其他方法确定	0.01～0.04	严重缺陷
10 材料				
重新加热缺陷:金属太硬或太软				
卷边缺陷:成型后材料多余				
帽有切口				
材料分布不均	在线封帽测试及目测		0.25～0.65	主要缺陷

验收执行标准按照 NFX06-021-NFX06-022-NFX06-023 及 ISO 2857 规定。

5 垫片

螺旋帽成功的秘密在于垫片。垫片在提供密封和阻隔气液体方面扮演着最重要的角色。

垫片是多种材料组成的填充物，由铝帽固定，通过外界施加的压力作用在瓶顶表面。对于 BVS 密封方式，还会在瓶顶外边缘形成密封。

螺旋帽的性能直接与垫片有关。现代螺旋帽与最初的斯泰尔普帽唯一的区别在于垫片的成分。早期垫片的原型为软木塞和纸层，后来被更可靠的三层填充物取代。现在大多数螺旋帽都使用这种类型的垫片。

理想的垫片必须稳定、无味、惰性，能够满足尺寸要求，具备优秀的防水性能、良好的压缩和回弹特性，并能阻隔特定的气体。

垫片的材料必须符合食品材料的所有规则、指令和法律。并符合欧盟的指令、相关的国家规定、FDA 要求和 CONEG 法规。供应商应能提供生产合格证和质量证书。

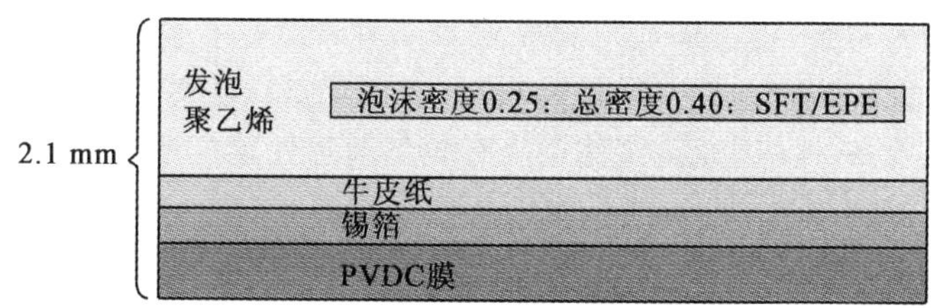

图 26　螺旋帽的萨兰—锡箔垫片图层示意图。不同厂商的产品在密度和厚度上略有不同。

图片由佩希内包装公司/艾斯万葡萄酒资源有限公司提供。经许可转载。

垫片的最外层是 19 μm（19×10^{-6} m）的惰性（中性）聚偏二氯乙烯膜（PVDC），也被称为“Saran® wrap”。PVDC 膜是唯一与葡萄酒接触的表面，并提供持久有效的液体屏障，使酒液无法通过垫片和铝壳。已证实 PVDC 对红、白葡萄酒都有效，甚至瓶储 30 年后仍然有效。这种垫片似乎能持续更长时间，但已超出了目前的试验极限。

PVDC 的内层由仅 20 μm 厚的锡箔膜组成。锡箔是有效的阻气层，也就是这一不可通透的膜层负责阻隔外部世界。这对于螺旋帽的性能十分重要，因为垫片的其他层不能有效阻隔气体，尤其是氧气。有些螺旋帽没有这层金属膜，随后部分会讨论这一点。

锡箔层的另一个作用是支撑 PVDC 膜。PVDC 膜非常硬，制帽过程被切割和打压时，容易形成微小裂缝。增加锡箔层后，PVDC 膜受到支撑而不会破裂。由于锡箔层柔软可塑性强，压力模块得以将垫片压在瓶口。

最后一层由发泡聚乙烯制成，约 2 mm 厚。该层提供了压缩垫片的回弹力。这是一种高压、近乎气密的密封，能够承受相当大的压力和不断升高的温度，从而防止渗漏。佩希内公司表示他们的垫片弹性能够维持 9～10 年。人们猜想发泡聚乙烯会像软木塞一样，经过长期窖储失去弹性从而使密封失效。但即使是 20 世纪 70 年代中期第一批商用葡萄酒，到现在都没有表现出任何密封退化的迹象。

垫片的密度因厂家而异，为 250～420 kg/m^3。研究发现密度低于此范围会出现渗漏。

垫片的类型

垫片对螺旋帽的密封性能至关重要，因此针对特定的葡萄酒来选择合适的螺旋帽时，垫片是最重要的考虑因素。

目前有多种类型的垫片，它们的区别主要在于阻隔氧气通透的能力。上面提到的锡箔垫片有着近乎不通透的性能，而没有金属膜的螺旋帽不能有效阻隔氧气。购买螺旋帽时必须说明垫片的等级，每次收到货后要确认垫片是否正确。

目前的研究表明，锡箔垫片与顶级软木塞有着近乎相同的透氧效果，下面章节会进一步讨论。哈特和克莱尼格的报告（见附录 2），证实了通过密封物的氧气并非瓶储的必要条件。因此建议使用具有较低通透性能的螺旋帽，如带有金属层的垫片。

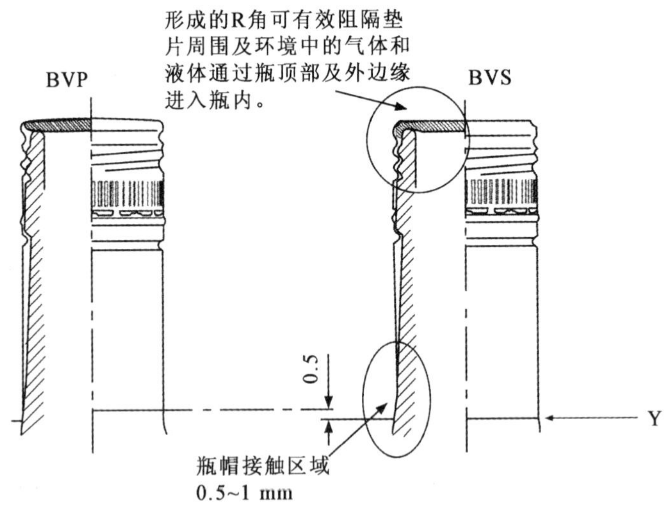

图 27　相比被淘汰的 BVP 标准，垫片与瓶口接触的方式解释了 BVS 的 R 角的优越性。

图片由佩希内包装公司/艾斯万葡萄酒资源有限公司提供。经许可转载。

有些垫片具有两个表面(尤其是铝膜垫片或完全没有金属层的垫片),因此不需要定位朝向。由于锡箔较贵,这种垫片通常只有一面,因此装配时需要定位朝向。这就需要特定的机器,因而降低了效率,增加了成本。

实验室条件下尽管一些生产商的螺旋帽表现良好,但在实际应用中出现了问题。虽然产品都在公差范围内,但当瓶模具轮廓可塑性差,瓶口表面粗糙或有坡度,或 BVS 瓶口变形时,螺旋帽容易失效,最终导致随机氧化。而锡箔足够柔软能够在瓶口边缘产生很好的密封。锡箔的性价比也激励了垫片生产商替代铝膜垫片。

实验室条件下能够检测出垫片的成分:将垫片的金属膜层置于 3%的烧碱中,如果是铝制垫片,会比装软饮料的铝制罐溶解得更快。如果是锡,垫片不会溶解。

佩希内公司有两种垫片。第一种为 EPE SU38 垫片(密度 380 kg/m^3,通常简称为"Saranex"),中间部分为发泡聚乙烯,两边覆盖 Saranex 膜。Saranex 是由聚乙烯-PVDC-聚乙烯制成的三层膜,从而构成了非常有效的 7 层填充物,其中聚乙烯与葡萄酒及瓶口接触。由于这种垫片没有隔氧层,使用这种垫片的葡萄酒不易氧化,因此生产商建议最好在 3 年内消费掉,如航空用酒。使用这种垫片的斯蒂文帽总成本会降低 10%左右。

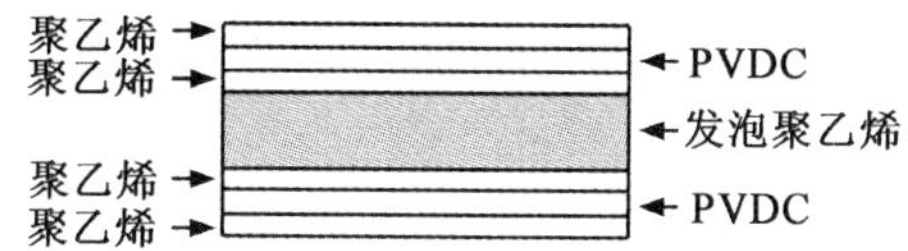

图 28　Saranex 垫片图层示意图。佩希内公司在一些斯蒂文帽上使用了 Saranex 垫片。

图片由佩希内包装公司/艾斯万葡萄酒资源有限公司提供。经许可转载。

另一个问题是,与葡萄酒接触的材料是否为中性。当然对于 Saran® 锡箔垫片,与葡萄酒接触的 PVDC 层非常中性,并且已证实在使用 30 年后仍然可靠。相比而言,聚乙烯不仅会吸收葡萄酒的 TCA,还会去除葡萄酒的果香,由于浓度太低还未引起人们的关注。澳大利亚葡萄酒研究所的试验证实,吸收能力取决于材料的总面积而不是膜层的表面区域。由于膜层非常薄,因此这种去香作用非常微弱。

法国垫片生产商 MGJ 生产了类似的产品,命名为"Corelen® 3020-PEBD28 ALU12 PVDC19-1 Side."这种垫片由发泡聚乙烯(28 μm)、铝箔(12 μm)和 PVDC(19 μm)组成。详细规格见附录 3。

佩希内另一个享有盛名的垫片是 EPE 40(密度 400 kg/m^3;通常为"Saran®-锡-膜"或简称为"锡箔"),由 PVDC、锡箔和发泡聚乙烯层组成。锡箔层与发泡聚乙烯层之间使用白色薄牛皮纸粘连,因为锡箔不能直接粘到塑料上。佩希内公司建议氧化非常敏感的酒或需要长期陈酿的酒(8～10 年)可以使用这种垫片。同时他们强调,为葡萄酒选择最合适的垫片完全取决于酿酒师。

MGJ 同价位的产品“Corelen® 2500-Kb60Sn20PVDC19,”由低密度发泡聚乙烯、白纸、锡箔(20 μm)和 PVDC(19 μm)组成。详细规格见附录 3。

国际帽公司生产的 30 mm×60 mm 螺旋帽配备各种垫片,包括:

- 低密度聚乙烯;
- 实心聚乙烯两面贴有发泡聚乙烯;
- 发泡聚乙烯贴有 Saran® 膜;
- 发泡聚乙烯贴有 Saranex 膜;
- 低密度发泡聚乙烯贴有锡箔层;
- PVDC 和木浆贴有 PET 膜。

国际帽公司强调,为保证垫片的性能,饮料的酒精度不能超过 50%vol,温度不能超过 40℃。

锡箔垫片是目前唯一公认能够用于所有优质葡萄酒和窖藏葡萄酒的垫片,这种垫片具有很好的弹性、卓越的密封性能并能减少氧气和其他气体的通透。相比性能而言,高出 10%的成本不算什么。相反,由于没有金属垫片而引起的产品破败,这种成本远比金属垫片昂贵。

现在许多高分子材料具有不同的透气性能,有些甚至会随时间变化而出现透气性能的变化。对酿酒师而言,通过改变透气性可以创造不同风格的葡萄酒。另外,还可以利用螺旋帽的透氧性能,开展微氧控制对葡萄酒成熟作用的研究。螺旋帽的潜力为酿酒师提供了创作机会。

关于透氧量对不同葡萄酒成熟作用的试验仍在进行。这项研究已持续数年,但并未广泛开展,因此需要时间来得出结果。未来还将出现各种垫片,并具有不同的透氧速度。不久的将来,低通透密封物的控氧技术会成为螺旋帽和合成密封物领域的发展方向。不过在这些试验结果未明确之前,选择垫片仍要小心谨慎。

垫片的通透性

常用的几种垫片在实验室条件下的透氧率:

PE	聚乙烯	5000～10000 $cm^3/m^2/d$
PET	聚对苯二甲酸乙二醇酯	100～200 $cm^3/m^2/d$
PVDC	聚偏二氯乙烯	10～60 $cm^3/m^2/d$
Sn	锡箔	<10 $cm^3/m^2/d$

锡箔垫片与铝膜垫片有着相似的透氧率(第 3 章提到,铝膜垫片的透氧率为

0.0002～0.0008 mL/d，平均 0.0005 mL)，几乎完美地阻隔了气体(见附录 2)。

理论上锡箔垫片极低的透气性不会产生如此高的透氧量。相反，很可能是锡箔与瓶边缘分离的 PVDC 层通透的结果。PVDC 的厚度为 19 μm，其周边会为氧气开启总面积约 1 mm^2 的“窗口”。相比某些瓶嘴 314 mm^2 的表面积或其他没有隔氧层的密封物而言，这种通透作用微乎其微。

垫片的压缩性

垫片的压缩性很重要，因为它确保螺旋帽能否维持可靠的密封。最大压缩值必须小于或接近垫片初始厚度的一半。复弹后垫片的厚度必须接近初始厚度的 2/3。垫片的复弹力和复弹速度非常重要，灌装条件不同其表现会有差异。

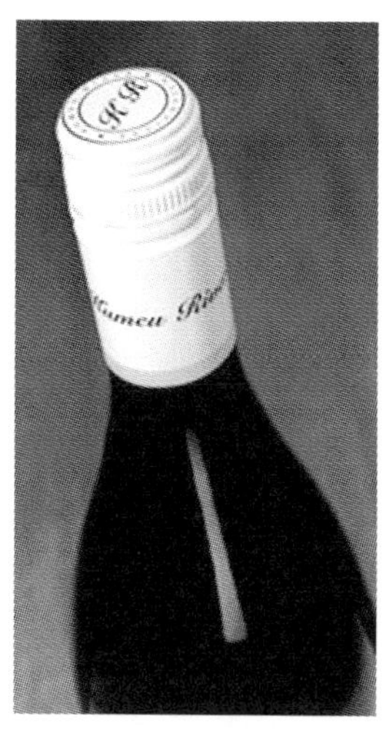

图 29　图片由库妙河酒庄提供。经许可转载。

6 螺口瓶

为创造成功的密封，螺旋帽、螺口瓶和封帽设备必须相互兼容，三者缺一不可。如果设备合适，BVS 瓶是影响螺旋帽成功应用的最重要因素。

没有螺口瓶，就没有螺纹、凹槽和密封性能。酒瓶为铝帽提供了塑模样板，与垫片接触的表面形成了密封，因此密封基本上依赖于螺口瓶。如果密封表面不平滑，封帽机的压力模块很难在上面实现密封。

由于螺旋帽自身缺陷极少，因此螺口瓶生产过程出现的各种缺陷都会潜在地影响密封性能。相比软木塞，螺旋帽成功地应用需要更高质量标准的酒瓶。

有些代理商推荐特定组合的螺口瓶、螺旋帽和封帽机。尽管确保三者的兼容性非常重要，但这一要求并不妨碍我们对这三部分的独立选择和采购。

大型玻璃厂商对螺旋帽密封有着持续浓厚的兴趣，近年来实现了高标准的酒瓶技术，并在不断发展。对螺口瓶需求的快速增长，激励了玻璃厂商的狂热供应。有些厂商现在至少有 5～6 种螺口瓶模型，并可配置多种颜色。目前有莱茵瓶型、勃艮第瓶型和波尔多瓶型，并且发展出多种容量，包括 375 mL 等类型。但有些瓶型和尺寸很难做到，如 1500 mL。随着需求的增加相信这种瓶型很快会在市场出现。

螺口瓶与木塞瓶的区别仅在瓶顶部（或称瓶口，瓶顶大约 2 cm 部分），而其他部分完全相同。瓶口部分是单独的模具，可以和其他部分的模具搭配，因此可以将螺口搭配到任意瓶型上。

螺口瓶的成本会比木塞瓶高出 5%～10%。因为螺口瓶的重量稍重，并且生产过程需要更多的检查环节。但总体而言，螺口瓶增加的成本可通过较低的螺旋帽成本来抵消。

2001 年以来，全球厂商针对 BVS 瓶口生产出优质酒瓶。作为螺旋帽葡萄酒的国际标准瓶，本章节会深入讨论 BVS 瓶口。BVP 瓶口是以前的标准（见国际瓶口标准 GME 30.06），但现在基本上不存在“BVP 螺旋口的非碳酸产品”。在本书印刷时，还没有官方出版的 BVS 螺旋口国际标准。CETIE 目前正在准备相关数据，有望在 2005 年底或 2006 年初发布。

本章节首先介绍螺口瓶的生产过程，希望有助于理解潜在的问题。为创造成功的密封，BVS 瓶的顶部表面、螺纹、凹槽角度、瓶颈直径、同心度和高度等关键尺寸必须在公差范围内，这些会进一步讨论。接下来讨论表面处理和公差范围，并强调这个过程可能出现的问题。最后介绍了螺口瓶的质量保证程序。

螺口瓶的生产

螺口瓶生产的各个阶段都可能出现偏差，从而改变瓶子的关键尺寸和特性。

螺口瓶由熔融态玻璃浇铸而成。当熔炉中的玻璃温度达到约1200℃时浇入模具，撤开模具时温度大约有600℃。接下来冷却至室温，由于冷却收缩形状会发生改变。设计模具时，要考虑酒瓶冷却收缩后的尺寸。冷却自身也会出现问题，如颈部弯曲等。

熔融玻璃被压缩空气吹入模具，但很难吹入到狭小的角落，尤其是当与金属接触冷却时。对于BVS瓶颈，小半径、尖角和精确的角度很难实现，而这些对于螺旋帽的成功密封至关重要。因此需要设定相应的参数确保玻璃瓶不是太尖锐或松散，否则很可能出现破裂或其他问题。

为方便将玻璃从模具中取出且不粘连，需要在模具中加入一种高温油脂(双硫钼)。随着油脂在模具中集聚变硬，模具尺寸发生改变。这点对BVS瓶口尤为关键，因为即使微小的尺寸偏差都会超出公差。

为此，玻璃厂商必须保持合理的清洁程序和技术体系。可采用超声波技术每4～6 h清洗模具和齿圈。长期使用后这套系统会失效，模具需要研磨或喷砂处理。这个过程必须小心处理，以免损坏模具或使尺寸变宽松。要注意的是，喷砂会腐蚀表面，研磨会在瓶口产生椭圆形变。除了研磨和喷砂影响，模具会自然磨损并随时间加剧。因此，长期使用颈模会影响模具的内部尺寸，最终影响瓶子颈部尺寸。

瓶子或颈模未对准，会在瓶口侧面密封边缘产生毛边。开瓶时，毛边会增加开瓶扭矩。

图30 正确的瓶子对螺旋帽的表现非常重要。2000年克莱尔谷的酿酒师首次使用螺旋帽时，他们从国外进口了新型酒瓶。

图片由格罗赛特酒庄提供。经许可转载。

为控制瓶子的尺寸，生产商必须有合适的质量保证体系。瓶子生产过程中，要定期测量关键尺寸如凹槽角度等。后面章节会进一步讨论。

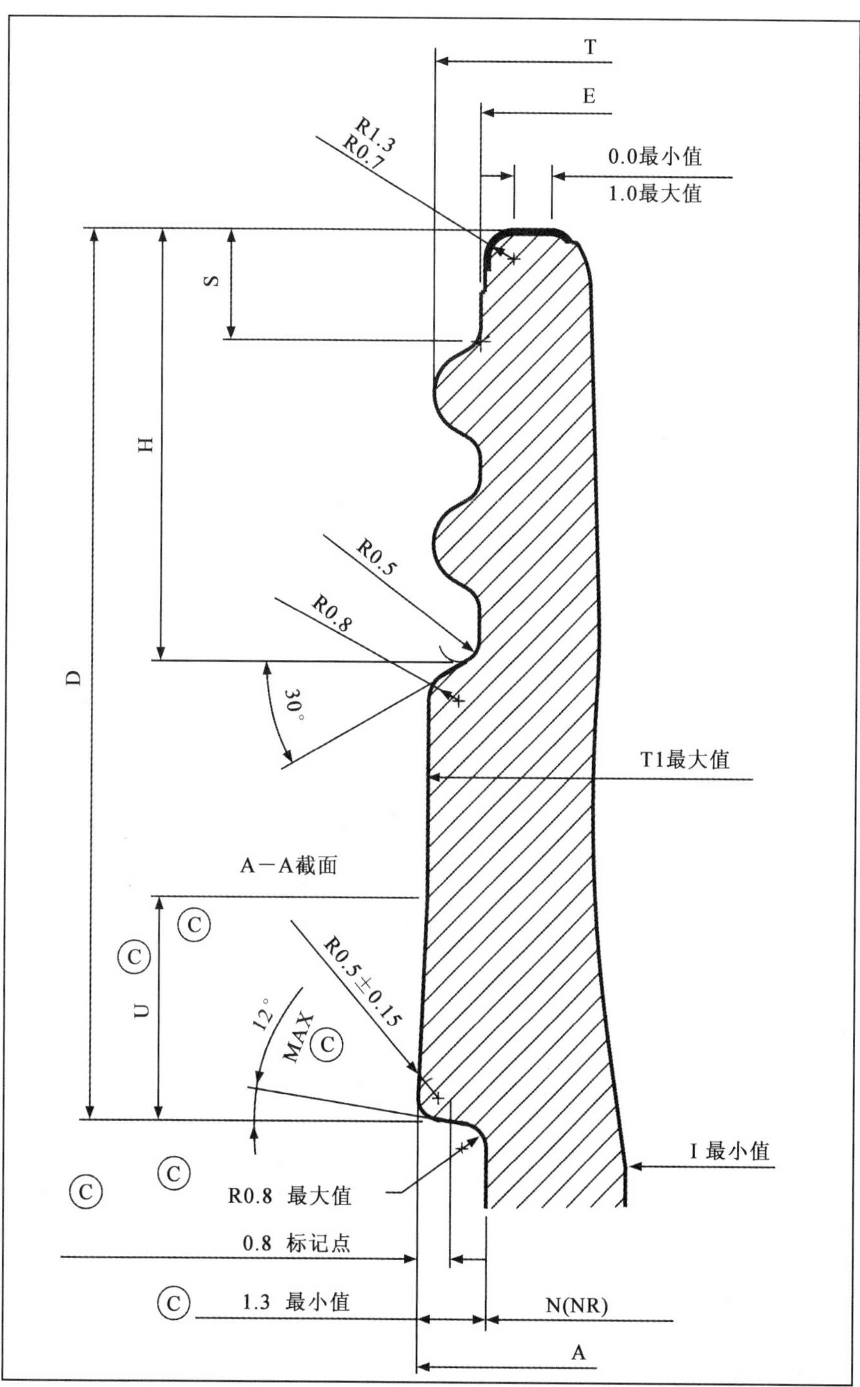

图 31 ACI(O-I 亚太)规格 CETIE BVS GRP-29394 Rev D,由佩希内公司艾巴拉戈.阿利门塔根据 BVS 30 H 规范绘制,图片来自 C. E. T. I. E. GME 30-06。

经贝灵哲布拉斯酒庄有限公司(Berringer Blass Wine Estates Ltd)授权转载。

关键尺寸

A	直径	对实现好的凹槽很重要。不像 E 和 T 那样稳定。长期使用后,研磨模具会在瓶口产生椭圆形变,从而使该尺寸变小。
A	半径	越小(尖)越好。
D	高度	不如 S 和 H 稳定,封帽时不会像凹槽滚轮那样出现问题。可以接受各种高度差异。
E	密封面直径	对产生有效的 R 角很重要。一般很稳定,但瓶口过度的椭圆形变会出现问题。
H	高度	非常稳定。只受设计或模具齿轮的影响。
N	瓶口下端直径	稳定,不会出现问题。
N	瓶口下端半径	越小(尖)越好。
S	瓶顶距螺纹入口的高度	非常稳定。对 R 角很重要。旧的 BVP 标准与新的 BVS 标准最基本的区别在于这个尺寸,前者为 1.65 mm,后者为 2.8 mm。只受设计或模具齿轮的影响。
T	螺纹直径	稳定,不大可能出现问题。局部未填充螺纹是可接受的。长期使用后,研磨模具会使瓶口椭圆形变,从而使该尺寸变小。
U	高度	非常稳定。非功能性尺寸。
凹槽角度		越水平越长越好。最大值为 12°。
外部密封面半径		稳定。一般不会有问题,除非太大。
X、Y 尺寸		两者相互关联,在帽筒和瓶颈部形成对应线。瓶子角度趋于 7°。

在 X 点,如果 Y 太大,封帽时连点会断裂,开瓶扭矩增加。

在 X 点,如果 Y 太小,会使密封边缘外露。这样不仅不雅观,还可能对消费者造成伤害。

X/Y 的测量在瓶颈 59.5 mm 处。

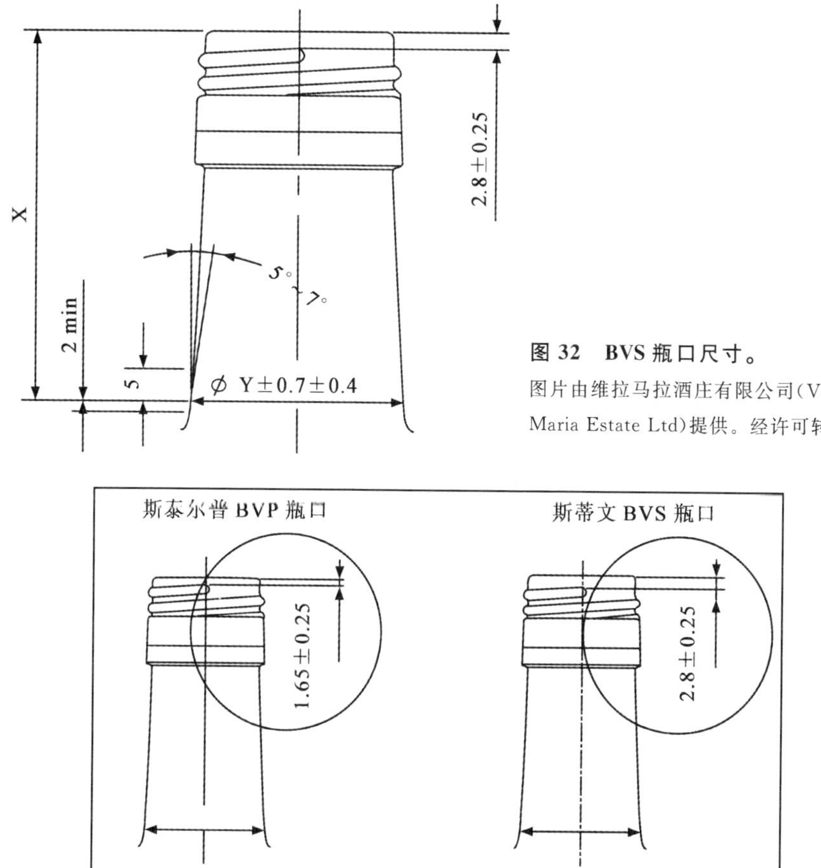

图 32　BVS 瓶口尺寸。

图片由维拉马拉酒庄有限公司(Villa Maria Estate Ltd)提供。经许可转载。

图 33　BVS 瓶口与之前的 BVP 标准仅在瓶顶距螺纹入口的高度上有差异。

图片由佩希内包装公司/艾斯万葡萄酒资源有限公司提供。经许可转载。

公差

针对 BVS 瓶口，佩希内公司推荐了如下尺寸和公差。任何时候都要维持这些尺寸，因为不合适的瓶子会导致产品失败。

60 mm ×30 mm 螺旋帽	公称厚度(mm)	公差(mm)
T　螺纹直径	28.3	±0.3*
		±0.2**
E　密封面直径	26.1	±0.3*
		±0.2**

续表

60 mm ×30 mm 螺旋帽	公称厚度(mm)	公差(mm)
L 加强环直径	28.9	±0.3*
		±0.2**
N 瓶口下端直径(瓶颈直径)	26(最大值)	L－N＝2.6(最小)－3.5(最大)
F 瓶口总高度	21.4	±0.2
S 瓶顶距螺纹入口高度	2.8	±0.25
H 螺纹高度	10.4	±0.2
Y X点的颈部直径	29.6	±0.7*
		±0.4**
X 瓶顶到这条直径的距离	59.5	

来源:佩希内包装有限公司/艾斯万葡萄酒资源有限公司。

* 使用帕纳比规测量直径的绝对椭圆度

** 平均椭圆度 ＝(Φ最大－Φ最小)÷2。

应当注意,测量玻璃接缝和模痕线90°的地方要使用双倍公差,Y点的周长为59.5 mm。如果公差在总周长外,螺旋帽不匹配。这也是玻璃厂商与螺旋帽厂商讨论的关键点。

测量Y点和Y点垂直尺寸时,其中一个测量值必须在29.6±0.7 mm,另一个在29.6±0.4 mm。下面以三个例子来说明如何确定平均尺寸。

示例Y点可能出现的情况:

A $\frac{30.0+29.2}{2}=29.6$ 接受

B $\frac{30.3+28.9}{2}=29.6$ 接受

C $\frac{30.1+30.1}{2}=30.1$ 拒绝(平均值太大)

顶部表面

对于木塞瓶,瓶口内部表面对形成良好的密封很关键。而对于螺口瓶,主要的密封面是水平面与垫片接触的区域。另外对于BVS瓶口,顶部与水平面垂直的外边缘也很重要,因为此区域提供了"R角"密封。

这些表面的完整性比瓶子其他部分在形成密封方面更关键。压缩垫片与瓶边缘接触,只允许非常小的偏差,而不像木塞瓶瓶颈那样可以有较大的偏差。因此务必要保持顶部表面没有缺陷。

下面列举了瓶口顶部表面可能会出现的缺陷：

- 瓶口规格不符合要求

- 密封表面粗糙、脏或“橘皮”状

- 密封表面有裂缝、断裂或开裂

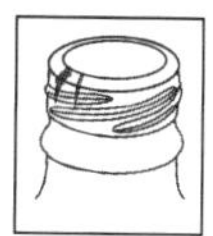

- 边角锋利(不符合规格)

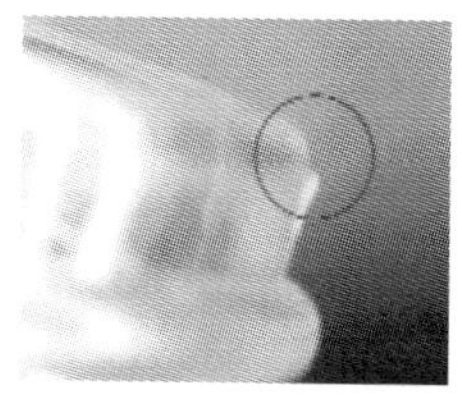

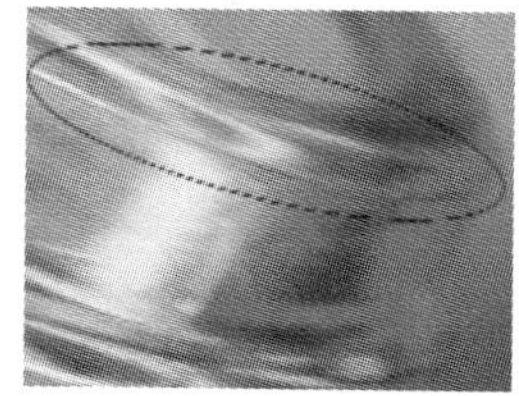

- 一些生产商为增加密封面而制造的小台阶

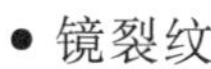

- 镜裂纹

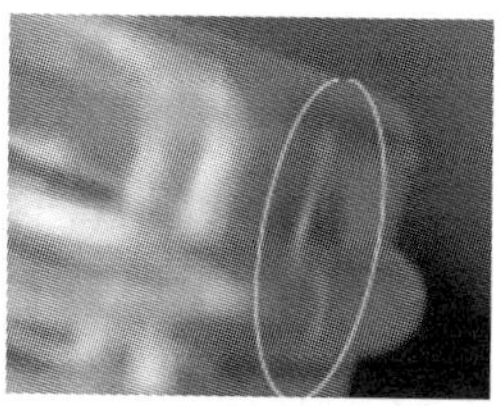

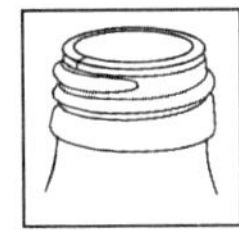

• 线/缝贯穿瓶口

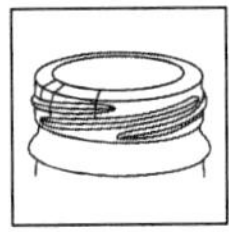

• 密封表面微裂痕

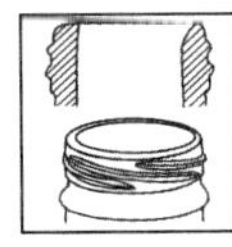

• 瓶口下凹、扭曲

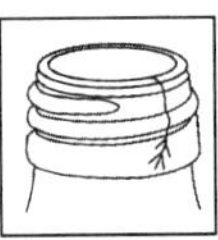

• 剪切状贯穿瓶口

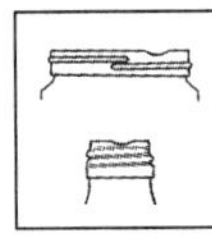

• 瓶口不完整

• 瓶口过压

图 34 至图 45 由 ACI 玻璃包装有限公司、贝灵哲布拉斯酒庄和佩希内包装公司提供。经许可可转载。

上面有些缺陷会由于垫片压缩不良或开瓶时垫片粘在瓶顶而检测出来。开瓶时，整个帽脱落且连点完好，这也说明瓶子不符合规格。

正如本章末强调的，务必有严格的质量保证程序确保瓶顶没有任何缺陷。

螺纹

螺口瓶的螺纹对固定帽十分重要。所有生产商的螺纹尺寸都相同，因此相对简单。见附录 3，生产商的数据表中列有螺纹尺寸。螺纹入口的定位要保证帽壳有充分的扩充空间，并能固定在螺纹上。

瓶口的设计是为了满足垫片压缩时与瓶顶表面充分接触，并能在压缩时稍微向外弯曲包裹，从而保证密封良好。

凹槽角度

凹槽角度是螺旋帽切入凹槽形成的角度。这个参数对螺旋帽的正确应用及开瓶十分重要。

角度太大或太陡(如第一张示意图反方向所示),开瓶时很可能使整个帽拔出而连点完好。

凹槽角度最大值为 12°。过去有些玻璃生产商设定为 15°,但取样测得的结果是 18°,这样会使帽松动。

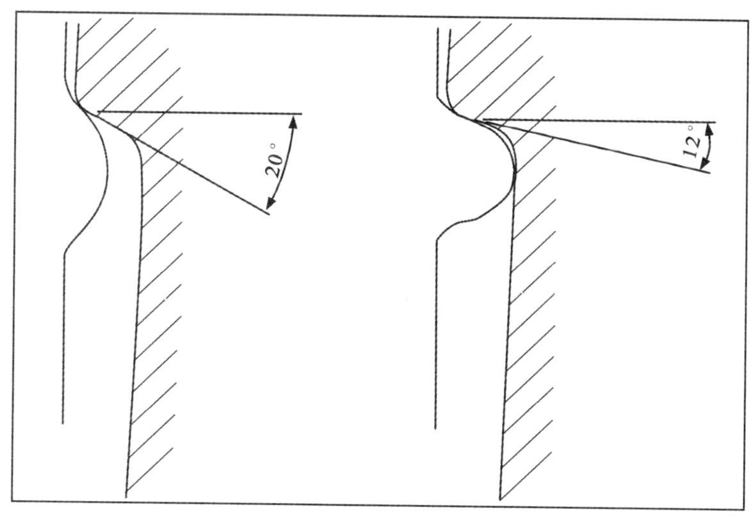

图 46 凹槽角度必须小于 12°。

图片由佩希内包装公司/艾斯万葡萄酒资源有限公司提供。经许可转载。

瓶颈直径

一方面我们要控制螺纹及顶部表面来满足帽的精确性要求,另一方面要保证瓶颈直径合适避免袖筒状松动。距瓶顶 60 mm 处的瓶直径很重要,因为这点是帽筒底端接触的地方。帽筒底端必须谨慎避免扭曲,确保密封稳定。

帽筒必须与瓶颈直径吻合,确保帽筒底端定位合适,否则会明显削弱密封的完整性。如果太松,封帽时螺旋帽会旋转、松动或破坏帽材料,从而潜在地影响密封性;如果太紧,会增加开瓶扭矩或使帽破裂或削弱垫片边缘的压力,同样会影响密封效果。瓶帽在 Y 点的空隙不能超过 1 mm。第 12 章会进一步讨论。

封帽时垫片被压缩近 1 mm,因此帽在垂直方向下移 1 mm。瓶颈角度不能完全垂直,这样有助于帽的匹配和开瓶。Y 点形变会使瓶帽间有空隙或太紧。垂直倾角应大于 5°,最好接近 7°。要延续这个倾角至 Y 点下面 2 mm,使帽在封帽时有足够的纵向移动空间。超过 Y 点 2 mm 外的设计,由于不影响密封性能,已不在厂家的考虑范畴。

新西兰马尔堡灌装公司(Marlborough Bottling Company)的总经理尼格尔·皮

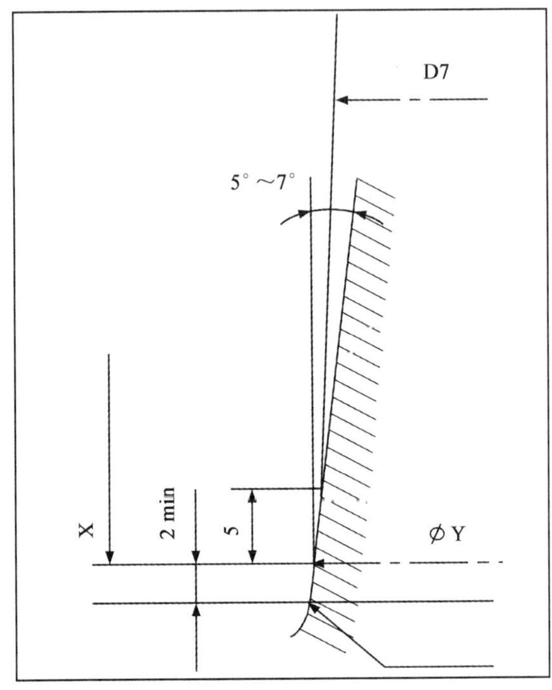

图 47　瓶颈作为模板对确保螺旋帽的正确定位十分重要。

图片由佩希内包装公司/艾斯万葡萄酒资源有限公司提供。经许可可转载。

丁顿（Nigel Piddington）发明了一种叫做“通过一禁行”的装置。这种装置能快速有效地检测 Y 点的直径，从而有助于检测灌装线瓶子的缺陷。

这种装置可设计成多种型号，用于快速检测一系列直径尺寸，即时辨别不合格产品。例如，Y 点“通过一禁行”装置是根据瓶颈 Y 点直径 29.6±0.7 mm 做成的 H 槽。“通过”槽的最大尺寸是 30.3 mm，而“禁行”槽最小尺寸为 28.9 mm。

也有针对加强环做的凹槽，这种“通过一禁行”装置可用来检测加强环直径 28.9±0.3 mm。相应的“通过”槽被削成 29.2 mm，“禁行”槽被削成 28.6 mm。“通过一禁行”装置必须使用激光精确切槽，而圆柱槽无效，因为圆柱槽没有考虑到椭圆度问题。

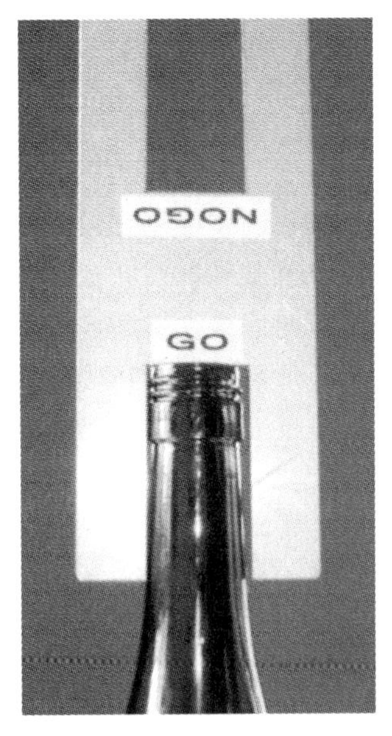

图 48　一个实用的“通过一禁行”装置可用来快速检测可疑瓶直径。

图片由马尔堡灌装公司提供。经许可可转载。

还有一种安装在距瓶顶 59.5 mm 处的圆形卡规，可有效检测 Y 点周长。这既考虑了椭圆形变也避免了 H 形槽的双公差检验。

诚然，H 形槽可以处理双公差如29.6±0.7±0.4 mm，一个 H 形槽可做成公差为 0.4 mm，另一个槽可做成公差为 0.7 mm。

同心度

同心度指的是瓶子的垂直偏差或垂直度。对玻璃瓶而言直立非常重要，这样帽在封帽时能够承受较大的扭力。

虽然在外观上不明显，但不垂直的瓶子会导致凹槽滚轮割坏帽筒或使连点断裂。如果瓶子不水平，很难保证密封效果，甚至引起漏酒和氧气入侵。极端情况下，玻璃瓶不垂直，封帽机可能压帽不当导致密封完全失效。

可接受的垂直偏差是瓶子总高的 0.5%。例如，玻璃瓶总高 300 mm，因此任何一端的垂直偏差不能超过 1.5 mm。

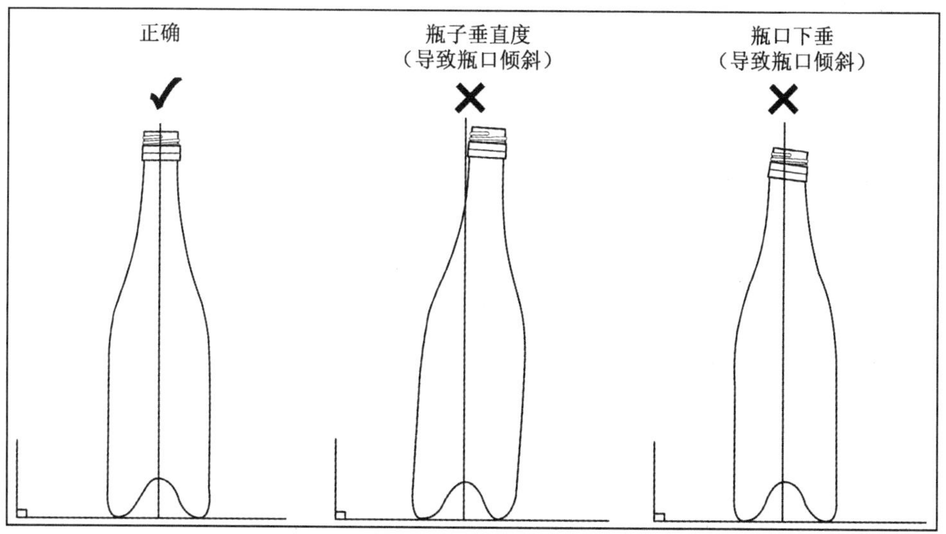

图 49　为确保可靠的密封，一个水平的密封面十分重要。

图片由佩希内包装公司/艾斯万葡萄酒资源有限公司提供。经许可转载。

当瓶口一端比另一端倾斜（下垂）厉害时也可能出现类似问题。这种情况很可能使垫片 R 角作用不充分。瓶口顶部水平面的倾斜偏差不能超过 0.5 mm。

推荐一种检验上述问题的方法——在线检测系统。这套系统借助摄像机来检查瓶子的垂直度、下垂、形状和瓶口表面。也有专门的设备用于检测螺口瓶的水平密封面。

高度

瓶子高度的差异一般不会引起问题，除非偏差太大或是封帽机调整到不合适的高度。

表面处理

为方便运输，玻璃瓶一般会包装在一起从而相互接触，另外灌装线上的瓶子也会相互摩擦。为减少这种接触性破损，生产商对瓶子外表面做了涂层处理。

表层处理（蒸汽或喷雾）均需两个阶段：玻璃瓶离开成形机后立即被喷洒热端涂层，在离开退火炉前又被喷洒冷端涂层。热端涂层包括锡或钛的混合物，冷端涂层包括有机蜡、聚乙烯乳液、聚乙二醇和脂肪酸等物质。

有些表面处理会影响开瓶扭矩，但不影响灌装。有的充当润滑剂减小扭矩，有的充当黏合剂增加开瓶阻力。这取决于它们的化学成分、比例和作用部位。过高的氧化锡含量（20 ctu 以上）会增加开瓶扭矩。尚未发现聚乙烯对玻璃瓶有影响，但与过量的锡结合，有可能降低开瓶扭矩。

螺口瓶的质量保证体系

帽外壳、连点、材料和封帽头在确保密封上发挥了重要作用，但酒瓶的重要性往往被低估。密封的最终质量很大程度取决于玻璃瓶的质量和标准。

澳大利亚葡萄酒研究所（AWRI）已经测出从螺旋帽进入的氧气量，发现最大有 4 倍的差异，人们怀疑与瓶口的差异性有关。AWRI 的测量结果应当引起人们的注意，这个例子强调了实时监控酒瓶质量的重要性。第 8 章会进一步讨论。

生产 BVS 酒瓶时，要确保瓶子的垂直度、瓶口凹坑、密封面的光滑度、角度、直径和其他重要参数都在公差范围内。通过在线检验设备监控每个酒瓶，去除任何不符合规格的产品。瓶子的质量标准必须满足上市要求，从而保护葡萄酒远离氧气入侵。生产商应加强质量控制，检查模具接缝处的表面差异性，定期清洗或更换模具。

为此欧洲许多生产商已经安装了在线检测设备，对生产出的每个螺口瓶进行监控。除这种检查外，所有酒厂必须对购入的瓶子实施质量控制检验，确保使用合格的产品。有些生产商没有在线检测设备，跟他们采购瓶子时，需要制定更加严格的检验体系（见附录 1. 抽样计划）。

由于生产螺口瓶比木塞瓶有更加严格的尺寸要求，促使生产商建立严格的质量控制规范。瓶顶表面和螺纹要认真控制，瓶颈直径也要合适，这样可以避免螺旋帽成袖筒状。

最好能在检查时找出问题，而不是在灌装过程发现问题。正因如此，瓶子在配送前应当随机抽样检查。检查项目包括瓶子的重量、高度、宽度、椭圆度、灌装高度和上面公差表中提到的关键尺寸，尤其要密切关注 BVS 瓶口的相关尺寸。

下表为质量合格标准 AQL%。公差可参考上面的公差表或附录 3 的厂家产品尺寸表。抽样方法可参考附录 1。关于质量保证的更多信息见第 4 章。

螺口瓶属性和变量

属性	公差	AQL(%)	控制方法	注释
空瓶重量	不同厂家范围不同	1.0	称重，1 kg 的精度单位为 1.0 g	容量要求
重量(装瓶 750 mL 时)		1.0		
高度		1.0	卡标尺	生产设备限制
瓶底直径		1.0	电子卡尺	仪器限制
瓶体椭圆直径		1.0	虹模块	仪器限制
瓶底凹槽		10.0	深度计	
垂直偏心率		0.4	转规	灌装头限制
水平偏心率		0.4	转规	螺旋帽密封要求
加强环外径		1.0	电子卡尺	螺旋帽密封要求
Y 点外径		1.0	电子卡尺	螺旋帽密封要求
加强环高度		1.0	电子卡尺	螺旋帽密封要求

下面详细列举了酒瓶可能出现的各种缺陷。

严重缺陷——AQL=0.065%

- 杂质或石头(玻璃中嵌有物体)
- 亮线
- 鸟羽状
- 内部突出
- 玻璃粗糙，内表面有零散的玻璃颗粒
- 破裂、裂纹或摩擦损伤，穿透釉质表面
- 玻璃条痕状。不同颜色条痕表明混合了多种玻璃
- 表面气泡破裂

主要缺陷——AQL＝0.65％

- “上釉”。瓶口密封面、瓶颈、瓶脚或瓶身出现裂纹或光条纹
- 皱褶或玻璃褶痕
- 瓶口密封面、加强环纹理粗糙
- 密闭气泡＝2.0 mm²
- 表面龟裂/橘皮状/波纹状
- 过度的热端表层处理
- 过度的冷端表层处理
- 表面处理不充分造成磨损较大
- 瓶内有赃物、灰尘或其他物体
- 模痕线突出。打开模具或施压时压力过大
- 小气泡过多或单个气泡超过 2.0 mm²
- 在托盘制品上碰撞受损
- 装饰不完整、缺失或不美观

次要缺陷——AQL＝4.0％

- 玻璃分布不匀
- 小气泡之间的最小距离＝2.0 mm
- 釉质粗糙。除瓶口区域或导向面以外的表面粗糙
- 瓶外部有灰尘
- 模痕线不直
- 轻微的橘皮状或擦痕
- 瓶底较重或瓶底凹槽分量重

第三部分

酿造工艺和化学

7 酿造工艺介绍

随着酿酒师对螺旋帽使用经验的积累，人们开始针对这种密封物设计出一套特有的应用程序，包括灌装技术、酿酒工艺甚至葡萄栽培管理。

几百年来，木塞作为传统密封物用于葡萄酒的灌装和酿造工艺（间接）。如第3章确定的，木塞对葡萄酒有着直接有效的作用。现代的一些酿造工艺也迎合了这种作用效果。

《葡萄酒观察家》报道，随着密封物的引进，酿造工艺的改变成为必然（劳卜Laube，2005）。尤其是酿造工艺中的关键细节，主要涉及葡萄酒装瓶前的准备，包括溶解氧、二氧化碳、二氧化硫和硫化物。

澳大利亚葡萄酒研究所的密封试验已经证实，同一款葡萄酒使用不同的密封物，后期随着各自发展方向的变化，最终演变成不同的酒。密封物对这种差异有着深远的影响，堪比葡萄园管理或酿造工艺的改变产生的差异。密封物对葡萄酒的影响，引发一些人甚至对“风土”的讨论。

本书第三部分的重点是酿造工艺的差异。由于螺旋帽不同于其他密封物，需要特别注意实际生产出现的缺陷。本书不是一本综合性酿酒手册，而是介绍与螺旋帽相应的酿造技术。

这个领域的知识在迅速积累。作为第一本关于螺旋帽主题的书，不可能罗列出所有细节问题。螺旋帽在全球得到广泛应用，目前我们尚不清楚针对特定的葡萄酒在灌装前的特别调整。随着相关工具和专业知识的发展，这些知识很快会被借鉴应用。例如，澳大利亚葡萄酒研究所信心十足地表示，对于一种新的葡萄酒或一种新的密封物（如各种通透性能的垫片），将其合并在一个试验中，3～6个月内可以准确预测葡萄酒在5～6年后的状态。通过预测成分变量即可实现，如二氧化硫、OD_{420}，这些被联系到感官特性。此外，不久的将来可透过酒瓶直接对葡萄酒进行光谱分析。而最新的证据表明，对于软木塞密封的葡萄酒其常规的酿造工艺可放心地应用于螺旋帽葡萄酒。

螺旋帽提供了可靠中性的密封，保证了葡萄酒的完整性。如果酿酒师已经酿制出干净优质果味风格的葡萄酒，然后将其装于平衡稳定的酒瓶中，可以肯定的是这款酒最终也是干净、稳定的。如果封装前葡萄酒本身不平衡且不稳定，即使是螺旋帽也不能将其修复。正如古谚语所说“错进，错出”。所有葡萄酒在装瓶前都要进行感官和理化分析。在引进新的密封物时，任何工艺问题都要提前解决。

如果酿造初期对葡萄酒勤劳呵护，后期不需要太多调整。引入螺旋帽的重点在于如何提高酿酒工艺，而不是改变酿酒工艺。如果需要变动，应该是在有经验的基础上进行调整和提炼，而不是一开始就彻底颠覆。

下面的章节将详细介绍引进螺旋帽时重点关注的酿造工艺——溶解氧、二氧化碳、二氧化硫和硫化物。

图 50 图片由新西兰螺旋帽协会提供。经许可转载。

8 溶解气体

氧化作用

巴斯德最先宣布“氧气缔造了葡萄酒。”另外众所周知，“过多的氧气会破坏葡萄酒。”酿造过程合理的控氧是现代酒厂的关键部分。装瓶时合适的氧平衡对确保酒的质量和稳定非常重要。

简单而言，氧化反应是葡萄酒与氧气（通常指空气中的氧气）的化学反应。氧化的结果是颜色变褐，果味消减并发展出苦味。乙醇氧化后生成乙醛，使葡萄酒带有“雪利酒”的不新鲜感。通过微生物的作用，如葡萄糖酸菌（*Gluconobacter* sp.）和醋酸菌（*Acetobacter* sp.），乙醛进一步氧化形成乙酸，从而使葡萄酒带有挥发酸和醋味。

大多数葡萄酒存在产醋细菌，它们在有氧的情况下变得活跃。醋化作用在红葡萄酒中比较常见，而白葡萄酒中较高的二氧化硫抑制了细菌作用。过量的氧气会迅速破坏酒的质量，最终使葡萄酒褐变、粗糙和涩感。

葡萄酒的氧气状态（溶解氧）可以衡量葡萄酒的氧化或还原状态。它是葡萄酒中所有氧化和还原反应的综合。这里指的是氧气状态而不是氧化还原电位，因为实际很难测定氧化还原电位。氧气量越高，葡萄酒的环境更具氧化性。溶氧量在破碎阶段较高，发酵阶段迅速降低，然后稳步增加，成熟阶段再次下降，装瓶后的葡萄酒逐渐达到平衡。现在还不清楚氧气与葡萄酒质量的直接关系。这方面的研究仍在进行。

在 1864 年巴斯德宣布“氧气缔造了葡萄酒”的半个世纪后，与他关系密切的同事雅典·嘉永（Ulysse Gayon）的孙子让·里贝·嘉永于 20 世纪 30 年代在他的博士毕业论文《关于葡萄酒中氧化还原的重要性》中，证明了巴斯德论断的错误。让·里贝·嘉永的儿子帕斯卡·里贝·嘉永担任波尔多大学葡萄酒学院院长，他在论文中清楚有力地辩驳：“瓶储酒的反应不需要氧气的参与。”（帕斯卡·里贝·嘉永等，2000）与让同事近 50 年的埃米尔·裴诺，进一步证实“瓶内葡萄酒的成熟，恰好与氧化相反，是还原或厌氧的过程”（裴诺，1984）。他指出，葡萄酒在瓶内的成熟是还原作用的结果，当存在轻微氧气时反应逆向，一旦去除氧气反应方向再次改变。对这个领域长达 70 多年的研究后，这三位法国科学家奠定了氧气在葡萄酒陈酿过程中的作用的理论基础。

人们认识到装瓶前氧气对葡萄酒的发展起着重要作用。而装瓶后瓶内残留的氧气会迅速启动一系列反应，最终导致抗坏血酸和二氧化硫的降低（更多细节见第 9 章）。接下来的瓶储阶段发生还原反应，这种还原成熟作用缓慢，往往需要数年甚至几十年才达到成熟。氧气似乎没有参与这些反应并产生“瓶储”特性。这个结论得到哈特和克莱尼格研究报告的证实，“研究显示，氧气对红葡萄酒的瓶储成熟不是重要因素。”(附录2为整篇报告)

现代酿酒工艺中，人们已经记录了过量氧气对红白葡萄酒的香气、风味和颜色产生的负面影响。发酵结束后一般为厌氧状态，特殊情况下的红葡萄酒，通过控氧而受益，如通过精细的倒罐、橡木桶成熟或对大罐的微氧处理等。氧化过程背后的化学反应并不好理解。

对于白葡萄酒的生产和储存，发酵后任何氧气接触都对酒不利。氧化破败是瓶储葡萄酒的一个重要问题，一般在装瓶6～18个月后出现，这样的白葡萄酒颜色明显变褐。褐变意味着二氧化硫和抗坏血酸的损耗以及氧化风味的增加。防止白葡萄酒的氧化是几十年来世界各地酿酒师面临的一个挑战。氧气的来源可追溯到运输、木桶陈酿、灌装以及酒瓶密封物等。

白葡萄酒暴露在氧气中很不利，这就提出了问题：为什么氧化容器如橡木桶却有利于白葡萄酒的品质？秘密在于溶氧量。木桶内的发酵被认为是还原状态，只要保持葡萄酒在酒脚上或搅拌酒脚，葡萄酒仍受保护而不被氧化。

氧气进入

从软木塞进入的氧气对葡萄酒陈酿能力的影响，是近几年讨论密封物的核心问题。相比其他密封物，螺旋帽垫片提供了紧密结实的密封，但一直备受质疑。

早在1898年有人发表“对于酒瓶，只要软木塞足够长……可以绝对或近乎绝对地保护葡萄酒远离氧气……新吸收的氧气……是不可能的”(杜兰克《微生物条约》，让·里贝·嘉永等于1976年引用)。1947年让·里贝·嘉永宣布了使用优质软木塞密闭750ml装葡萄酒和使用玻璃塞密闭玻璃烧杯的对比结果。结果发现对于软木塞密封的葡萄酒，无论木塞高度多高或顶空多少(介于瓶颈部)，结果为“封闭或还原状态，发展有酒香”。和其他研究得出的结论一样“进入酒瓶中的氧气量几乎为零，氧气并不是瓶储葡萄酒成熟的必要因素”(同上)。

很多年后帕斯卡·里贝·嘉永的试验支持了这一论断。“瓶储葡萄酒的氧化还原电位逐渐下降直到最低值，最低值取决于密封方式……这些反应并不需要氧气的参与。如果软木塞失去密封作用，最后会发展出氧化特性”(帕斯卡·里贝·嘉永等，2000)。

虽然这些结果证实葡萄酒的成熟并不需要从密封物进入的氧气(或密封物本身)，但问题仍然存在，多少氧气量才是必须的？讨论关于瓶储酒的反应时，帕斯卡·里贝·嘉永坚持认为，“尽管这些很难测定，极微量的氧气仍发挥着作用”。直到近几年这个问题才得到解答。

随着检测技术的发展革新，现在可以精确测出不同密封物的透氧量。前面已提到，澳大利亚葡萄酒研究所对装瓶约36个月使用不同密封物密封的葡萄酒，测

图 51 几十年来针对皇冠帽对起泡酒陈酿作用的研究，证实相当于葡萄酒在厌氧环境中的成熟。这些西拉红起泡酒，放置在澳大利亚维多利亚州赛皮特大西部的地下酒窖中，近期开始进行氧气对瓶储葡萄酒影响作用的研究。详情见附录 2。

定了它们的透氧能力。对于 12 瓶使用 44 mm 软木塞密封的葡萄酒，其透氧率为 0.0001～0.1227 mL/d，平均 0.0179 mL/d。可以看出，木塞间的差异虽然较大，但最好的软木塞可以确保无限小的氧气进入量。同样的试验中，6 个使用铝制垫片的螺旋帽其透氧率也非常小但更加一致，范围在 0.0002～0.0008 mL/d，平均 0.0005 mL/d。AWRI 表示要注意这个 4 倍的差异，有人怀疑是瓶口差异造成的结果。通过检查酒瓶找出了差异大的原因。哈特和克莱尼格（附录 2）对锡箔垫片通透性的研究也得出类似的测量结果。结果显示，只有极少量的氧气通过了螺旋帽。

最近的一个试验是将葡萄酒储存在几乎缺氧的玻璃安瓿瓶中，结果发现成熟良好，这进一步支持了上述结果。澳大利亚葡萄酒研究所的科学家们注意到，如果不告诉品尝者是来自安瓿瓶，人们永远也猜不出结果。这已经不是最新的结果。1967 年在勃艮第（菲拉特 Feuilat，2005）的一项研究得出的结论是，“使用 PVDC（或萨兰）垫片的螺旋帽，相当于在缺少氧气的情况下依然能保持感官特性的发展。”

这些结果激励了人们对含有锡箔垫片螺旋帽的使用，以期减少氧气的进入。螺旋帽始终如一的表现，成为研究葡萄酒的成熟与溶解氧关系的有力工具。

溶解氧

装瓶后的葡萄酒不需要持续供氧。灌装时合适的氧平衡才是确保葡萄酒整个生命周期的要点。

对于瓶装葡萄酒，氧气无疑是最需要仔细监控的气体。氧气很重要，同时又潜在地影响酒质。缺氧或氧气过量都会产生显著影响。氧气太少，葡萄酒会表现出还原味，如橡胶味、石头撞击甚至臭鸡蛋等特性（见第 10 章）。氧气过量，会表现出氧化特性：平淡、无生命力，尝起来像醋。即使少量的氧气，也会显著影响香气和口感新鲜度。

氧气对红葡萄酒的成熟十分重要。对于酿酒师而言这是非常重要的技术,因为可以判断葡萄酒的成熟是否完成,是否具备灌装入瓶的条件。此时的关键问题是,葡萄酒中应含有多少溶解氧。

装瓶前,葡萄酒可以溶解一定的氧气量。餐酒含有 6.0~8.5 mg/L(4.2~6.0 mL/L)的氧气(饱和空气下),数量多少很大程度取决于温度,低温可以溶解更多氧气。此外,装瓶后顶空中的气态氧会在酒中迅速消散。这通常发生在装瓶后的几天或几周内,温度高溶解速度更快。随着与葡萄酒成分物质的结合,溶解氧很快消失。

虽然最佳溶氧量很大程度取决于葡萄酒的风格,但无论如何要始终低于 0.2 mg/L。装瓶前罐里的溶氧量应尽可能接近零。装瓶阶段摄取的氧气量应低于 0.2 mg/L。第 11 章介绍了实现这一目标的措施。

需要密切关注溶氧量,目前 Orbisphere® 能够精确测量溶解气体的含量。由于氧气活性较强,葡萄酒一旦与氧气接触反应立即发生,这在一定程度上增加了测量难度。酿造阶段溶氧量时刻都在变化。微氧作用的原理是氧气与葡萄酒的反应达到平衡,从而测不出氧气值。

氧饱和并不符合优质酿酒工艺的要求,因为有氧化的发生。随着发酵和陈酿的结束,接下来的目标是如何减少氧气的吸收。葡萄酒成熟所需的氧化作用一旦达到要求,任何额外的氧气都很可能产生不利影响。这时需要仔细监控溶氧量,避免不良条件,如孔洞吸入、罐内溅洒以及灌装设备不佳等。

灌装前会通过多种途径摄取到氧气。装瓶前将葡萄酒与空气接触数天或数周,可能产生氧化物质,而这些不会在溶氧表中显示。灌装时的摄氧量会随灌装设备和灌装操作而变化。葡萄酒在发酵结束后、倒罐和灌装中止存留在缓冲槽时,能摄取较高的溶氧量。要特别注意灌装中止酒瓶未装满的情况。即使灌装中止 2 min,也会显著影响瓶内溶氧量。这些问题大多可通过周密的措施避免。

另一个臭名昭著的摄氧点是灌装头。在一些灌装线上,每瓶间的溶氧差异显著,追踪溯源发现是灌装头的原因。这是由于每个灌装头的液流特性存在差异。液流越剧烈,会摄取更多的空气(氧气)。在螺旋帽和木塞灌装线上都能观察到这种现象,木塞下摄氧量更多(木塞放置在打塞机的抽真空设备下端,由于活塞式推入在瓶口产生差异)。

有两种方法可解决此问题。第一种方法是改善葡萄酒在灌装头的流动性,减少酒液的动荡。通过加工灌装头,更换垫片和瓶口导向锥体加以实现。第 11 章提供了详细信息。第二种方法是排除瓶内的氧气,这样装瓶时葡萄酒不会摄取到氧气。

到目前为止,封帽机上还没有出现抽真空设备。但通过改进灌装设备,有望实现抽真空操作,就像木塞灌装一样成为常规方法。其他去氧的方法包括装瓶前使用气体排除空气。由于在酒中溶解度的原因,二氧化碳比氮气更适合排气。虽

图52 南澳巴罗莎的贝坦尼酒厂(Bethany Wines)的发酵罐。灌装前葡萄酒会通过各种途径摄入氧气,因此发酵结束后要谨慎控氧。

然迅速减少了潜在溶氧量,但缺点是增加了葡萄酒的溶解二氧化碳,无形中使葡萄酒变为还原状态。第10章会进一步讨论。另外还可往装瓶后封帽前的酒瓶中迅速放入"雪团状"的固体干冰。使用这种方法时,二氧化碳必须在封帽前完全升华。第11章会进一步介绍排气和驱散空气的方法。

装瓶前后排除瓶内空气的一个好处是去除了顶空的氧气。在标准灌装温度20℃下,对于30 mm的装瓶高度,顶空包含足够的空气,葡萄酒的溶氧量会超过2 mg/L。二氧化硫含量足够时,这不是太大的问题。澳大利亚葡萄酒研究所的内部实验数据(戈登,2001)证实,二氧化硫含量的变化取决于葡萄酒的氧气含量。在装瓶一年或几年后,通过降低环境中的氧气对密封瓶的通透速度,来降低二氧化硫的下降速度。第9章会进一步讨论二氧化硫。

溶解氧与白葡萄酒的颜色密切相关。通过测量OD_{420}、OD_{500}下的吸收光谱和其他光学读数来测量颜色,也可通过肉眼辨别颜色变化,为预测葡萄酒的发展提供了很好的方法。

灌装前使用惰性气体置换氧气可以降低葡萄酒的溶氧水平。这种方法的缺点是会带走部分香气,而这些对葡萄酒的品质很重要。这也是为什么经过置换的葡萄酒比未处理的酒口感相对平淡的原因。但首要考虑的是防止氧气的进入。

溶解氧领域仍要深入学习,以后还会使用不同类型的葡萄酒做进一步试验。现阶段已经清楚螺旋帽下低溶氧会影响葡萄酒在瓶内的发展,因此酿酒师要确保葡萄酒在低溶氧条件下是否具备灌装条件。接下来的两章会进一步讨论这些措施。

溶解二氧化碳

二氧化碳是发酵的自然产物。它的存在会有小泡泡或舌头的"针刺"感。二氧化碳一般适宜保留在芳香型白葡萄酒中,不适于在红葡萄酒中。即使低于检测阈值水平,二氧化碳仍是装瓶酒的重要成分。

对于大多数木塞，二氧化碳最终会通过塞子跑出。普通的木塞是一个排气密封物，当瓶内气压或液压足够大时（尤其是灌装后不久），瓶塞间的压力增大。这并不是好事，因为会削弱密封性能最终增加氧气进入的可能性。因此建议酿酒师设置较低的二氧化碳含量，尤其是红葡萄酒和酒体饱满的白葡萄酒。而螺旋帽不会有这种排气作用。

使用木塞时，新鲜白葡萄酒的二氧化碳可以在 1.0～1.2 g/L。澳大利亚葡萄酒研究所建议使用螺旋帽时二氧化碳降低到 0.6～0.7 g/L，从而保持葡萄酒的新鲜感而不是针刺感。更低的水平，如 0.4～0.5 g/L 适合红葡萄酒。御兰堡使用了另一种方法：芳香型白葡萄酒使用螺旋帽灌装，二氧化碳含量为 1.6 g/L；酒体饱满的白葡萄酒和红葡萄酒为 0.7～0.8 g/L。而如此高的含量不能用于木塞灌装。

过量的二氧化碳可通过置换排除，出于同样的原因，因此不做推荐。木桶陈酿期间二氧化碳含量会自然降低。

无论使用何种密封物，所有类型的葡萄酒灌装时溶解气体要控制在合适水平。第 11 章会讨论灌装过程溶解气体的控制。

图 53 无论使用何种密封物，所有类型的葡萄酒灌装时溶解气体都要控制在合适水平。

9 二氧化硫

二氧化硫用于酿酒工艺的全程。它是一种杀菌剂和抗氧化剂，能够抑制细菌生长，防止葡萄酒的氧化。

二氧化硫在葡萄酒中以游离态和结合态两种形式存在。这两种状态通过一系列可逆反应达到平衡。结合态二氧化硫由亚硫酸盐和其他物质如醛、花青素、蛋白质、糖等结合而成。总之，游离态和结合态二氧化硫构成了“总二氧化硫”。

游离二氧化硫包括三种形式，分子态二氧化硫(SO_2)、亚硫酸氢根(HSO_3^-)和亚硫酸根(SO_3^{2-})。葡萄酒的 pH 下不存在亚硫酸根，因此游离二氧化硫全部由分子态 SO_2 和亚硫酸氢根(HSO_3^-)组成，其中亚硫酸氢根比例最大。

尽管含量低，但游离二氧化硫作用最显著，因为分子态二氧化硫具有抗真菌和抗微生物活性。葡萄酒中分子态二氧化硫含量取决于 pH。葡萄酒酸度越高(较低的 pH)，分子态二氧化硫比例越高。因此，pH 决定了保护葡萄酒所需的游离二氧化硫。较低的二氧化硫含量对应需要更高酸度的酒。温度也会影响游离态和结合态二氧化硫的平衡，反应速率由 pH 和温度共同决定。

抗坏血酸(维生素 C)和异抗坏血酸是光学异构体，具有消除氧气的能力。通常会添加这些抗氧化剂来防止氧化保持新鲜。当有氧气时，它们会快速与氧气结合从而保护葡萄酒不被氧化。这种反应会释放出分子态 H_2O_2，这是一种氧化能力很强的物质，葡萄酒中游离二氧化硫不足时，会引起恶性氧化。当有游离二氧化硫时，会迅速与其反应生成 H_2SO_4 分子。为确保抗坏血酸不被氧化为过氧化氢，任何时候都要保持一个谨慎的游离二氧化硫水平(>20 mg/L)。抗坏血酸与乙醛的形成无关。

瓶内二氧化硫的降低

装瓶后葡萄酒的二氧化硫含量开始下降。在灌装后的几周或几个月后，下降趋势更加迅速，而后降速放缓。

灌装时二氧化硫的减少量反应了瓶内的氧气量。随着氧气进入葡萄酒中，二氧化硫受到影响。二氧化硫的降低会伴随溶解氧的降低。瓶内初始氧气和氧化剂可溶解到酒中或存在顶空中。螺旋帽的顶空含有足量的空气，可以使酒中的溶解氧达到 2～3 mg/L。较大的缺量体积会使二氧化硫的下降速率略高。缺量水平与二氧化硫浓度的关系会在第 11 章讨论。

这个过程所参与的反应比较复杂，已超出本书的讨论范畴。溶解氧不直接与二氧化硫反应，而是借助葡萄酒中一系列中间物质。氧气更容易与这些物质反应，然后再与二氧化硫发生反应。有人认为这使总硫发生变化而不是游离硫，这个变化为氧化的发生提供了有利依据。由于游离硫是最活跃的部分,测量游离硫也是有道理的。这些过程比较复杂,检测时受二氧化硫游离态和结合态平衡关系的限制。

对于一款模拟酒样,假设总硫是 100 mg/L,其中包含 30 mg/L 的游离硫和 70 mg/L 的结合态硫。酒中一旦溶解了少许氧气,会与酒精反应生成少量乙醛,乙醛迅速与游离硫结合。这样可能会降低比如 10 mg/L 的游离硫,同时结合态二氧化硫会增加 10 mg/L,总硫仍保持不变。

实际情况并非如此简单。随时间推移,由于一系列复杂反应的结果,游离硫和总硫含量都会降低。因此游离硫的减少和结合态的增加没有直接关系。游离硫的降低并不能准确反映二氧化硫的氧化反应。

仅考虑游离硫,不能简单地认为二氧化硫与另一种化合物结合,也许是产品自身的氧化反应。有人主张将总二氧化硫含量作为衡量氧化的一个指标,因为二氧化硫已完全氧化为另一种状态,而不再是可被检测的二氧化硫。实际上这也不能完全反映事实。葡萄酒氧化的结果会使游离硫转化为结合态硫。而总硫的降低意味着部分二氧化硫进一步氧化为 SO_4^{2-}。

图 54　新西兰螺旋帽协会使用马尔堡 2002 年份的长相思在不同密封物下封装,设置不同的二氧化硫值,随着酒龄的增加对这些酒进行盲品。这项研究为确定葡萄酒的风格所需的理想二氧化硫含量提供了有价值的参考。

图片由新西兰螺旋帽协会提供。经许可可转载。

随着酒龄的变化这些反应更加复杂。二氧化硫可以多达 6 种不同结合状态存在,区别在于结合的紧密程度。装瓶后的初期仅是松散的结合,因此任何游离硫的降低很快通过游离硫与结合态硫的平衡关系而转变。随着酒龄的增加,总硫含量降低,转变速度放缓。因此在葡萄酒的生命全程,平衡关系不是固定不变的。

为解释这些作用，澳大利亚葡萄酒研究所强调，游离硫转变为总硫的速度最能反映出氧化、微生物活性和化学稳定性。这个速度表明了游离硫与结合态硫的平衡转变速度，同时也可解释总硫的降低。例如，葡萄酒之间的差异可能反映出较高水平的结合态硫和较低水平的游离硫。游离硫转变为总硫的速度反映出两者的变化。AWRI 建议酿酒师尽可能提高游离硫转变为总硫的速度。他们最初的建议值是 0.35～0.40。

要跟踪游离硫转变为总硫的速度，可以在一个密闭无氧的环境中，检测出瓶内总硫的降低。因此密封对比试验只能在装瓶 6～12 个月后进行。

随着瓶内初始溶氧的完全反应，二氧化硫下降速度降低。在装瓶一年后，这种下降是反映环境中的氧气进入瓶内速度最有效的指标之一。普通木塞的透氧量是促使一些酿酒师提高初始二氧化硫含量的原因之一。

已经证实螺旋帽能够保留更高的二氧化硫。在澳大利亚，这个结果首先由 ACI/AWRI 在 20 世纪 70 年代中期的试验得出。1976 年，试验显示螺旋帽酒样的游离硫和总硫含量都是最高的，而各种密封物之间的差异十分显著。哈特/克莱尼格的报告(附录 2)表明，相比其他密封物，螺旋帽能够最大限度地保留二氧化硫。这印证了 AWRI 的试验结果。同时通过对所有成分变化的研究证明了螺旋帽最大限度地保留了抗坏血酸，同时褐变速率也是最低的。通过测量二氧化硫含量和 OD_{420} 读数，发现螺旋帽与葡萄酒的果味特性密切相关。使用木塞密封，二氧化硫不仅损失明显，而且损失差异比螺旋帽的要大很多。

这种结果似乎合乎逻辑，两种密封物透氧能力的差异是由于装瓶时氧气含量不同。压入木塞时，"活塞效应"以及木塞细胞中的氧气增加了葡萄酒的氧气量。随着木塞压力的增加，木塞细胞中的气体会缓慢释放到酒中。一枚 45 mm×24 mm 的木塞很可能含有 3 mL 氧气，部分氧气很可能进入到酒中。这些综合作用的结果是木塞葡萄酒会比螺旋帽葡萄酒消耗更多的二氧化硫。

不建议反复添加二氧化硫来维持特定的水平。这种做法在一段时间后可能会导致硫酸盐的增加。相反，应尽量减少接触氧气来减少对二氧化硫的使用。同样，微生物和化学稳定性问题也不能通过增加二氧化硫含量来解决，而是通过预防管理。

多数羰基化合物的浓度(尤其是乙醛)，很大程度取决于酿酒工艺。因此要努力降低这些化合物的浓度，从而降低游离硫和总硫水平。

初始二氧化硫浓度

葡萄酒的最佳初始二氧化硫含量受一系列因素影响。这些因素包括顶空、pH、溶解氧、氧化物质和其他葡萄酒成分，如羰基、花青素，尤其是乙醛的含量。

充足的二氧化硫会结合所有乙醛，二氧化硫不足使酒带有氧化特性。还必须考虑葡萄酒的含糖量，因为多种糖(如葡萄糖、木糖和阿拉伯糖)会结合二氧化硫。

考虑到氧气的影响，密封物也应纳入建立最佳二氧化硫水平的变量清单中。灌装前的二氧化硫水平还要考虑乙醛等自由羰基化合物的含量，以及预计灌装及瓶储过程二氧化硫的最大消耗量。

对于白葡萄酒，至少需要 0.8 mg/L 的分子态二氧化硫来抑制细菌生长并防止氧化。不同细菌对二氧化硫的敏感性差异较大，因此较低的硫含量有些仍受到抑制。一旦确定合适的分子态二氧化硫含量，能计算出相应的游离硫水平。这很大程度取决于葡萄酒的 pH。因此对于 pH 低的葡萄酒，30 mg/L 的游离硫会很充分；pH 高时这个含量仍不够。葡萄酒化学课本上一般有游离硫与 pH 的对应表。微生物数量、温度和乙醇含量也会影响所需的分子态二氧化硫含量。

虽然可以确定合适的游离硫含量，但在酒中很难达到这个值。根据已有的游离硫含量可确定需增加的二氧化硫量。例如，要稳定增加 10 mg/L 的游离硫，需要将二氧化硫从 16 mg/L 增加到 50 mg/L。这是由于结合态硫与游离硫之间平衡的结果。当游离硫低于 18 mg/L，结合态二氧化硫开始分离。因此，计算需增加的游离硫比总硫实际的增加量少很多。

结合态硫的抗氧化和防腐作用可忽略不计，它对大多数酵母和醋酸菌的影响最小。但当浓度大于 50 mg/L 时会强烈抑制乳酸菌，30 mg/L 时可抑制乳酸菌的生长。对于一些特别敏感的乳酸菌，甚至低于 10 mg/L 都可致死。

分子态二氧化硫是最重要的抗氧化剂，亚硫酸氢根（HSO_3^-）也具有抗氧化能力，因此所有的游离硫有着显著的抗氧化性能。一般而言，4 mg 的二氧化硫可消除1 mg 的氧气。例如，当顶空包含 5 mL 空气时，需要增加 5～6 mg 的游离硫来消除 1 mL(1.4 mg)的氧气。为了去除顶空的氧气，会额外增加 7.5 mg/L 的二氧化硫。

发酵后合适的二氧化硫含量对所有类型的酒至关重要，尤其是白葡萄酒。红葡萄酒的化学物质更加复杂，因为游离硫与花青色素结合松散。这种结合还会使酒的颜色变浅。一般建议白葡萄酒的游离硫含量在 25～50 mg/L，红葡萄酒的游离硫为 10～30 mg/L。

由于瓶内游离硫会降低，因此务必要知道抑制氧化的最低浓度要求，确保初始含量足以维持葡萄酒的生命全程。对于木塞，感觉像是打赌，因为透氧量差异很大。对于螺旋帽，虽然每瓶间的差异大大降低，但仍要保持充足的浓度。

要确定理想的初始浓度，首要的是确保葡萄酒的生命全程二氧化硫浓度不低于 8～9 mg/L。如果低于这个临界浓度，氧化会成倍增加，褐变加速，感官上随之表现为氧化特性。对于特定的葡萄酒，初始二氧化硫要足够充分，确保瓶内酒不会接近临界值。另外，需要注意，二氧化硫浓度太高会有刺鼻感，并且削弱了葡萄酒的香气。

事实上，由于螺旋帽比木塞具有更少且更加一致的透氧量，一些人建议重新调整螺旋帽葡萄酒的二氧化硫含量。习惯了较高二氧化硫浓度的酿酒师发现即使较低的含量也是可行的。对于一个行业来说，努力减少防腐剂的使用是积极的发展方向。对于木塞葡萄酒,许多酿酒师早已青睐较低的二氧化硫,这既是公众对健康的关注也是乳酸菌发酵的要求,同时又是葡萄酒的风格趋于精致果味特性要求的结果。

一些酿酒师建议螺旋帽与软木塞设置相同的二氧化硫值。在引进螺旋帽时,一些生产商尝试了更低的二氧化硫含量,但又回到了原来的水平。明智的做法是,保持足够的二氧化硫水平来消除灌装时的摄氧量,降低陈酿过程的下降速率。

如果是商业生产,需略作调整,根据商业用途的不同会有 1～2 mg/L 的差异。需强调指出,二氧化硫含量要根据葡萄酒具体对待,因此每款酒都要单独考虑。

本书的特约编辑发现,25～32 mg/L 二氧化硫浓度足够维持螺旋帽葡萄酒的生命全程,白葡萄酒需要这个浓度范围的最高值。在库妙河酒庄,迈克尔·布拉克维奇用 15 mg/L 游离硫来维持葡萄酒的生命全程,并对此很有信心不会降到 8～9 mg/L 的临界值。他发现灌装时 30 mg/L 二氧化硫足以充分。杰弗瑞·格罗赛特灌装他的雷司令时使用 25 mg/L 游离硫。使用螺旋帽时,他发现两年后游离硫会下降 7～8 mg/L,但仍比要求的高。格罗赛特的基本目标是通过保持初始含量,确保葡萄酒能够陈酿超过 10 年。经验而言,一般认为红葡萄酒需要和白葡萄酒相似的二氧化硫含量。考虑到酒香酵母的感染,因此相应地需要提高硫含量。

图 55　立于支架,但坚如磐石。格罗赛特的葡萄酒装瓶时二氧化硫一般为 25 mg/L。使用不同的螺旋帽时,不改变初始二氧化硫浓度。

图片由格罗赛特酒庄提供。经许可可转载。

关于最佳二氧化硫水平有不同的观点,但最终的理想方案是通过试验和错误经验来确定。由于葡萄酒的成分以及灌装机(灌装时的氧气摄入量)的不同,二氧化硫的建议浓度差异很大。有人建议通过测量装瓶几个月后的二氧化硫浓度并计算游离硫转变为总硫的速度来确定每款酒的合适浓度。对酿酒师而言这不太实际,因为灌装后的酒一般会迅速进入市场。但这个方法有利于了解葡萄酒并建立准确的反应过程,为最终确定合理的二氧化硫含量提供参考。随机抽样确保了准确性。

无论选择何种密封物,二氧化硫的添加必须谨慎控制。

10 硫化物

在引进螺旋帽时，硫化物的气味比其他问题被更广泛地记录。随着螺旋帽的广泛应用，酿酒师开始关注硫化物问题，这是一个积极的信号。

本章将全面介绍硫化物，其中还涉及现代葡萄种植和酿造实践。首先介绍硫化物和还原味，接下来讨论关于硫化氢的产生、预防以及去除等问题，最后涉及螺旋帽的具体问题。硫化物问题的重点在于如何降低“还原特性”。

还原特性

食品有着各种气味，人们在那些极其恶臭的气味中发现了挥发性硫化物。它们扮演着重要角色，在葡萄酒的风味中或好或坏。有时提升了酒的品质，有时影响了酒质。由于硫化物挥发性强、反应快，即使硫化物浓度非常低，也能极大地影响葡萄酒的香气和风味。

硫化物是许多葡萄酒品种特性的组成成分。尤其是硫醇有助于反映品种的感官特征，如长相思、白诗南、梅鹿辄、赤霞珠以及品丽珠。霞多丽的火石特点也是源自含硫化合物。

硫化物没有“好”与“坏”的区分，只是反映化学物质的自然特性。浓度很关键，因为感官知觉会随浓度发生变化。例如浓度很小时，DMS（二甲基硫化物）使波尔多酒带有黑醋栗风味。但浓度过高，被认为存在还原缺陷，表现出玉米、芦笋、蔬菜等特点。

硫化物还会带给葡萄酒不愉快的味道。如强烈的令人不愉悦的硫化氢（H_2S），使葡萄酒具有摩擦火石、烧火柴、橡胶、大蒜、洋葱、煮白菜、花菜或臭鸡蛋等气味，这些特点被描述为“还原味”。在低氧条件下，趋于形成硫化氢。数量非常小时，硫化氢不是太大的问题。对于一些饮料如啤酒，这种风味的修饰是必不可少的。如果过量，不愉快的特点会长期在酒中存在，即使长时间醒酒或晃杯也不易去除。即使较低浓度的硫化氢，也会抑制葡萄酒的果味特性。

这个领域需要进一步的研究，因为仍有很多不清楚的地方。例如，所有这些特点笼统地描述为“还原特性”，实际上这与还原形式的硫化物有关。许多化合物目前仍不清楚，其感官特性、香气和香气阈值仍未确定。澳大利亚、德国和其他国家都在深入研究，试图鉴定这些化合物，以确定哪些是重要的。

本章会重点讨论硫化氢问题。

硫化氢的产生

硫化氢具有“臭鸡蛋”气味，它的产生受葡萄园和酒厂等各种因素的影响。硫化氢首次成为关注问题是在20世纪70年代末期的西欧酿酒国家。问题的根源最终追溯到当时使用了化学农药的葡萄园。

硫在全世界葡萄园被广泛使用，用来防止真菌感染。硫尘残留在叶片和果实上，然后会被带入参与发酵。另外还可通过残留在橡木桶中的熏硫片或燃烧硫芯进入到酒中。

如果发酵葡萄醪存在硫，不可避免会产生硫化氢。这是酵母代谢过程硫酸盐还原的结果。酒精发酵还原性很强，在发酵的高峰期氧气含量最低，促使硫还原为硫化氢。葡萄酒中绝大部分挥发性硫化物在酒精发酵阶段产生。硫化氢出现在所有发酵中，一般通过二氧化碳置换去除。

发酵过程硫化氢的产生与酵母的氮代谢有关。富氮发酵时硫化氢含量会自动调节。如果没有足够的无机氮来满足酵母的营养需求，葡萄中的一些蛋白质会被酵母分解补充氮素。硫化氢是含硫半胱氨酸和蛋氨酸分解的副产物。氮素不足会产生过量的硫化氢和其他不愉悦的挥发性硫化物。

图56　硫化物的管理始于葡萄树。在勃艮第著名的罗曼尼·康帝园(Domaine de la Romanée Conti)，借助生物动力法来减少其他物质的使用，如残留在叶片和果实上的硫元素。

这些物质的产生,也受酵母品种的影响,因为不同菌株产出的硫化物香气不同,同时发酵所需的特定氨基酸不同。除氨基酸外,酵母发酵所需的营养物质还包括维生素和氧气,任何物质的缺乏都会迫使酵母产生硫化物。剧烈的温度变化(热或冷)也会迫使酵母产生类似物质。发酵后在低氧状态添加二氧化硫,会加剧硫化物的产生。有意思的是,很难在二氧化硫与硫化物之间建立任何关联。

某些金属如锌,在葡萄酒中通过化学反应直接生成硫化氢。现代酒厂更多地使用不锈钢容器,表面有生成锰硫化合物的趋势。锰硫化合物会与酸性葡萄酒直接反应释放出硫化氢。铁和铝都可作为生成硫化物的催化剂。

硫化氢的预防

为防止灌装后的葡萄酒在瓶内出现硫化氢特性,必须采取一系列措施,包括从葡萄园到灌装结束。

首要任务是确保发酵期间的硫元素降到最低值。葡萄园在采收前 4 周内不喷洒农药;杀菌时避免熏硫片或燃烧硫芯掉入桶内;推荐使用硫颗粒、加压液体二氧化硫或 1%的二氧化硫酸性水溶液,而最常用的是焦亚硫酸钾和压缩二氧化硫气体;橡木桶在使用前都要冲洗,减少从木桶释放出的二氧化硫;调硫处理要在酒精发酵彻底结束后推迟 10 d 再进行;调硫倒罐时保持最低的二氧化硫浓度。

不同酵母将硫还原为硫化氢的能力不同,因此选择的酵母应能减少硫化氢的产生。一些酵母甚至可以将二氧化硫或硫酸盐还原为硫化氢,应避免使用这种酵母。

为降低硫化氢的产生,发酵的关键是保持充足的氮素水平。现代酿酒工艺和葡萄栽培实践使葡萄可同化氮缺乏,导致酵母发酵时氮素胁迫。发酵前可通过添加少量磷酸氢二铵(DAP)来解决,添加量取决于已有的无机氮数量,通常为 100～200 mg/L。发酵中前期添加少量也是有效的,这样能达到增加氮素的效果,从而减少发酵过程硫化氢的产生。

发酵过程添加氮素必须小心谨慎,因为氮素过量同样会胁迫酵母,从而提高硫化氢水平,这方面需要更多的研究。

酵母还依赖于维生素、氨基酸和氧气,这些营养剂最好在发酵前或发酵阶段添加。为维持一定的氧气量,发酵过程的通气至关重要。发酵管理必须谨慎,包括稳定控温、避免酵母遭受高温或低温的刺激。

不锈钢容器在使用前,要对表面进行简单的酸洗(如磷酸、柠檬酸、酒石酸等强酸),从而避免不锈钢表面的锰硫化合物发展为硫化氢。同时要避免葡萄酒与铁、铝及锌的接触。

即使采取了上述措施,仍会有硫化氢的产生。因为这是酵母代谢的重要组成部分,也是每个发酵的必须过程。发酵时一般会随二氧化碳的排放而去除。

最后,有些风格的葡萄酒在发酵后不能立即灌装。这点要酌情考虑,因为有些葡萄酒在发酵后立即灌装，实际也没有出现硫化物问题。但应当牢记，刚发酵完的葡萄酒还原态最高，因此灌装前要在“氧化”状态下成熟（通过木桶、罐或微氧作用成熟）。红葡萄酒通过倒罐摄入氧气，从而降低巯基水平。氧气摄入量很大程度取决于倒罐的方法。传统方法通常会增加 3～4 mg/L 氧气，而通过一个罐倒入另一个罐几乎使氧达到饱和（6.5 mg/L）。

去除硫化氢的方法

避免硫化氢最有效的方法是从一开始就预防它的产生。预防胜于去除。

如果一旦出现硫化氢，越早去除越好。还原性化合物通常在发酵后期达到高峰，因此最好在这段时间去除。

硫化物并非简单地在特定时间产生并积聚到一定浓度，它们在不断产生、分解和演变。如果一开始没有控制住，甚至在灌装前去除不彻底，硫化氢会在瓶内重新产生。此外，硫化氢会转化为其他不能被去除的化合物。如果在装瓶前没有得到处理，灌装后还原味只会增加。见哈特和克莱尼格的试验（附录 2），试验中尽管采取合适的措施进行铜下胶，瓶内仍发展有微弱的还原味。因此，预防工作十分重要。

硫化氢是一种活性气体，在葡萄酒中会进一步生成其他更加不愉快的物质，包括硫醇和有机硫化物。当有酒精存在时，经过一段时间，硫化氢会转化为硫醇，足量时会有不愉悦的气味。当有氧气时，这些物质会被氧化为非硫化合物，这些物质仍具有硫化物的风味。硫醇化合物如 DMS（二甲基硫化物）和 DMDS（二甲基二硫化物），具有洋葱、白菜和大蒜的气味。硫醇和非硫化合物很难从葡萄酒中去除。

已经证实，在葡萄酒中添加铜可以去除硫化氢。硫化氢与铜结合产生不溶性硫化铜，形如棕色尘土状，然后沉入容器底部。铜添加不足仍会残留硫化氢。传统酒厂中，葡萄酒会通过铜管材和接头无形中添加了铜。现在多数酒厂使用不锈钢储运酒或其他方法处理酒，这样需要采取措施保证酒干净。

最简单且最精确的方法是添加硫酸铜溶液。根据硫化物的含量，添加 1 mg/L 的铜足够。添加前有必要做铜实验，配置 0.4 g/L 硫酸铜溶液，设置不同的浓度，然后选择最低的浓度，达到去除硫化氢气味即可。也可称取一定量的硫酸铜晶体，用水溶解配置相同的浓度，然后搅拌葡萄酒缓慢加入。

综合而言，早期铜下胶至关重要。

对于一些品种，如长相思和霞多丽，葡萄酒会表现出浓郁硫醇味的品种特征。铜下胶会影响这些风味，被认为是对葡萄酒品种特征的破坏。早期添加铜比晚期如接近灌装时添加，会更少地影响品种特性。

此外，在酿造后期，少量多次的添加铜比一次性大量添加更有效。最好在发酵末期添加铜下胶，因为此时硫化物的浓度达到最高。另一个好处是此时仍有酵母酒脚，由于酵母天然的亲和性，会吸收任何多余的铜。

早期铜下胶第三个也是最重要的原因，是对不良气味再生的考虑。由于硫化物之间存在平衡转化，去除硫化氢会刺激产生更多的香气活性物质并超出感官阈值。因此有必要将硫化氢的浓度降到感官阈值以下。葡萄酒装瓶前，硫化氢的浓度必须控制在平衡转化不足以达到检测阈值水平。

图 57 一个细致的倒罐体系有助于降低硫化物水平。在波尔多的玛歌酒庄(Château Margaux)，红葡萄酒会倒罐三次。

使用这种方法只需很少量的铜，硫化物上升到感官水平的机会大大降低。许多知名酿酒师推崇这种方法，并收效良好。

一些酿酒师曾经历过铜下胶过量、太迟的问题。品尝试验可能没有硫化氢味道，实际上只是暂时的去除，灌装后随着平衡点的转移又重新暴露出。这个过程往往会在数月甚至数年后才表现出来。灌装后的瓶储阶段，硫化氢最终会生成硫醇，而硫醇要尽力去避免。

另一个去除挥发性硫醇特别有效的方法已在拉为·克鲁格(Lavigne-Cruege)和都博迪(Dubourdieu)(1999)的研究中做了介绍。硫化物是白葡萄酒长期带酒脚陈酿面临的一个风险。桶储时，木板具有微氧作用，再加上频繁搅拌酒脚，会显著抑制这种趋势，甚至会逐渐减少其他硫化物的含量。发酵后若仍有还原味，即便倒灌和通气，后面的桶储过程也不能完全去除硫化物，除非短期分离酒脚。

拉为·克鲁格和都博迪已经证实倒灌时通气以及短期分离酒脚可有效抑制硫化物。因为酵母菌皮能够吸收一定的挥发性硫醇物质，尤其是甲硫醇(甲基硫醇)和硫醇(乙硫醇)。在这个过程中，带有还原味的葡萄酒会经历倒灌、通气、分离酒脚以及每 48 h 搅拌木桶。当酒脚放回酒中，硫化氢含量减少，甲硫醇和乙硫醇已完全去除，酒脚不会再生任何新的硫化物。将酒脚放回带有还原缺陷的酒中，可显著减少不愉快的硫化物气味。

还原味与螺旋帽

陈酿阶段,酒中少量的硫化物会通过溶解氧或透过密封物进入的微量氧而被氧化。

普通的软木塞会促进这个过程。通过这种方式,隔氧效果不好的密封物在一定程度上保持了较低的还原味(尽管不一致)。一个问题无意中解决了另一个问题。

不论风味好坏,螺旋帽都能忠实地保持酒的风味。因此有人建议使用螺旋帽灌装时更应小心避免硫化物。但首要的是确保酒中无不良风味。

由澳大利亚葡萄酒研究所进行的密封试验,发现在灌装18个月后部分螺旋帽葡萄酒带有轻微的还原特性。这种特性被描述为"橡胶"或"摩擦火石"味,虽然不占主导,但仍被认为是不良风味。

究其原因,是由于装瓶前没有进行铜下胶、添加了抗坏血酸、传统的二氧化硫添加方法、低pH、灌装时比平常高的装瓶高度(仍在规定范围内),封帽前放干冰等所致。而螺旋帽保留了这种强烈的还原味。

在这个试验中研究人员还发现,一些软木塞密封的葡萄酒也带有还原味,这也证实硫化物问题不只是存在于螺旋帽葡萄酒中。该试验得出的结论是,相比软木塞葡萄酒,螺旋帽葡萄酒并无显著多的还原香气。在近期澳大利亚和新西兰的品尝酒展中,人们发现带有这种香气的螺旋帽葡萄酒的数量与软木塞葡萄酒的数量基本持平。优质软木塞与螺旋帽一样有着相同的隔氧作用,因此有发展还原特性的倾向。通过精细的硫化物管理,在近期的酒展上大多数螺旋帽葡萄酒和软木塞葡萄酒都没有表现出这种特性。

还原味一开始去除不及时,硫化物只会强化这种特性。如果一开始处理得当,葡萄酒不会出现还原味。因此,重要的是严格遵守上述酿酒工艺,确保装瓶前的葡萄酒干净稳定。在这方面,螺旋帽葡萄酒的酿造工艺可借鉴已经很完善的软木塞葡萄酒的工艺。无论使用何种密封物,葡萄酒在还原环境中会发展出硫化物特性。这是发酵管理问题,与密封物无关。

这部分内容还涉及灌装时的溶氧量、装瓶高度和二氧化硫浓度。这些主题已在第8章和第9章做过详细讨论,但在硫化物问题上需要进一步研究。

还原味的产生与瓶内溶氧量以及进入的氧气量有关。硫醇很容易被氧化,增加瓶内氧气量不会引起硫醇含量的增加。因此,有人推荐具有较大透氧能力的垫片。考虑到这种垫片的负面作用,因此不建议使用。

有趣的是,澳大利亚葡萄酒研究所发现使用螺旋帽密封的葡萄酒与使用不透气的安培瓶密封的葡萄酒,都有着较高水平的摩擦火石和橡胶气味。这可能意味着,即使从螺旋帽进入的微量氧气也能够轻微抑制这种特性。

试验证实,瓶内还原味与装瓶高度及顶空无关。因此,即使装瓶时较大的顶空也不会降低还原香气。

第 9 章讨论过，每种葡萄酒有着各自特有的二氧化硫临界浓度。当二氧化硫含量仍在“临界”浓度以上时，还原味有增加的趋势。通过比较二氧化硫含量与硫化物特性的关系，已经证实了一些相关性。但这种关系仅仅是巧合没有因果关系，因为两者都缺少了可利用氧。当有氧时，会同时降低硫化物和巯基含量。如果氧气量不足以使二氧化硫降到临界点，也就没有多余的氧气使还原味降低到检测阈值。这方面的研究仍在进行中。

这些结果显示，控制硫化物的重点不是密封物或灌装参数，而是如何改进酿造工艺来降低巯基含量，从而降低葡萄酒发展为还原味的趋势。所有葡萄酒无论使用何种密封物，从葡萄园到装瓶，硫化物的管理要严格精细。

实际情况是，没有哪种密封物可以挽救质量差的酒。使用螺旋帽需要严格的规范要求，以及更加洁净的酿酒工艺。在澳大利亚和新西兰这种变化十分明显，最近几个年份，具有硫化氢特性的葡萄酒在不断减少。

图 58 图片来自劳雪庄园(Domine Laroche)，经许可转载。

第四部分

灌　装

11 装瓶

对全球葡萄酒产业而言，为消费者提供保持产品可靠一致的封装技术依然是最大的挑战。

在可靠性和一致性上，螺旋帽封装技术表现良好。前面章节已明确提出，这是建立在选用合适的螺旋帽，搭配优良的螺口瓶，灌装干净、平衡稳定的葡萄酒之上的。这些因素本身不够，还需要恰到好处地将其组合在一起。接下来的五个章节，将重点探讨螺旋帽的灌装。

灌装大致分为装瓶和封帽。螺口瓶装瓶的关键问题，主要涉及灌装头液流、抽真空、使用惰性气体和装瓶水平。第 12 章会介绍螺旋帽应用中的诸多问题。

螺旋帽的应用对螺口瓶提出更高的精度和严谨性要求，为灌装带来一系列挑战，这些问题下面会详细介绍。下面章节主要讨论灌装线的检查程序、常见的密封问题、封帽设备和封帽扭矩。

减少灌装摄氧量

尽量减少葡萄酒的摄氧量是灌装全程的关键。降低灌装前和灌装过程的摄氧量，远比葡萄酒酿造的其他阶段重要，因此这期间的控氧非常重要。

灌装时氧气可直接从灌装头流经酒瓶进入酒中，或封帽后顶空中的氧气在短期内溶解到葡萄酒中。实践证明，装瓶过程会直接溶入大量氧气，已证实最高能达到 3 mg/L。

装瓶液流

葡萄酒装瓶时，灌装头在距瓶顶约 30 mm 处将酒液注入。灌装头只有狭小的操作空间，如果不在瓶颈中间位置，葡萄酒很可能顺着瓶颈一侧流入，大大增加了酒的动荡，由此增加了摄氧量。同时葡萄酒还可能溅到瓶口表面，最后导致与垫片粘连。

如果瓶内壁光滑，可用“附壁”来形容酒液流经表面的状态。装瓶前葡萄酒会流经不锈钢和橡胶表面，这些表面务必平滑，尤其要注意灌装头密封圈的形状和尺寸。如果液流不平缓，需要处理灌装头表面。要定期检查这些表面，甚至有必要借助显微镜来确保理想的光滑度。激流会大大增加这些表面与空气的接触，由此增加了溶氧量。因此务必要确保装瓶时的液流封闭、平缓。库妙河酒庄的迈克尔·布拉克维奇在不使用真空或惰性气体的情况下，能长期做到从灌装头摄入的溶氧量低于 0.2 mg/L。

一般而言灌装速度与摄氧量呈负相关。较慢的装瓶和封帽操作意味着较长的装瓶时间，溶氧量增加。而较快的灌装速度可以降低氧气摄入。装瓶前排去空瓶和灌装头的氧气后，灌装速度有更宽的操作范围。无论如何，即使空瓶被抽成真空或充入惰性气体，首要的是确保酒液平缓，减少波动，降低空气摄入。

当瓶颈内径为 18 mm、顶空高度为 30 mm 时，对应的顶空含有约 7.6 mL 空气。空气中的氧气比例为 20.9%，这样顶空含有约 1.6 mL 氧气。1 mL 氧气重量约为 1.4 mg，1.6 mL 氧气的重量则为 2.3 mg。对于 750 mL 的玻璃瓶，会使葡萄酒增加近 3.0 mg/L 的氧气量。

下表汇总了不同装瓶高度下顶空的最大潜在摄氧量。

装瓶高度(mm)	对应的顶空体积(mL)	750 mL 玻璃瓶顶空最大潜在摄氧量(mg/L)
20	5.1	2.0
25	6.4	2.5
30	7.6	3.0
35	8.9	3.5
40	10.2	4.1
45	11.5	4.6
50	12.7	5.1

由于顶空不完全是空气，所以实际摄氧量会小于上表值。无论如何，对于装瓶高度为 30 mm 的顶空，葡萄酒最好不要摄入超过 1 mg/L 的溶氧量，因为大多数葡萄酒不能接受如此高的摄氧量。这促成了一系列减少摄氧量的方法，其中包括使用惰性气体、放干冰和抽真空等方法。每种方法有其优点和缺点，并产生了各自特有的结果。因此要根据情况选择最合适的方法。

惰性气体

惰性气体用于整个酿酒阶段，灌装时常用于排除空瓶和顶空的空气。一个空瓶约有 225 mg 氧气，根据不同的灌装工艺，可能会增加葡萄酒 0.3～0.7 mg/L 的溶氧量。为了排除氧气，装瓶前可对空瓶填充惰性气体，但这种方法往往低效且浪费气体。要实现有效的排气，需要 7～8 倍瓶体积的惰性气体量，另外还取决于充气速度和气流。这是由于往空瓶充入惰性气体会使气流紊乱，气体相互混合，很难使空气全部排除。另一种方法是在葡萄酒装瓶后将顶空抽成真空，或对顶空填充惰性气体。最有效的方法是将两者结合。

二氧化碳和氮气可用于排除瓶内的空气。偶尔也会用到氩气和可燃性气体，但不推荐。因为氩气随温度升高会在瓶内产生高压。

二氧化碳的优点是在葡萄酒中具有高溶解性。一瓶 750 mL 的葡萄酒能溶解约 660 mL 二氧化碳。压缩顶空产生的压力会随二氧化碳的溶解而降低，直到二氧化碳达到饱和。不过葡萄酒中过量的二氧化碳也会成为问题，这样的葡萄酒会有“气泡”般的口感。这种口感对白葡萄酒可接受，但不适于红葡萄酒，所以二氧化碳主要用于白葡萄酒。

氮气在葡萄酒中的溶解度比二氧化碳小。一瓶 750 mL 的葡萄酒仅能溶解 12 mL 氮气，所以用氮气装瓶的葡萄酒，随着温度的升高瓶内压力会潜在地增加。氮气常用于红葡萄酒。

装瓶前可使用氮气和二氧化碳排除空瓶中的空气来降低摄氧量。另一种方法是在封帽前迅速对顶空充入惰性气体。虽然对空瓶和顶空排气，但很可能使气体互混。出于这个原因，“放干冰”备受一些酿酒师的青睐。

放干冰

“放干冰”是指在封帽前的瓶内丢入一小块干冰的过程。这种方法充分有效，因为干冰升华(从固态转为气体)后产生的气体将空气从底部赶出瓶口，不会造成气流紊乱和互混。1g 干冰能释放 500 mL 的二氧化碳，所以只需很少量的干冰。

这种方法的缺点是二氧化碳会溶解在葡萄酒中，溶解水平取决于葡萄酒的液流。基于此，应减少干冰的使用量。

为降低二氧化碳溶解水平，最好是对装瓶后的顶空投放干冰，而不推荐往空瓶中投放干冰。由于二氧化碳溶解量不足以影响酒的口感，这种方法也被用于红葡萄酒。澳大利亚御兰堡酒厂证明了该方法的成功，能保证灌装后的溶解氧低于 0.5 mg/L，多数时候低于 0.2 mg/L。

御兰堡酒厂对封帽设备进行了改造(图 59 至图 61)，使放干冰与套帽过程错开。首先葡萄酒装瓶，接下来放入干冰，然后套上螺旋帽，待干冰全部释放后，顶空和螺旋帽内的大部分氧气被排除，最后密封螺旋帽。要注意的是，封帽前二氧化碳要全部挥发，这样可以避免在瓶内产生压力。

抽真空

抽真空常见于软木塞灌装。直到近些年随着封帽机配有真空头才实现了对螺旋帽的真空密封。

真空封帽消除了充气的弊端，不会有残留气体污染，顶空压力也不会过高。目前的研究结果尚不能证明螺旋帽真空密封是否可行，如果套用软木塞模式，每一瓶的压力会有差异，目前还不能测量这些值。

抽真空打塞的优点是可以防止密闭条件下“活塞”式推入产生的高压。抽真空打塞后，理论上瓶内的压力会与大气压平衡。但螺旋帽不会有活塞效应。

1. 固体二氧化碳投入瓶中。

2. 螺旋帽套在螺口瓶上。扩散的二氧化碳驱散了顶空和螺旋帽内部残留的气体。

3. 螺旋帽随螺口瓶向前行进 4 m,这样二氧化碳在封帽前可以充分挥发。

图 59 至图 61　通过三个阶段的“放干冰”过程使二氧化碳充满顶空。澳大利亚御兰堡酒厂可以实现灌装后溶氧水平低于 0.5 mg/L。

图片由御兰堡提供。经许可转载。

了解并控制每瓶酒的摄氧量比想办法减少与氧气的接触更重要。当每瓶酒的摄氧量控制在已知值，灌装前通过计算添加相应的二氧化硫来抵消氧气的作用。保持每瓶酒的一致很关键。

以前使用螺旋帽灌装时，由于不能确保每瓶酒的一致性，许多酿酒师始终未对顶空放干冰或充气。现在已生产出各种各样的螺口瓶，最新的设备也能满足兼容要求，从而确保灌装一致，为酿酒师开启新的创作空间。

装瓶高度

顶空对保持螺旋帽的密封起着重要作用。装瓶水平控制不好，直接影响到葡萄酒的品质甚至漏酒。因此灌装时的装瓶高度非常重要。

合适的装瓶高度已成为广泛讨论的话题。瓶帽厂商与酿酒师持有不同的意见，前者认为螺旋帽葡萄酒的顶空要比木塞酒的顶空高出 10～15 mm，他们关注的是瓶子的设计，所以主张顶空的最大值；而后者主张顶空的最小值。这种讨论仍在持续。

在澳大利亚，多数生产商使用 20～30 mm 的顶空高度；新西兰规定装瓶高度为 15～35 mm；在欧洲，虽然部分瓶子生产商的标准为 45 mm，但实际灌装的顶空高度为 38～45 mm。因此，有必要形成统一的国际标准。

确定最佳的装瓶高度，需要考虑一系列影响因素。其中首要的是灌装量。如果装瓶太高，随着瓶子在灌装线上的移动酒液容易洒出，或开瓶时容易甩出。其他一些因素，包括葡萄酒的实际装瓶量、灌装温度、热膨胀以及氧化问题。最佳的装瓶高度是满足所有因素后的折中方案。

装瓶体积

国际法规规定，葡萄酒的实际含量必须与标签上的标称一致。为保证有充足的缺量空间，设计酒瓶时缺量空间应为装瓶量的 1.6%～2%。缺量必须计算好，确保实际体积不低于标称体积。多数厂家设计酒瓶时，753 mL 的装瓶量对应 30 mm 的顶空高度，由于每批酒瓶的容量存在差异，因此不推荐 35 mm 的顶空高度，因为实际体积很可能会小于 750 mL。

灌装温度和瓶储温度

根据国际标准的实践经验，灌装时葡萄酒的温度应在 18～20℃。对于清新的白葡萄酒，实际灌装温度会低于这个范围，因此要预留葡萄酒的膨胀空间。杰弗瑞·格罗赛特灌装他的克莱尔谷雷司令的温度为 17℃，装瓶高度 25～27 mm，这样随着温度回暖酒液轻微膨胀，容量会略微超过 750 mL。即使在灌装温度 14℃，装瓶高度 25 mm 的条件下，杰弗瑞还尚未遇到过问题。红葡萄酒的灌装温度略高，同时要灌装过量，防止温度回落造成酒液收缩容量小于750 mL。

封帽后酒体积的变化也是确定最佳缺量水平的重要因素。当温度升高，葡萄酒体积膨胀，顶空气体受到挤压后压力增大。使用软木塞密封，一方面气体可通过木塞跑出，瓶内压力得到释放；另一方面酒液会通过毛细作用渗出或木塞由于液压被挤出，最终导致漏酒、氧化和变质。螺旋帽没有这种“气孔”作用。这种密闭方式相比天然塞及合成塞缺乏弹性，但有着几乎不产生压力的特点。

由于葡萄酒会膨胀，要确保瓶内的压力始终低于漏酒压力阈值，一般推荐顶空压力不能超过50 kPa。佩希内和奥斯凯普公司表示他们的螺旋帽能承受100 kPa的顶空压力，但最好不要超过150 kPa。而佩希内公司生产的斯蒂文螺旋帽通过试验证实能承受400 kPa的压力，奥斯凯普公司的苏普尔万螺旋帽能经受高达700 kPa的压力。

顶空对压力起着缓冲作用，所以对某一特定的葡萄酒，装瓶高度还取决于葡萄酒能承受最高温度时的压力。考虑这个因素，澳大利亚一些生产商稍稍增加了缺量空间，以应对澳洲夏季高温的热膨胀。顶空不足时，热膨胀会使密封失效、漏酒甚至氧化。当玻璃瓶密封面不平滑或封帽不当时，问题会更加突出。

佩希内公司提供了如下参考。特定缺量高度下葡萄酒能承受的温度：

装瓶高度25 mm时，任何大于15℃的温差所产生的压力极有可能出现漏酒。

装瓶高度30 mm时，任何大于15℃的温差所产生的压力存在漏酒的风险。

装瓶高度38 mm时，任何大于20℃的温差所产生的压力可能会出现漏酒。

假设灌装温度20℃，如果装瓶高度30 mm，这就意味着能承受35℃的高温。

在新西兰做过的非正式试验显示，灌装温度20℃，装瓶高度30 mm时，直到升温超过50℃才出现漏酒。同样的试验，软木塞在大约40℃开始出现漏酒。

氧化

对于那些顶空没有抽真空或填充惰性气体的酒瓶，顶空体积决定了灌装后的溶氧量。

20 mm的顶空高度会使葡萄酒增加高达2.0 mg/L的溶解氧；40 mm的顶空高度理论上能增加4.0 mg/L的溶解氧。这种差异很有意义，装瓶高度太大，促使人们开始关注氧化问题。

澳大利亚葡萄酒研究所做了一项研究，将红葡萄酒的顶空体积分别设置为4 mL、16 mL和64 mL，对应的顶空高度为16 mm、53 mm和104 mm。结果显示三者没有明显的感官差异，仅在酚类化学组成上不同。使用螺旋帽封装，较小的顶空体积会使葡萄酒带有轻微的打火石或橡胶等“还原”香气；而较大的顶空体积会使葡萄酒带有轻微的氧化特征，这种特征在灌装12个月后尤为明显，而不是在18个月。第8章和第10章对这种作用作了详细介绍。这方面的试验一直在进行，但目前的结果显示，顶空体积的差异对葡萄酒的影响差异不大。

试验同时显示，对于较大的顶空体积，二氧化硫在最初下降较快。研究人员怀疑与灌装时顶空的氧气量有关。对于较大的顶空体积，有必要添加足量的初始二氧化硫来确保维持葡萄酒的生命全程。然而，试验对比了装瓶高度分别为 30 mm 和 35 mm 的商用葡萄酒，发现三年后两者的二氧化硫含量差异不大。二氧化硫含量已在第 9 章做过详细讨论。

再看较小的顶空体积，试验显示对于装瓶高度为 20 mm 或 25 mm 的葡萄酒，其酒质似乎没有任何优势。然而像这种灌装高度自身会出现问题，如热膨胀。

建议装瓶高度

佩希内公司建议 20℃时螺口瓶的顶空体积应为标称容量的 1.6%～1.8%。因此当一瓶酒的装量为 750 mL 时，顶空体积应为 11.0～13.0 mL。装瓶高度是否取决于瓶子容量仍在讨论中。

为快速确认装瓶高度是否充分，一种更精确的体积测量方法是，将酒瓶装满水，然后排出水直至能够满足液体膨胀的顶空高度，接下来测量瓶内水的含量，确保超过 750 mL 即可。

如下表格，顶空决定了瓶子能承受的最高温度。实验基于 20℃灌装温度。

标称容量(%)	顶空/缺量体积(mL)	装瓶高度(mm)	能承受的最高温(℃)
2	15	59	50
1.73	13	51	45
1.47	11	43	40
1.33	10	39	37
1.2	9	35	35

数据来源：由佩希内公司提供。

为避免正常情况下的漏酒风险，佩希内公司建议 35～38 mm 的装瓶高度。这个装瓶高度对应的顶空体积为 10.5～11.5 mL，或是标称容量的 1.4%～1.5%。近似的指导是，每 1 mL 顶空体积对应大约 3.3 mm 的装瓶高度。

目前大多数玻璃瓶装瓶高度 30 mm 时的装瓶量为 753 mL。35～38 mm 的装瓶高度不能确保容量超过 750 mL。因此装瓶高度有时成为选择玻璃瓶的限制因素。有人建议玻璃瓶厂商针对 35 mL 的装瓶高度设计一系列的玻璃瓶产品。

对于酒的品质，在不考虑密封因素下，千万不要将葡萄酒暴露在上面列举的极端温度中。这些温度加速了葡萄酒的成熟，换句话说是在“煮”葡萄酒。

综合这些因素，建议 20℃的装瓶高度为 30～35 mm，对应的顶空体积 9～10.5 mL，或是标称容量的 1.2%～1.4%。正常情况下这种灌装高度不会漏酒，但酒的含量只会略微超过 750 mL。如果使用 30 mm 的装瓶高度，生产商建议葡萄酒不要放置在超过 35℃的温度下。

澳大利亚葡萄酒研究所表示 30 mm 的装瓶高度已经很充足，而实际的装瓶高度比要求的会高些。

另外，一些螺旋帽生产商建议如果能找到合适的酒瓶，保守灌装下 50 mm 的装瓶高度能承受高达 50℃不出现漏酒，当然这种极端操作绝不适于优质葡萄酒。在不考虑密封因素下，为保持酒的品质，避免放置在任何超过 25℃的环境中。

出口葡萄酒时，要特别注意运输条件，防止温度的剧烈变化，尤其是使用集装箱海运时。应首选制冷或隔热运输，一方面有利于密封的完整性，另一方面有利于保持葡萄酒的品质。运输和储藏会在第 16 章作进一步讨论。

装瓶量是非常重要的问题，相信在未来随着全球多数生产商的认同而达成共识，从而为玻璃瓶企业提供具体的尺寸标准。

图 62　图片来自福瑞斯特庄园。经许可转载。

12 封帽

正确应用螺旋帽是创造可靠密封的最后关键步骤。封帽操作对螺旋帽提出了精确的尺寸和严格的公差要求，不合格的尺寸规格会使密封以及葡萄酒受到影响。

封帽过程分四步完成。首先，螺旋帽的内部垫片被封帽头中央高压金属模块压缩到瓶口表面。接下来压力模块外边缘顺着瓶口侧面下移，在铝帽外面向下“画”一小段距离，密封区域增加。这就是封帽的第二个阶段，形成R角。就这样，压力模块在瓶的顶部表面和上部外边缘形成了密封面。

第三个阶段涉及一组滚轮，以瓶口螺纹为纹路在铝帽侧面向下旋转压入，螺旋帽被牢牢固定住。最后，另一组滚轮在帽螺纹下部形成一圈凹槽，帽筒下端被固定住。就这样为开瓶作了最后的准备。

调整合适后，封帽设备会在瓶口产生连续一致具有防伪功能的密封帽。

为确保不同批次的螺旋帽或螺口瓶密封合适，需要定期对封帽设备作细微调整。每更换一种螺旋帽或螺口瓶都需要重新调整封帽机。

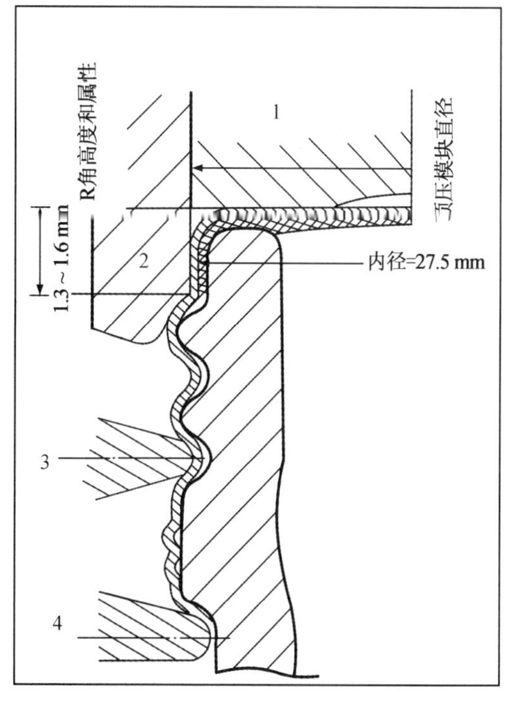

图63 封帽的四个步骤：1. 压力模块压缩垫片；2. 压力模块在瓶顶外边缘形成R角；3. 螺纹滚轮在帽上产生螺纹；4. 凹槽滚轮产生凹槽。

图片来自佩希内包装公司/艾斯万葡萄酒资源有限公司。经许可转载。

为确保密封一致，要正确选用设备，合理调整设置，认真遵循正确的封帽程序。本章节主要介绍封帽步骤、封帽设备和封帽设置。

封帽准备工作

灌装前要检查所有材料和设备。

30 mm×60 mm的螺旋帽可参考第4章的质量保证体系检验是否合格；螺口瓶可参考第6章检验是否符合BVS瓶规格；设备可参考生产商的说明调试到满足

30 mm×60 mm 规格的封装要求。每次灌装运行前需检查以下项目：

- 封帽头滚轮转动灵活。
- 确保压力模块完整且符合尺寸要求，确保与瓶帽兼容。
- 螺纹滚轮的弹簧张力（根据设备商的说明）。
- 凹槽滚轮的弹簧张力（根据设备商的说明）。
- 顶压。应在瓶和帽的压力建议值内（105～180 kg，通常大于 150 kg）。
- 封帽头转速。转速最低时，封帽头能够在帽上形成两圈完整的螺纹。

设备一旦准备好，就必须建立合适的封帽条件，保持灌装全程良好运行。如瓶颈和密封面务必干燥，没有酒液和其他残留物。国际帽公司建议封帽过程中螺旋帽的温度不应低于 18℃。

即使是垫片与瓶顶间的一小段发丝，足以引起轻微的渗漏。头发的直径能撑起瓶顶表面的压缩垫片，从而使酒液通过。有些灌装车间规定员工必须穿工作服佩戴帽子，以降低这种情况的发生几率。

每次开机前都要检查设备，做好检查记录。这样能再次确保生产商的产品是否可靠。设备启动时测试几个瓶子，检查帽螺纹是否清晰饱满、密封是否可靠、扭矩是否合适。关于扭矩的测试见第 15 章。运行稳定后，每小时从灌装线上抽取 1～2 个瓶样检查。

每次灌装时，记录好螺旋帽和螺口瓶的产品 ID、供应商、批号和其他相关信息。

图 64　封帽过程。

图片来自新西兰螺旋帽协会。经许可转载。

灌装时建议放置一个封装理想的瓶样作参照，方便操作人员对封帽各阶段进行外观监控。

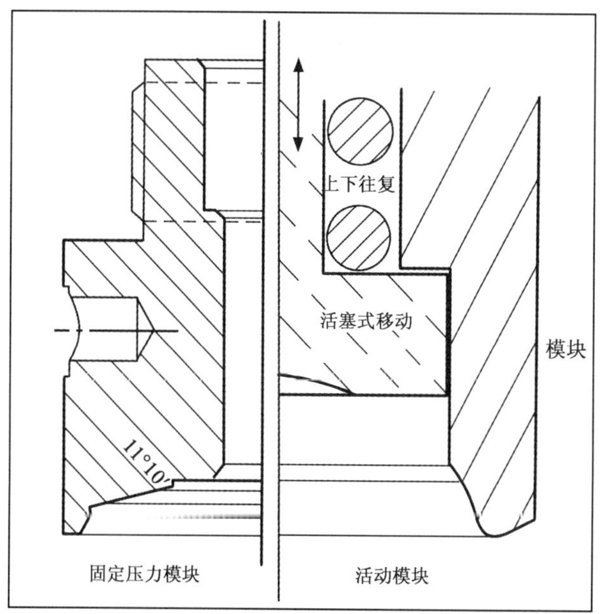

图 65　早期的 BVP 螺旋帽由一个固定的压力模块(左)产生。目前的 BVS 标准需要一个活动的压力模块(右)来制造 R 角。

图片来自佩希内包装公司/艾斯万葡萄酒资源有限公司。经许可转载。

顶压和 R 角

螺旋帽的垫片产生了密封作用。垫片被压缩在瓶顶表面及瓶口外端形成了 R 角,这个过程由封帽机上两个特殊的压力模块完成。垫片受到模块施压后,密封所需的能量被储存在压缩垫片中,帽外壳像钳子状卡住瓶口,密封压力得以维持。

顶压

封帽后,垫片很快恢复到初始厚度的一半。垫片的总厚度为 2.1 mm,封帽后被压缩了近 1 mm。不同帽厂家要求的顶压值差异不大,为 105～180 kg(1050～1800 N)。多数厂家采用的顶压为 160±20 kg,也有厂家主张 160 kg 的最小顶压。本章节末列举了部分螺旋帽生产商所需的顶压要求。顶压至关重要,因此需要每天检查。

推荐的顶压值各不相同,部分原因是由于瓶口密封表面不同。越小的作用面(窄端面),单位面积受力增加,垫片压力大。在解释顶压范围时要考虑这个因素。检测垫片压力是检验封帽操作的重要方法。

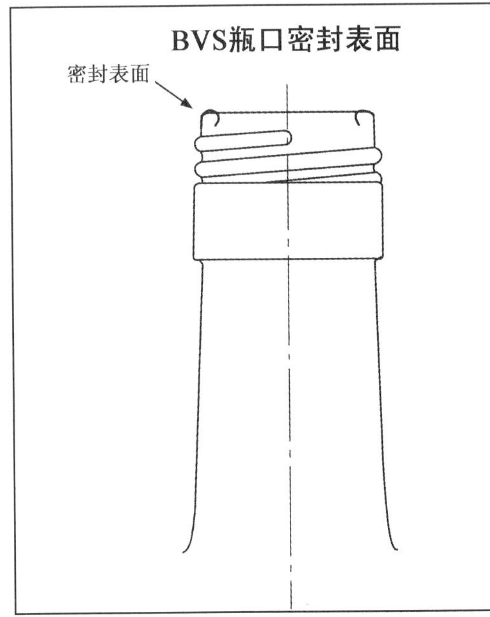

图 66 顶压大小还应该考虑瓶顶表面区域。相同的顶压下，越小的表面区域会在单位面积产生更大的压力。

图片来自佩希内包装公司/艾斯万葡萄酒资源有限公司。经许可转载。

图 67、图 68 一个外接电子元件可用于检测顶压大小。

图片来自御兰堡酒厂。经许可转载。

测量压缩垫片

垫片压力应作为灌装线每日或每周常规检测的一部分。通过比较灌装前后垫片的厚度差可以判断垫片的压力。

先用卡尺测量封帽前套有螺旋帽的瓶子高度，再用同样的方法测量封帽后瓶子的高度。两者的差值即是垫片的压缩量。压缩量应为垫片厚度的 30％～50％，封帽前垫片的厚度可用卡尺测量。另一种方法是参考生产商提供的垫片厚度规格，如对于 2.1 mm 厚的垫片，其压缩量应为 0.65～1.0 mm。

垫片压缩量取决于封帽头顶部主弹簧施加的压力。如果压缩量不在建议值内，按照设备供应商的方法调整压缩高度。如果仍有问题，封帽设备的顶部弹簧可能疲软需要更换。

开瓶时通过观察垫片外观可检查垫片的压缩情况。正常情况下垫片压缩厚度应始终一致。这种方法可检查顶压模块是否充分均匀地作用在瓶口。

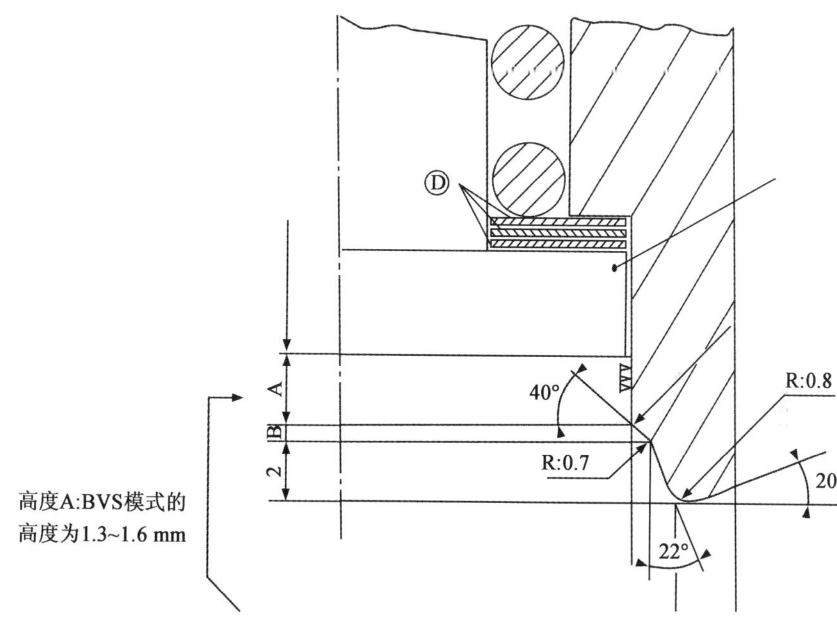

图 69　压力模块的尺寸对 BVS 螺旋帽的正确应用至关重要。

图片来自佩希内包装公司/艾斯万葡萄酒资源有限公司。经许可转载。

R 角

对于 BVS 封装方式的螺旋帽，封帽头罩在瓶口后，压力模块沿着瓶口外边缘将螺旋帽自上而下压入，形成了 R 角。由于垫片包围了瓶口顶部的垂直外边缘，密封面积增加，密封作用得到加强。

第 36 页图片，描述了压力模块形成 R 角的三个阶段。

顶部压力模块的内径为 27.5 mm，会在螺旋帽顶部形成相同直径的 R 角圈。螺纹入口在 BVS 瓶顶下方 2.8 mm 处，而 R 角圈在瓶顶下方 1.3～1.6 mm，正确的 R 角可避免螺纹入口被割坏。如下图。

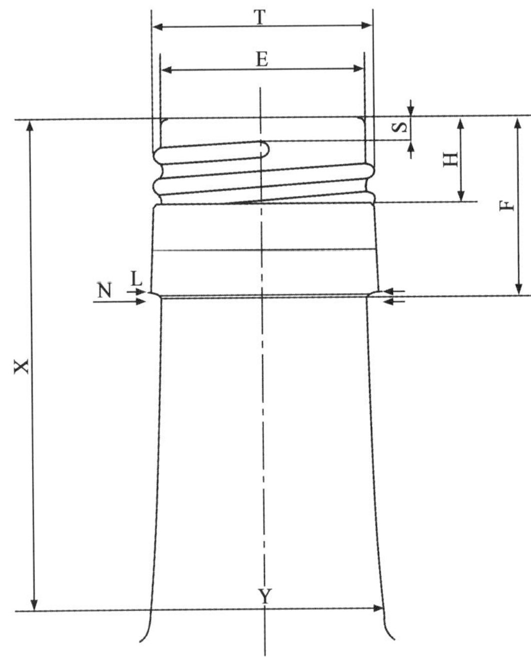

图 70 封帽头的尺寸要与 BVS 瓶口尺寸相匹配。
图片来自佩希内包装公司/艾斯万葡萄酒资源有限公司。经许可转载。

监控 R 角深度最好的方法是抽样检查。设备供应商通过调节压力模块使 R 角运行 1.4～1.7 mm。1～2 年后或瓶子 BVS 尺寸标准发生变化时，要重新调整 R 角设置。

部分厂商参数

对于规格为 30 mm×60 mm 的螺旋帽，瓶子生产商要求封帽设备调整到合适的公差范围，确保密封良好。

下表列出部分螺旋帽生产商的特别说明，仅供参考。要达到满意的密封效果仍需使用者的调节。

质量指标	奥斯凯普	国际帽	新凯普	佩希内
顶压(kg)	120～180(无 R 角压力模块时 120～150)	180±10	182	160～(180±10)
压力模块直径(mm)	27.5	27.5±0.01	27.5	见下表
压力模块深度(mm)	1.3～1.7	1.5±0.10	1.2	见下表

针对不同直径的螺旋帽，佩希内公司对封帽头尺寸作了如下规定：

帽直径(mm)	模块直径(mm) (=R 角直径)	R 角高度(mm)
25	23.6	0.9±0.1(压力模块产生)
28	26.3～26.55	1.3～1.6(压力模块产生)
30	27.5	1.3～1.6(压力模块产生)
31.5	29.4	1.3～1.6(压力模块产生)

要达到理想的封帽效果必须遵循上述规定。不同厂家更多的参数资料转载于附录 8。

顶压缺陷

不合适的顶压会出现如下问题：

- 密封不充分甚至漏酒(顶压偏小)。
- R 角不充分(顶压偏小)。
- 垫片压缩不当。
- 开瓶时垫片粘在瓶顶(顶压过大)。
- 压帽引起的垫片破损(顶压过大)。瓶口做工不良，使封帽头作用在较小密封面半径上("尖"边缘)产生的高压，也会使垫片破损。极端条件下，锡箔层甚至被割破，在垫片背面可看出轻微的破损。顶压太大会使发泡聚乙烯和锡箔垫片出现褶皱。瓶子毛边突出也会产生这种问题。
- 垫片压缩量超过 1 mm(顶压过大)。
- 封帽过程出现的垫片破损(顶压过大)。
- 开瓶扭矩增加(顶压过大)。见第 15 章。

R 角高度过大或封帽头压力模块直径小于 27.5 mm，可能引起垫片外观不良或是开瓶时垫片粘在瓶顶。

要解决这些问题，可调整封帽头高度或将顶部弹簧换为松弛弹簧(如顶压过大)或是紧绷弹簧(如压力太小)。

封帽头与打塞头的另一个区别是替换部件。螺口瓶的对齐公差相对小(瓶子在封帽头下的对齐公差为 2 mm，而打塞头对齐公差为 4 mm)。因此，要针对不同规格的螺口瓶准备对应的替换部件，确保螺口瓶放置在压力模块的中央，避免垫片被压皱破损。

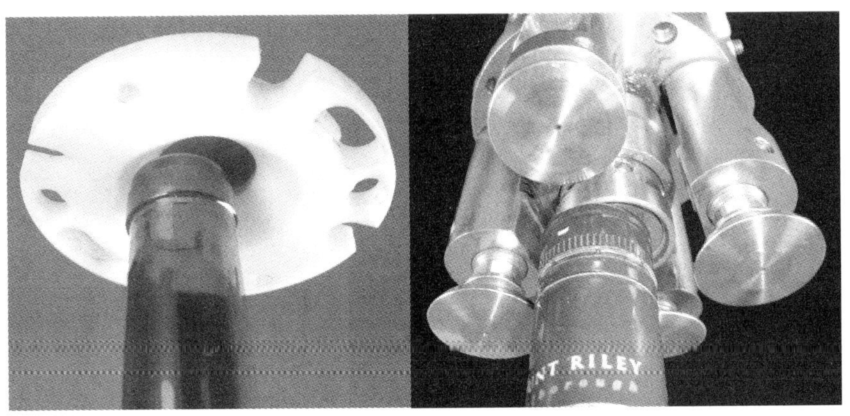

图 71、图 72　相比木塞 4 mm 的对齐公差(左图),螺旋帽 2 mm 的对齐公差(右图)更加严格。

图片来自马尔堡灌装公司。经许可转载。

螺纹滚轮和凹槽滚轮

螺旋帽被模块压在瓶顶的同时,封帽头的金属活动轮——螺纹滚轮和凹槽滚轮高速旋转将螺旋帽紧固在瓶颈四周。当封帽头下降时,一组滚轮以瓶螺纹为纹路自上而下将帽外壳压入形成帽螺纹;另一组滚轮在帽上旋转压入形成凹槽。

形成的密封务必牢固安全,同时螺旋帽及其表面装饰要平滑干净且不被破坏。为此,要正确调节螺纹滚轮和凹槽滚轮的属性和设置,包括水平压力、转速、水平和垂直方向的精确定位。及时记录螺纹滚轮和凹槽滚轮与螺旋帽刚接触时的状态,使压力模块在垂直方向上快速完成密封。

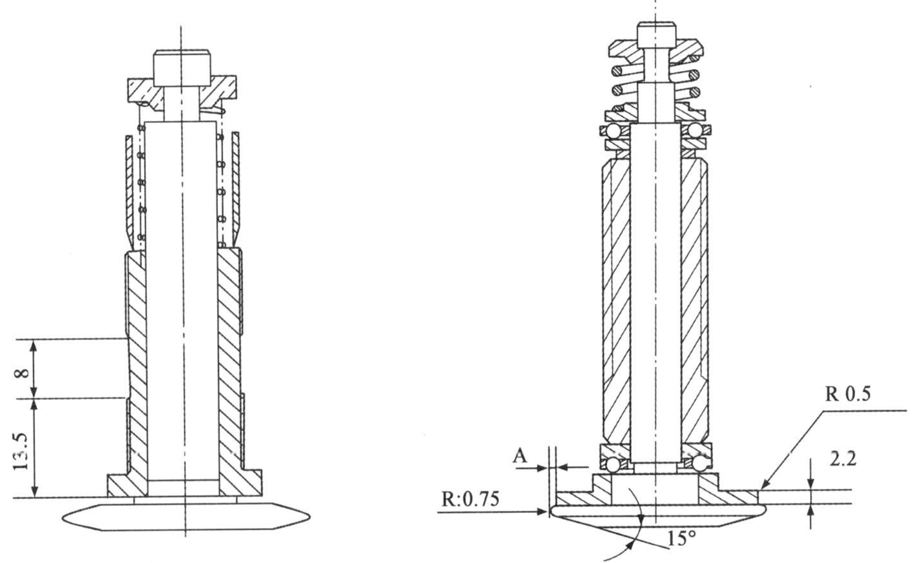

图 73、图 74　螺纹滚轮(左)和凹槽滚轮(右)将帽外壳固定在瓶顶侧面。

图片由维拉马拉、佩希内包装公司/艾斯万葡萄酒资源有限公司提供。经许可转载。

压力

螺纹、凹槽滚轮的轮臂径向压力对密封性能至关重要。

根据设备商的说明设置轮臂径向压力，确保滚轮压入帽的深度不破坏铝壳或表面装饰。一个粗略的指导是，多数铝帽厂家建议螺纹滚轮压力为 6～15 kg(60～150 N)，凹槽滚轮压力为 4～13 kg(40～130 N)。

下表列举了不同铝帽厂商建议的螺纹、凹槽滚轮设置值。这些仅作为参考，意在为操作人员提供启动值。侧压大小同时还取决于帽的直径和轮臂的定位角度，因此滚轮压力要根据具体情况进行调节。铝帽厂商应当为客户提供更多的细节信息。

设置滚轮侧压	佩希内/斯蒂文	新凯普	奥斯凯普	国际帽
螺纹	7～14 kg	9～12 kg	8～12 kg	8～12 kg
凹槽	7～14 kg	6～9 kg	8～12 kg	8～10 kg

设置滚轮压力是为确保每瓶的压痕深度和形状一致。这种设置不需要瓶子可直接在封帽机上完成。每次灌装达到 20 万瓶，或一旦螺纹或凹槽不一致时，都需要检查滚轮设置。更换瓶型也需要重新设置滚轮压力。特别指出，宽松的质量控制程序会大大增加瓶子垂直度和瓶口表面的差异。

图 75、图 76　一个外接设备可用于检测螺纹滚轮和凹槽滚轮的侧向力。
图片来自御兰堡酒厂。经许可转载。

螺纹滚轮要与瓶螺纹入口保持一致(距瓶顶 2.8 mm 处)。凹槽滚轮也要经常检查确保螺旋帽不被割破。

即使符合设备商的说明要求，滚轮压力仍要每天检查。检查的重点是确保螺旋帽的螺纹和凹槽深度充分且不被破坏。由于螺旋帽来自不同厂家且材质韧性各异，更强调了检查滚轮的必要性。灌装过程中，应当每小时对帽螺纹深度进行一次检查。

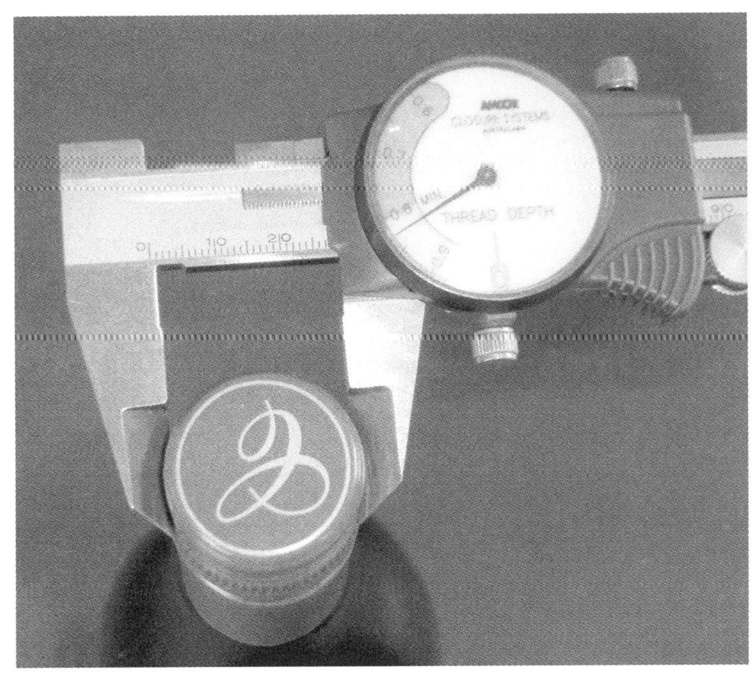

图 77　使用卡规每小时检查一次螺纹深度。

图片来自马尔堡灌装公司。经许可转载。

滚轮半径

滚轮的形状对形成正确的帽螺纹和凹槽至关重要。特别是滚轮的属性对形成可靠的密封非常关键。因此设备商已规定了合适的滚轮刀尖半径。

下表为部分厂商的滚轮尺寸规格。

生产商	奥斯凯普	国际帽	新凯普	佩希内
滚轮刀尖半径	0.75～0.80 mm	0.80 mm	0.76 mm	如下

佩希内公司规定，对于直径为 25～31.5 mm 的螺旋帽，螺纹和凹槽滚轮刀尖半径为 0.75 mm；直径大于 31.5 mm 的螺旋帽，螺纹刀尖半径为 0.9 mm，凹槽刀尖半径为 1.5 mm(图 78 和图 79)。

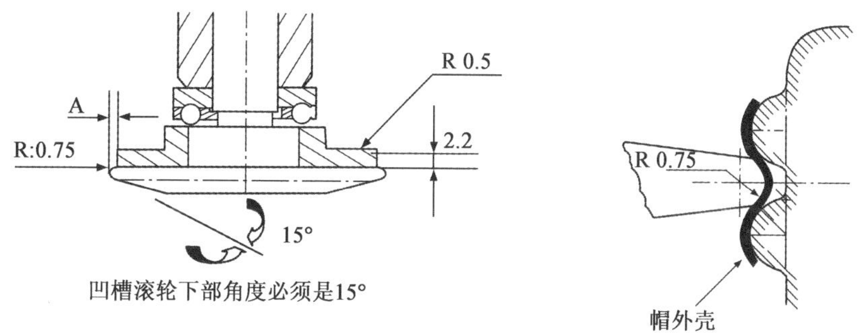

图 78、图 79 凹槽滚轮属性(左)和螺纹滚轮属性(右)决定了螺旋帽的最终形状。
图片由维拉马拉、佩希内包装公司/艾斯万葡萄酒资源有限公司提供。经许可可转载。

问题

不合适的滚轮设置会产生如下问题：

- 帽凹槽被割裂。检查侧压并重新调整滚轮高度。
- 帽凹槽呈波纹状。检查滚轮高度是否太低,检查滚轮侧压。这些都会导致瓶子出现小“C”形直径(见第 6 章)。
- 帽螺纹被割裂。检查滚轮刀尖半径并调整侧压大小。瓶颈直径和瓶子垂直度是产生这种问题的罪魁祸首(见第 6 章),瓶子尺寸不合格也会产生这种问题。
- 帽螺纹入口被割裂。当螺纹滚轮高度太高时,重新调整高度,检查侧压大小。
- 封帽机磨损导致帽螺纹不清晰。(封帽机的维护保养见第 14 章)

关于上述问题的图片和更多细节,见第 13 章。

滚轮问题也会导致帽松动或是帽脱落而连点完好。通过增加凹槽压力或是更换凹槽滚轮都可以增加凹槽深度。螺口瓶的凹槽角度也会引发上述问题。

灌装速度

使用螺旋帽灌装的速度会有别于使用软木塞或其他塞的灌装速度。因为使用螺旋帽灌装时的酒液太高,灌速太快会使酒液洒在瓶口密封面。因此有人建议相比软木塞的灌速,螺旋帽的灌速应降低 10%～15%。常规操作时,灌速为每小时 1800～2200 瓶。

佩希内公司建议单头封帽机的最大灌速为每小时 2500 瓶;对于多头封帽机,每个封帽头的最大灌速为每小时 2000 瓶。监控灌装速度,可以确保每个螺旋帽在封帽头下有充足的时间形成螺纹和凹槽。更多关于封帽机速度的信息见第 14 章。

Y 点

Y 点是指螺旋帽下端与瓶子接触的地方，此处瓶的直径为 29.6 mm(见第 6 章)。由于螺旋帽底部直径为 29.15 mm，因此螺旋帽在 Y 点被牢牢张紧。这样能保证螺旋帽紧紧抓住螺口瓶不松动。

Y 点张力太大会增加开瓶扭矩，也可能使垫片压缩不充分影响密封效果。张力太松弛，螺旋帽不能被固定，在形成帽螺纹时连点容易割破。另外，瓶帽间的空隙会进入灰尘和湿气，有利于滋生细菌和真菌。

图 80　Y 点张力太大会增加开瓶扭矩或使垫片压缩不充分影响密封质量。

图片来自御兰堡酒厂。经许可转载。

封帽后瓶子的清洗

实际上不建议清洗封帽后的瓶子，这是因为残留在连点上的水分会成为腐蚀的隐患。另外，瓶帽间的空隙会不断增加湿气和灰尘，为微生物的生长提供场所(如瓶帽间的 Y 点)。

如果确有必要清洗封帽后的瓶子，喷头要安装在螺旋帽下方，用干净的水向下顺着瓶子喷洗。需要注意，不能直接对连点冲水。

其他封帽问题

使用螺旋帽封装时灌装人员会面临新的挑战。有些直接涉及顶压、螺纹和凹槽滚轮、Y 点和上面提到的瓶子清洗。其他问题还包括：

- 装瓶前瓶子清洗不充分使酒遭受污染。
- 螺旋帽不干净引起的金属物污染。
- 连点间隙太大。
- 螺旋帽破损引起的漏酒。
- 新的螺口瓶、螺旋帽和封帽设备在使用前没有经过认真检测。
- 瓶子密封面粗糙、裂缝、破损等缺陷引起的漏酒(见第 6 章)。
- 密封面不干净引起的漏酒。
- 垫片褶皱引起的漏酒。
- 颈标贴于瓶和帽上，不利于开瓶。

图 81 螺旋帽下端被颈标包裹不利于开瓶。

图片来自御兰堡酒厂。经许可转载。

另外，垫片的毛细作用可能引起漏酒；垫片上的液体在阴干后变得黏稠，增加了开瓶扭矩或开瓶后垫片粘在瓶口；封帽时残留在瓶颈的酒液和水分是密封隐患，因此要确保封帽时密封表面干燥。

第 13 章详细介绍了如何鉴别和解决灌装线上的问题。

图 82

13 灌装问题与检测

灌装问题

封帽过程出现的问题在不断增加，且影响深远。因此，要按照一定程序检查螺口瓶并预防灌装过程出现的问题。本章节将介绍这些程序。

按照如下步骤，找到问题的根源：

- 尽可能具体地描述问题症状。
- 统计问题发生率。
- 按如下模式找出问题。如：
  - 同一个模腔是否重复发生？
  - 是否间歇性发生？
  - 问题瓶在特定时间和日期发生？
  - 只出现在特定的封帽头上？
  - 同一个瓶多次封帽是否重复出现问题？
  - 使用合格瓶重复封帽是否出现问题？
  - 可疑因素是否会出现在其他瓶上？
- 螺口瓶、螺旋帽和封帽设备出现的问题要反馈到相关生产商。

图 83　一个封帽良好的样瓶可用来帮助在线检测。

图片来自国际帽公司，经许可转载。

接下来的表格提供了快速鉴别封帽问题的参考方法。关于每种问题更详尽的信息可参考第 12 章。

问题	解决方法(更多细节参看第 12 章)
帽螺纹被割裂 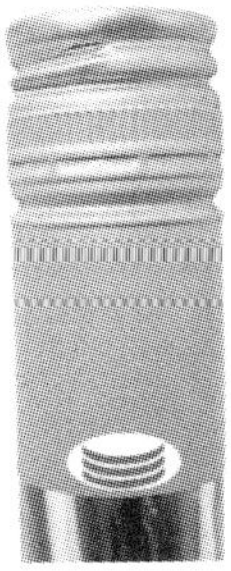 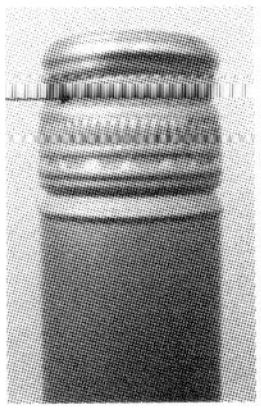	确保螺纹滚轮刀尖半径正确。 检查螺纹滚轮高度是否太高。 检查并调整侧压大小。 螺纹滚轮僵硬时,润滑并使其灵活转动。 检查瓶螺纹属性是否合格。
帽螺纹过低 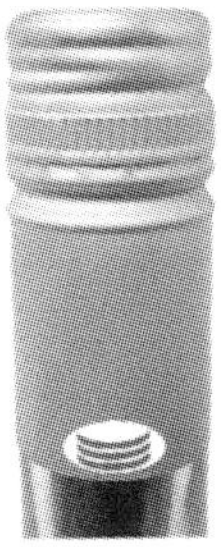	调整螺纹滚轮纵向高度,确保高度不过低。 检查并消除不利于螺纹滚轮复位的因素。同时清洗并润滑螺纹滚轮。 螺纹滚轮不能复位时,检查复位弹簧或“U”形垫圈是否缺失或磨损。
螺纹入口被割裂 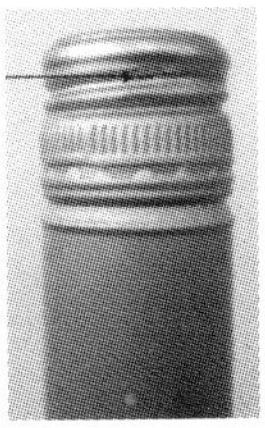	重置螺纹滚轮高度。 检查侧压大小。 图 84 至图 87:图片来自国际帽和新凯普公司。经许可转载。
凹槽被割破 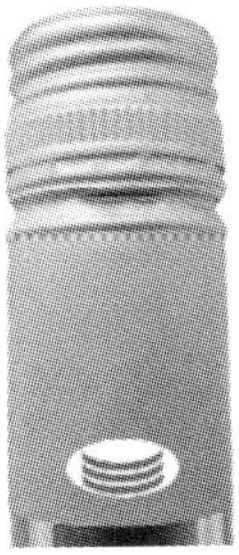	凹槽滚轮太高时,降低纵向高度。 检查并紧固压力模块,确保模块不松动或下移。 凹槽滚轮僵硬时,润滑并使其灵活转动。 检查螺口瓶有无缺陷,尤其是 L 至 N 区域。

续表

问题	解决方法(更多细节参看第 12 章)
凹槽不明显 	增加凹槽滚轮压力。 检查滚轮轴承套是否磨损,必要时更换。 凹槽滚轮太低时,上调纵向高度。 检查螺口瓶有无缺陷,尤其是 L 至 N 区域。
螺旋帽翘起或下陷 	检查压力模块尺寸是否正确。 检查封帽头导向锥体是否完好。 检查螺口瓶同心度。 检查替换部件确保与瓶子尺寸匹配。 检查瓶子到达星轮中部的时间,确保瓶子与封帽头同步对准。 图 88 至图 90:图片来自国际帽公司。经许可转载。
压缩不良 	根据设备商的指导,重新调整压缩高度。
帽凹槽呈波纹状 	重置滚轮高度(大多数好像太低)。 检查滚轮压力。 检查瓶子“C”直径不小于最小建议值。

续表

问题	解决方法(更多细节参看第 12 章)
帽凹槽被割破 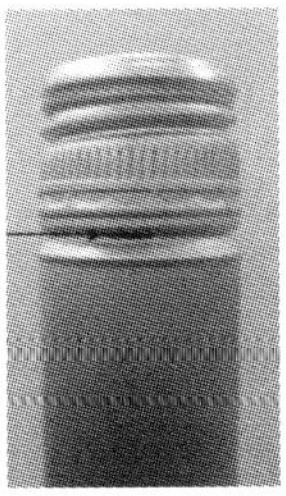	重置滚轮高度。 检查滚轮压力。 图 91 至图 93:图片来自新凯普公司。经许可转载。
漏酒	检查密封面问题如粗糙、表面瑕疵等(瓶顶部、螺旋帽以及垫片)。 检查瓶子所有关键尺寸。 检查顶压(顶部弹簧、操作高度)和螺纹滚轮压力。 确保封帽时瓶颈干燥。 检查表面洁净度(表面无液体、残留物等)。
开瓶时垫片与瓶口粘连(灌装温度下)	装瓶后检查瓶口密封面是否残留酒液。 减小封帽头顶压(使用较松弛的顶部弹簧或重置操作高度)。 检查瓶口密封面缺陷。 确保葡萄酒装瓶温度不过高(超过 25℃),否则当液体冷缩形成真空,垫片吸附在瓶口上。
R 角高度小于 1.3 mm	检查压力模块设置使其运行 1.6 mm。必要时使用垫片进行调整。
无 R 角 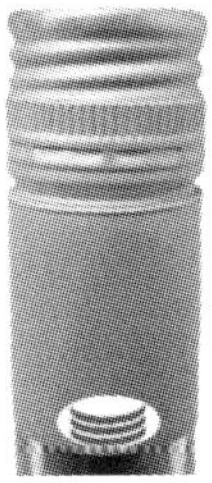	确认压力模块是否为 BVS 模块。 检查 R 角弹簧是否断裂。 检查操作高度和顶部弹簧,确保顶压充分。 图 94:图片来自国际帽公司。经许可转载。
垫片破损(由压缩、锡箔层裂口、发泡聚乙烯畸形、锡箔层过度褶皱引起的破损)	减小封帽头顶压(松弛顶部弹簧或检查并重置操作高度)。

续表

问题	解决方法(更多细节参看第 12 章)
垫片压缩超过 1 mm,开瓶扭矩增加	减小封帽头压力(松弛顶部弹簧或检查并重置操作高度)。
开瓶扭矩不足	检查顶压(紧绷顶部弹簧或检查并重置操作高度)及螺纹滚轮压力。
螺旋帽松动或帽脱落而连点完好	检查瓶颈部凹槽角度。 检查凹槽滚轮直径,更换直径太小的滚轮。 检查凹槽滚轮压力,必要时增加压力。
帽筒下端长霉	检查装瓶时酒液是否洒落在瓶外壁。 使用干净水冲洗瓶外壁。 调整洗瓶喷头,水冲洗瓶外壁但不冲洗帽。 检查 Y 点尺寸,确保装瓶后没有水分和尘埃进入。
连点腐蚀	调整洗瓶喷头确保不喷洒在连点上。
玻璃制品污染	检查螺口瓶洁净度。
金属制品污染	检查螺旋帽洁净度。
螺旋帽被撕裂	检查瓶颈直径。 检查封帽头压力不过大。 检查螺口瓶垂直度。
封帽时连点断裂	检查瓶 Y 点直径,确保瓶和帽相互接触(螺旋帽不松动)。
开瓶扭矩过高	确保封帽时瓶颈部无酒液。 检查颈标没有绕在瓶和帽上。 检查 Y 点尺寸不过大。
帽螺纹深度不足 	增加螺纹滚轮压力。 检查滚轮是否磨损,必要时更换。 检查侧压弹簧,及时更换断裂的弹簧。 检查瓶螺纹是否有缺陷。 检查封帽头操作高度,确保顶压充分。
帽凹损或割裂	检查瓶子与封帽头是否对准。 检查滚轮压力。 检查滚轮是否灵活转动。 确保压力模块兼容。

续表

问题	解决方法(更多细节参看第 12 章)
帽螺纹缺失	检查封帽头各部分是否磨损。 图 95、图 96:图片来自国际帽公司和御兰堡酒厂。经许可转载。
垫片压缩不良	检查 R 角高度是否太大。 检查封帽头顶压模块直径不小于 27.5 mm。

灌装检验

为建立并维持可靠有效的密封,需要对灌装线建立全面的质量保证体系,见附录 1。在线检测可确定一致性是否满意,检查时要特别注意顶部和侧面密封,螺纹深度及加强环。使用新的螺口瓶、螺旋帽或是封帽设备时要加强监控。灌装运行后,至少每小时进行全面检查并记录存档。

使用螺旋帽灌装前,每一种操作都要有合适的质量保证程序。灌装前要熟悉设备的检测,对灌装线人员培训,明确职责,了解检查项目。如垫片外观、R 角深度、帽螺纹及凹槽深度、帽是否割裂、引起密封破裂的压力、帽脱落、酒温与装瓶高度的关系等,要求灌装人员都能很好地理解。

下表介绍了质量保证项目中需要检查的部分参数。这些只是作为快速检查的参考,若要详细了解每项检查,可查阅相关章节。附录 1 为抽样程序。

组成	检查项目	检查频次	查看章节
葡萄酒	合适的灌装温度	灌装前	第 11 章
	合适的装瓶量	灌装前	第 11 章
	顶空空间充分	灌装前,而后每小时	第 11 章
	顶空及酒中的溶解氧	每次灌装检查 4 次	第 8、11 章
	顶空压力＜50 kPa	灌装前,而后每小时	第 11 章

续表

组成	检查项目	检查频次	查看章节
螺旋帽	对购入的螺旋帽进行 QA 检查	灌装前	第 4 章
	目测凹点、割裂、不一致；由不合适的侧压产生的割裂；滚轮压槽效果；压力模块不合适等	灌装前，而后每小时	第 4、12 章
	检查螺纹凹点，装饰，R 角高度	经常	第 12 章
	开瓶扭矩	每小时	第 12、15 章
	顶压太大造成垫片破损	灌装前，而后每小时	第 12 章
	检查连点有无断裂	灌装前，而后每小时	第 12 章
	螺纹深度	灌装前，而后每小时	第 12 章
	凹槽深度	灌装前，而后每小时	第 6 章
	Y 点空隙	灌装前，而后每小时	第 12 章
	密封及扭矩测试	每小时 1～2 瓶	第 12、15 章
	漏酒压力测试（不低于 250 kPa）	每次灌装 4 次	第 12 章
	垫片在瓶口形成的密封面	灌装前	第 12 章
	测量 R 角深度（1.3～1.6 mm）和直径（27.5 mm）	灌装前	第 12 章
螺口瓶	对购入的瓶进行 QA 检查，包括瓶口尺寸、平滑度、缺陷等	灌装前	第 6 章
封帽设备	检查顶部弹簧压力	日常	第 12 章
	滚轮灵活度	灌装前	第 12 章
	压力模块的完整性和尺寸，确保瓶帽兼容	安装时	第 12 章
	螺纹滚轮的弹簧张力	灌装前	第 12 章
	凹槽滚轮的弹簧张力	灌装前	第 12 章
	封帽头转速。转速最低时，封帽头能够在帽上形成两圈完整的螺纹	灌装前	第 12 章

压力测试

封帽后的螺口瓶能否承受不断增加的压力，也是其密封品质的体现。第 11 章讨论过温度升高引起瓶内压力的增加，因此瓶内压力测试应纳入质量保证体系。

佩希内公司建议在灌装前对每个封帽头进行压力测试，运行正常后每小时再检测。一种方法是在螺旋帽上安装阀门嘴，由于密封性不好，不能满足压力测试。另一种方法是在瓶侧面安装阀门嘴，虽然安装不便，但更为有效。这种测试下，螺口瓶理应能承受超过 200 kPa 的压力，当然最好能承受 300 kPa 的压力。

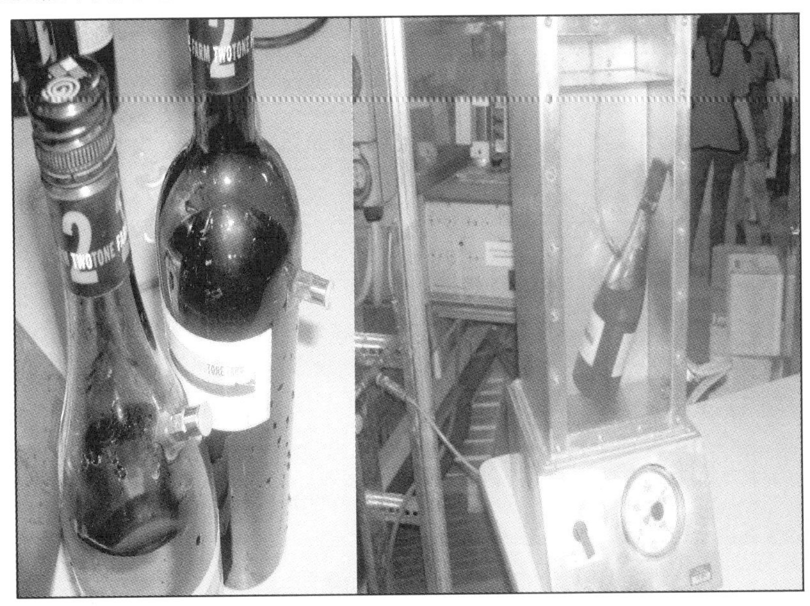

图 97、图 98　瓶侧面安装的阀门嘴可用于准确测试压力大小。

图片来自贝灵哲布拉斯酒庄。经许可转载。

佩希内公司推荐了一种方法——热测试。这种方法不需要阀门嘴，在包装材料受限的情况下，一天时间即可得出结果，因此备受螺旋帽使用者的青睐。这种方法同样可确定单个瓶模具或封帽头的表现。

灌装时务必做好相关记录。对于螺口瓶，应记录包括模具编号、配货、生产日期和抽样数量等信息；对于螺旋帽，应记录装箱、生产日期、总数、垫片类型和抽样方法等信息；对于葡萄酒，应记录全检、装瓶高度、溶氧量、游离二氧化硫和抗坏血酸含量等信息；最后对于灌装线，应记录灌装线编号、机器、封帽设备、封帽头设置、封帽量、开瓶扭矩、连点扭矩和其他信息。

抽样样本最好能包含每个模具生产出的螺口瓶、每个封帽头和每个模腔生产出的螺旋帽。由于不能确定每个螺旋帽对应的模腔编号，因此建议至少抽取 64

个密封样本，然后在瓶上做好对应封帽头的标签记录。接下来密封瓶被水平放置在能准确控温控湿的烘箱中。湿度控制在 65%～85%，每小时升温不超过 6℃，达到 45℃后保持 24 h。实验全程检查是否漏酒。

佩希内公司提供了一种更好的模拟存放期限的试验，用来判断葡萄酒和包装是否经久可靠。首先按照上面的程序选取样本，但至少需 200 瓶。接下来样本分成 2 批，第一批控制处理，样本水平放置在湿度为 65%～85%、温度为 30～35℃的烘箱内，模拟存放期限试验。另一批为对比样本，于室温存放。

试验会持续 2～3 个月。在第 15、30、45、60 和 90 天时，每批抽取至少 10 瓶酒样检测并品尝。3 个月后如果结果满意，可延长试验时间。

国际帽公司建议的密封试验，是将密封瓶水平存放于 40℃的烘箱内 24 h。如果螺旋帽外面没有水痕，证实密封性良好。

技术指导

封帽过程遇到的难题可请教相关专家。螺旋帽、螺口瓶和设备供应商应提供必要的专业指导，帮助解决任何问题。第一次灌装时，瓶帽供应商要尽一切努力来完美展现当前技术。每当引进新的螺旋帽或螺口瓶时也要保持这种积极态度。

图 99 图片来自福瑞斯特庄园。经许可转载。

14 封帽设备

选择封帽设备时，公差是否严格、压力是否充分、设置是否精准、售后是否满意都是重要的参考因素。

螺旋帽的正确应用需要专业的封装设备，这是成功密封的关键。现有的一些封帽设备传统上用于加强型葡萄酒，但不能用于螺旋帽，如打塞机就不能调节压力。计划购买或更换设备时，要与设备商或帽厂商确认产品能否满足生产需求。只有封帽头安装合适且设置正确时，供应商的建议才具有参考意义。

普通的旋转设备由于在垂直凸轮运动、旋转速度、封帽量、震荡料斗上不能匹配，另外缺少螺旋帽封帽头的坚实基座，所以不能改造为螺旋帽封帽头。不过能改造为皇冠帽封装设备，若要改装，需要震荡料斗、下料槽、封帽头和星轮等配件。设备制造商可以根据客户的要求提供专业指导。

佩希内公司推荐了 Arol（意大利）、Technovin（瑞士）、Zalkin（法国）和 Bertolaso（意大利）公司的封帽机。这些设备商长期与螺旋帽厂商合作，可以为葡萄酒建立最有效的密封系统。正确操作情况下，螺旋帽能否用于封帽机，首先看是否兼容。

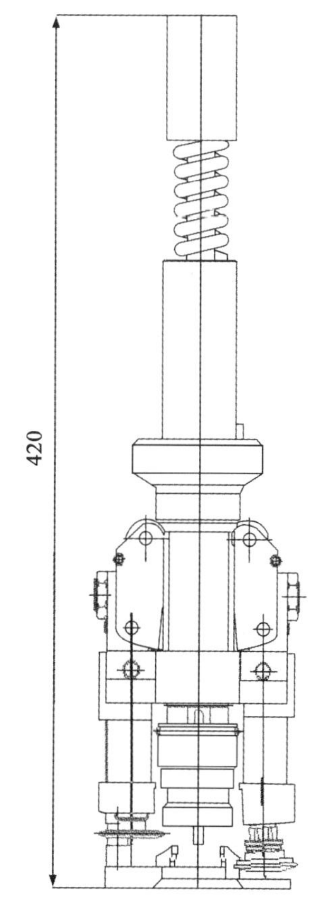

图 100 Technovin 公司的封帽头。 图片由佩希内包装公司/艾斯万葡萄酒资源有限公司提供。经许可转载。

目前有单头和多头封帽设备可供选用，设备厂商要根据客户的要求推荐相应的型号。关于设备的封帽能力见下表指南。

类　别	每小时瓶数
半自动单头机	500～800
具有下料槽的全自动单头机	1 800～2 500
3 头机	4 000～6 000
4 头机	6 000～8 000
6 头机	8 000～12 000

设置

机器的设置直接影响到密封性能。

灌装前如何设置机器和相关公差已在第 12 章介绍，同时要保持并记录第 13 章罗列的检查信息。顶部、螺纹和凹槽压力要始终在公差范围内。

封帽机一旦设置合适，后面的操作都是机械性地重复。不过随时间推移弹簧会疲软，由于会影响瓶和帽的公差，因此要重新调整弹簧压力。

一个全能的灌装线，要具备同时处理超过 20 个瓶、至少 4 种螺旋帽的能力。虽然不同批次的瓶、帽以及供应商之间存在差异，但成品的一致性在不断改善。有些螺旋帽具有更大的容差，允许设备和瓶子有较大范围的变化。瓶子和帽一旦有变动，或不同批次产品存在差异，都要重新调整机器，重新设置时建议调整到标准设置状态。重置会造成时间延误，为避免这种情况，生产商要不断改进产品的一致性。

顶压和侧压的设置

封帽机的顶压主要取决于顶部轴承的弹簧压力。弹簧系数由制造商预先设定，调节弹簧长度可改变弹簧压力。旋转弹簧基部的螺母即可调节弹簧长度。

侧压由螺纹滚轮压力和凹槽滚轮压力组成。用弹簧秤钩住其中一个滚轮，然后缓慢平拉直到臂杆移动，此时弹簧秤读数即为侧压设置值（见第 12 章）。用手指放在臂杆顶部可以感触到臂杆的运动。

侧压大小由臂杆上的螺母控制。向右旋转螺母可增加侧压，向左旋转可减小侧压。具体型号的详细说明可从设备生产商获知。

图 101　侧压大小可通过调整螺纹滚轮和凹槽滚轮实现。

图片由御兰堡酒厂提供。经许可可转载。

滚轮高度的设置

设置螺纹滚轮高度时，需要一个去掉帽筒的螺旋帽。把这种帽放在瓶口上，再将螺口瓶置于封帽头下，然后将封帽头降到最低点，用螺丝刀缓慢转动臂杆，螺纹滚轮臂杆即可上下移动。将滚轮调到与螺纹入口接触，但千万不能与压力模块接触。

当凹槽滚轮移动到帽加强筋下面，滚轮弹簧稍稍张紧时，此时凹槽滚轮安装合适。

安装压力表可有效检查安装效果。首先去掉导向锥体，再将压力表固定在压力模块上。设备生产商可针对每款机器提供最合适的压力表。

压力弹簧的更换

主压力弹簧决定了作用在帽顶的压力和垫片的压缩深度。所有来自 Bertolaso、Arol、Zalkin 或 Technovin 公司的封帽头都能满足 2003ACI 瓶口属性标准，能提供 160～180 kg 的顶压。

封帽机上的弹簧产于欧洲，30 多年前那里就开始使用这些弹簧。通常建议每生产 50 万～100 万瓶时更换弹簧，或每年更换一次弹簧。弹簧要每个月或当顶压出现异常时检查。顶压是否异常可参考第 12、13 章相关介绍。顶部弹簧失效会使机器发生明显变化，对于大多数封帽头，只需 5 min 即可轻松更换主弹簧。故障仍未排除时，根据第 13 章的建议，考虑使用松弛或紧绷的弹簧。

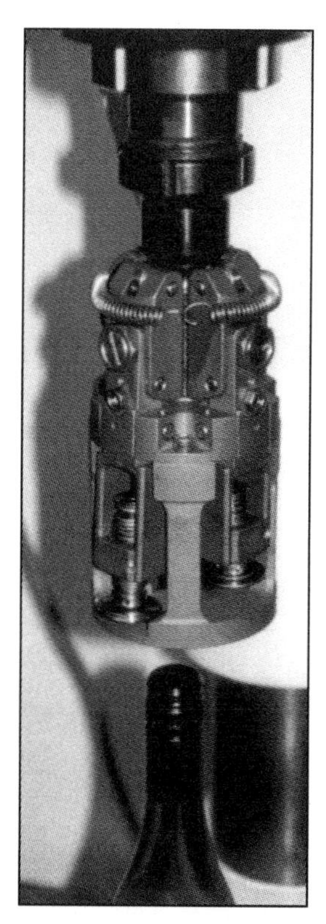

图 102 螺旋帽封帽头属于精细设备。定期检查和保养对设备的合理使用非常重要。

保养维护

机器磨损属于正常现象。运用下面程序，做好保养维护计划：

- 根据设备商的建议对所有部件进行保养。
- 擦洗并润滑封帽头。
- 根据设备商的指导，使用轻质油对滚轮和滚轮轴润滑（如 Andre Zalkin 公司推荐使用切斯特顿 601 传动链销和套管润滑油）。
- 每次灌装前检查并确保滚轮灵活转动。
- 用布蘸上酒精对封帽机表面进行日常卫生清理。因为一些表面如料斗和下料槽区域会逐渐积存漆粉和铝屑。为避免污染，料斗和下料槽不应安装在灌装输送带正上方。
- 彻底清除封帽过程的瓶子碎片，与此同时检查滚轮和臂杆是否灵活转动。必要时重新设置并润滑机器。

- 即使长期不使用机器,也要使用合适的润滑油(根据供应商的建议)保养封帽头。

定期检查及售后指导是正确使用封帽机的重要部分。未能按本章的保养方法操作,很可能使机器运用不当,造成漏酒和氧化。

15 扭矩

开瓶过程有两大阻力。一个是瓶、帽及垫片三者之间的阻力，另一个是连点的拉伸屈服阻力。对于规格为 30 mm 的螺旋帽，2°26′的螺纹角度能提供约 25 Nm 的机械力。这意味着施加很小的压力，会在垂直方向上产生非常大的开瓶扭力。

开瓶时大部分能量用于克服摩擦阻力，这个阻力是施加在垫片和接触面的摩擦力。其余的能量用于克服连点的拉伸屈服阻力。

扭矩测试是评判螺旋帽密封性能的重要方法。扭矩太小，说明密封不充分，垫片与瓶口接触不理想。扭矩太大，意味着垫片很可能畸形或被割坏，从而影响密封性能，同时增加了开瓶难度。

开瓶时需要测两种扭矩。第一种与摩擦力有关，这种"开瓶扭矩"或"初始扭矩"使帽从瓶上松开。第二种扭矩会破坏连点。灌装前要对这两种扭矩进行检查，根据附录 1 的抽样计划，灌装期间每小时对每个封帽头抽取 1～2 瓶检验。任何一种扭矩超出公差时，需要调整封帽头。

开瓶扭矩

"开瓶扭矩"或"初始扭矩"使帽从瓶上松开，会随帽的转动而变化。开瓶扭矩产生于帽和瓶螺纹之间的接触摩擦，以及垫片和瓶之间的摩擦（垫片黏附在瓶口时，没有摩擦力）。拧帽时，接触点会从帽螺纹下端移到螺纹上端，垫片压力得以释放，摩擦减小。连点被破坏前，螺纹和凹槽之间的金属摩擦力在不断增加。

手动开瓶可用来快速检测扭矩。这种方法可主观评价开瓶的难易，尤其适合判断太小或过大的扭矩。当然，常规的扭矩检查需要使用合适的扭矩测量器。国际帽公司建议在封帽 24 h 后检测扭矩，不推荐在灌装时做扭矩检测。下面例举了不同规格螺旋帽的开瓶扭矩。

开瓶扭矩值可从生产商的规格表获知。根据瓶子和应用条件的不同，奥斯凯普公司建议开瓶扭矩为 1.4～2.8 Nm；国际帽公司认为封帽 24 h 后，开瓶扭矩应在 0.68～2.83 Nm。如果封帽后立即检测扭矩，推荐范围应增加 10%。国际帽公司认为 95%的测量值应在推荐范围内。5%的测量值会在推荐范围外，但不能超出标准的 20%。

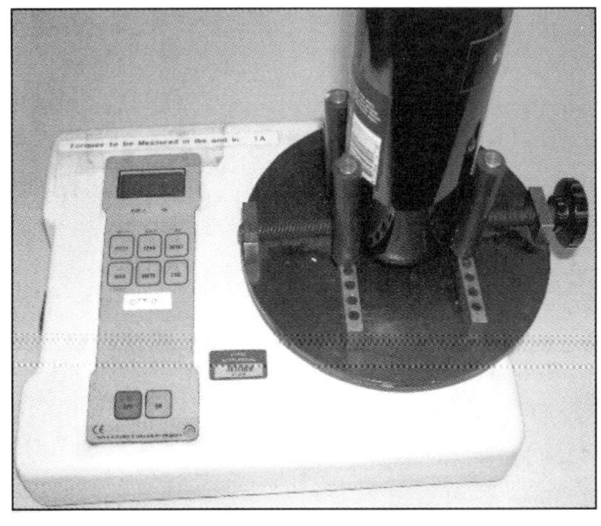

图 103　常规的扭矩检查需要使用合适的扭矩测试器。
图片来自贝灵哲布拉斯酒庄有限公司。经许可转载。

下表为干燥螺口瓶下,佩希内公司针对不同规格的螺旋帽,提供的扭矩建议值:

螺旋帽尺寸(mm)	建议扭矩值(Nm)	宽松扭矩值(Nm)
25	0.56～1.24	0.34～1.47
28	0.90～1.58	0.68～1.81
30	0.90～1.81	0.68～2.03
31.5	0.90～2.04	0.68～2.26

扭矩单位为 Nm(相当于圆周 1 m 处所产生的牛顿转向力)。要转化为磅的单位,需乘以 8.85。

从上表可知,对于标准的 30 mm 螺旋帽,开瓶扭矩应为 1～2 Nm。扭矩会随下面因素有所变化:

- 垫片的缺失面积(如由顶部模块作用造成)。
- 螺口瓶顶部作用面(不同厂家规格会有不同)。
- 螺纹处的氧化锡。
- 瓶口模痕线突出。
- 瓶口有残留物。
- 垫片材质。
- 螺旋帽内部涂层。
- 侧面滚轮压力。
- 螺旋帽异常或应用不当。
- 帽筒底部紧绷(瓶颈处 Y 点过大)。为克服这点上瓶和帽之间的阻力,初始扭矩增加(参见 12 章)。

- 玻璃瓶的摩擦系数。
- 玻璃表面涂层(使用润滑剂可减小扭矩,使用黏合剂可增加扭矩)。

开瓶时可通过检查扭矩的变化来确定这些因素。

连点扭矩

开瓶时螺旋帽转到螺纹处,此时帽筒被凹槽固定,压力转移到连点上,摩擦力增大。第一个连点断裂时扭矩达到最大值,之后连点接二连三断裂,帽筒倾斜。最后一个连点断裂时螺旋帽已上移一段距离。这个过程连点要均匀断裂,此时破坏连点和密封的扭矩即为“连点扭矩”。

佩希内公司建议 30 mm 螺旋帽的连点扭矩为 0.90～1.80 Nm;奥斯凯普公司的建议值为 1.1～2.8 Nm;国际帽公司为 0.68～1.81 Nm。一些生产商推荐更窄的范围,如 1.3～1.6 Nm。由于连点的尺寸和外形不同,或瓶子尺寸的差异,连点扭矩最高能达到 2.5 Nm。对于连点扭矩,国际帽公司认为 95%的测量值应在推荐范围内,5%的测量值会在推荐范围外,但不能超出标准的 20%。

封帽后扭矩的变化

封帽后由于受各种因素的影响,开瓶扭矩很可能发生变化。因此不仅要对刚密封的帽进行检查,后期储藏也要定期检查,确保密封性能良好。例如,尽管可能性不大,贴标机抱住瓶子逆时针扭摆,帽被拧开。为预防这种情况,瓶子应置于正常工作且顺时针旋转的轴承上。

随着时间推移,垫片弹性疲软,扭矩逐渐减小。封装后由于压力的维持,帽的密封性能依然有效。虽然螺旋帽外壳看起来致密,但长期下来储存于垫片的能量可能最终消散,密封逐渐失去保压能力。正因如此,选择垫片的材质非常重要。垫片的厚度、压缩性能、回弹力都要满足产品的保质期要求。目前萨兰-锡箔垫片在这方面表现优异,如果考虑未来的替代产品,持久性是首要的考虑因素。

图 104

第五部分

灌装后管理

16 储存管理

封帽后合适的处理措施，对产品延续酿造和灌装过程中的品质非常重要。储存期间酒瓶要摆放整齐，堆叠合理，储存温度要适宜，运输条件要良好。这些措施可以避免螺旋帽葡萄酒的外在破坏。这并不复杂，但要始终遵循。

储存

只要帽的外部不被破坏，螺旋帽垫片可以提供可靠的密封，长期阻隔氧气和其他气体的侵入。相比木塞酒瓶，螺口瓶的瓶口强度相对小些，因此需要给予更多的保护。由于 BVS 密封模式增加了侧面密封，消除了瓶顶部与帽周边的空隙，因此减少了漏酒风险。但当螺旋帽相互碰撞或与硬物碰撞时，密封很可能被破坏。考虑这点，贴标前酒瓶最好不要存放在框子中，建议放置在纸板箱或盒子中。

酒瓶应直立存放，方便贴标时的装卸。一种常见的做法是，灌装后立即将酒瓶平放堆叠，虽然方便装卸但随着温度上升，很可能引起渗漏。为避免这个问题，帽生产商建议封帽 30 min 内最好不要倒置或平放，因为垫片需要时间回弹。然而很多生产商在灌装线上立即平放葡萄酒，也没有出现过任何问题。

为确定合适的托盘装箱标准，需要确定托盘的重量和重量分布，从而计算出作用在每个瓶子的垂直压力。首先要确定与托盘直接接触的酒瓶数量，然后用整托重量除以与托盘接触的酒瓶数，超过 50 kg 很可能会破坏密封。用这种方法来确定最多能放置几层，最底下一层最大承受力为 45～50 kg。

一个更可靠的分散重量的方法是在每层中间垫上一层硬纸板（至少 6 mm 厚），使用这种方法可以多堆放三层。

另外，粗放操作也可能破坏帽，如叉车往托盘包装上下压几厘米，都会增加每瓶的压力。托盘装箱时应当小心谨慎。

运输葡萄酒或在托盘、纸板箱内储存时，下面的葡萄酒需要单独立放 1 h，使垫片充分回弹。如果装箱过早承重，运输过程很可能出现渗漏。

运输

佩希内和奥斯凯普公司建议螺旋帽葡萄酒应保持直立运输和储存，这样可以减少相互碰撞的风险。

与天然塞和部分合成塞不同的是，直立存放不会增加溶氧或减少二氧化硫。在哈特和克莱尼格的研究中（附录 2），螺旋帽葡萄酒直立存放并没有发现任何问题。

图 105 一些生产商主张直立运输和储藏，以期降低螺旋帽被破坏的风险。其他一些生产商建议水平放置，这样容易检查漏酒情况。

图片由佩希内包装公司/艾斯万葡萄酒资源有限公司提供。经许可转载。

平放的优点是容易检查漏酒情况。杰弗瑞·格罗赛特和迈克尔·布拉克维奇随即将封帽后的葡萄酒平放装箱，在运输和储存过程中也没有任何问题。人们发现直立存放的葡萄酒透氧量似乎略低，进入量取决于压在密封面上的重量。这方面的信息需要进一步的试验支持。

理论上平放运输不会出现渗漏。当集装箱内的温度超过瓶子能承受的最高温时(取决于顶空体积，见 11 章)，很可能面临漏酒。当然，需要试验来验证螺旋帽葡萄酒在非冷藏式集装箱内运输的漏酒风险。

装船前，至少要检查如下项目：

- 垫片的完整性(外部是否破坏，目测是否漏酒)。
- 装瓶高度和体积。
- 游离二氧化硫。

根据附录 1 的抽样计划随机抽样检查。如果很好地执行了质量保证程序，装船前的检查应该不会发现漏酒。

通过观察垫片的回弹一方面可以判断封帽压力是否合适，另一方面反映出仓储、运输和陈放的条件。封帽后立即开瓶，垫片在 5～10 min 可以接近 100%回弹。封帽后 1～2 d，20℃可以回弹 70%～80%。温度高时回弹能力下降，温度低时回弹能力增加。较低的回弹速率表明封帽压力过大，储存温度剧烈变化，储存时垂直负载过大或从封帽到开瓶的间隔较长。储存条件越恶劣，垫片的回弹速度越慢。这个过程涉及很多因素，因此无法精确计算回弹速率。

除了机械撞击，温度是最重要的影响因素。封帽后，应小心控温，避免环境温度的剧烈变化。当酒瓶处在极端温度并且封帽时密封面不平滑或者瓶子倾斜都会使葡萄酒面临极大的漏酒风险。应当指出，即使密封完好，但剧烈的温度变化会加速葡萄酒的成熟甚至恶化。此时首要的不是调整装瓶高度来应对恶劣条件，而是如何去避免这些条件。

葡萄酒在储存和运输过程中应始终保持在冷凉、恒温的环境中。

图 106 在任何环境下，细心的控温是理想储存葡萄酒不可或缺的。

17 瓶储

图 107 优质陈年葡萄酒使用不同的密封物封装，为多年后的理化分析和感官评价提供了很好的素材。

酿酒是捕捉元素的过程。装瓶是为了保存这些元素并使其发展。

相比而言，葡萄酒装瓶后的品质表现才是真正的问题。这个主题贯穿于本书的每个章节，尽管我们还没有得出最终的定论。

抛开酿造技术、灌装程序和复杂的科学试验，葡萄酒的品质在倒出消费时才能被最终评判。无论是质量保证程序、瓶帽标准、酿造工艺、灌装程序及最后的密封测试，相对葡萄酒的质量这些都不算什么。尽管试验证实了螺旋帽的可靠，但只有当葡萄酒从瓶中倒出来时才最有说服力。

为此，酿酒师们建议将优质陈年葡萄酒使用不同密封物封装，在良好的环境中储存，对比它们的发展品质。这个试验还可以根据溶解氧、二氧化硫、OD_{420}（和其他测量颜色的方法）及感官来评价葡萄酒的发展状况。这种分析方法有助于调整当前的酿造工艺和灌装方法，实现葡萄酒的长期陈酿。

在品尝了顶级陈年螺旋帽葡萄酒后，很多酿酒师开始转而使用螺旋帽。

顶级陈年螺旋帽红葡萄酒

2004 年，勃艮第酒商让·克洛德·波赛特(Jean-Claude Boisset)用下面一段话宣告了对螺旋帽的选择：

“勃艮第大学的酿酒学主席组织了一次品尝会，使用螺旋帽封装的 1966 年顶级梅克雷红葡萄酒(Mercurey)。一位葡萄栽培师设计了这个富有远见的螺旋帽试验……结果表明这款酒具有极其精彩的新鲜感和绝佳的酒体，并且仍处在非常好的状态。”

让·克洛德·波赛特——一个与时俱进的当代品牌
2004 年 8 月 1 日

这款酒于2004年春天品尝,至今已陈放38年。勃艮第大学进行了早期螺旋帽的测试,而这款酒在法国同类产品中表现最为抢眼。一款更早时期的1964年螺旋帽试验葡萄酒,出自勃艮第圣乔治一级园(Nuits St Georges Preminer Cru Burgundy),于近期进行了品尝,"其卓越的状态让评委们无不震惊"(弗拉特 Feuillat,2005)。

南澳的酿酒师吉姆·欧文(Jim Irvine)于20世纪70年代初首次使用了螺旋帽。"至今我仍保留了一些当时的葡萄酒,"他评论道,"即使30年后,这些酒依然令人非常愉悦!"一款佳丽酿桃红"开瓶时像只是5年的新酒",而"雷司令、长相思和白麝香绝对一流……果味及成熟表现非常完美。"

这些经历激励欧文将螺旋帽用于他的超一流顶级梅鹿辄。澳大利亚葡萄酒评论家马克斯·阿伦在《澳大利亚周末杂志》上描述了这款酒:

"品尝了欧文三个年份的顶级梅鹿辄(1995年、1996年和1998年),这些酒都使用了螺旋帽和软木塞密封。由于已经知道了它们的密封方式,因此我又做了盲品,结果发现软木塞葡萄酒似乎成熟更快,果香较少,结构不如斯蒂文密封的葡萄酒紧凑。尤其是1996年和1998年的差异更具戏剧性:尽管软木塞酒在早上品尝,螺旋帽酒在下午品尝,葡萄酒在杯中和瓶中放置的时间越长,这种差异越明显——第二天品尝斯蒂文葡萄酒甚至更好。"

图108 一款1983年份螺旋帽封装的克莱雷葡萄酒,其品质被评为"一流"。

图片来自御兰堡酒厂。经许可转载。

距欧文的葡萄园不远的御兰堡酒厂,1983年份的一款特别的螺旋帽封装的克莱雷葡萄酒近期抵达了该酒厂,上面标示了一些文字:"这款使用玛格纳姆瓶封装的葡萄酒于2004年12月31日品尝,它所展现出的特性堪称一流。"

同年,澳大利亚《葡萄酒前沿月刊》评论,"20世纪70年代并没有红葡萄酒螺口瓶","如果不知道这款酒出自螺口瓶,你可能永远也猜不到,这瓶酒所经历的瓶内陈酿比以往任何时候的都要好"。澳大利亚葡萄酒评论家詹姆斯·哈利迪对这个瓶子做了总结:"对螺旋帽红葡萄酒而言,这极具争议性"。关于红葡萄酒能否在螺旋帽下陈年,他补充道"随着各种瓶型的出现,已经证实都可以匹配螺旋帽,并且葡萄酒在瓶内陈酿表现出很好的状态。看来争议可以到此结束。"

大卫·雷兰(David Leyland)于20世纪70年代在澳大利亚开展了早期螺旋帽的试验，并且仍保留了试验剩下的酒样。最近他回忆道，"在过去的10年我仍有剩余不多的1～2瓶螺旋帽红葡萄酒……我品尝了这些红葡萄酒，它们都非常不错……后来所有的木塞酒样都严重氧化，这正反映了窖储条件没有很好地控制。木塞开始长霉、变软并且腐烂，几年前葡萄酒都变成了醋，这些木塞酒都不能饮用。但是螺旋帽葡萄酒非常棒，没有任何氧化的迹象。"

最近，哈特和克莱尼格做了一篇题为"氧气对瓶储葡萄酒的影响作用"的研究报告，为起泡酒和平静红葡萄酒能够在皇冠帽和螺旋帽下成熟提供了有力证据(见附录2)。谈到近期在悉尼发布的这份报告，杰弗瑞·格罗赛特总结道：

"现在我们非常有信心地说，氧气对于红、白葡萄酒的陈酿都不是必要条件。它告诉我们理想的密封物保持了极少甚至零的通透性。同时也证实目前最常用的密封物(软木塞和合成塞)不是通透性高就是不一致。相比之下，螺旋帽可以稳定地满足这个条件……抛开市场、美学、木塞污染等其他问题，这个工作本身支持了这个观点——品质第一。可靠、有效、低通透性甚至零通透的密封物是明智之选。"

图109 御兰堡西吉斯园1982年和2002年份雷司令。

顶级陈年螺旋帽白葡萄酒

成功的例子不只是红葡萄酒，还包括白葡萄酒。

2003年夏布利酿酒师迈克尔·劳雪(Michel Laroche)描述了一款1980年份的澳大利亚雷司令。用他的话说，这款酒"没有氧化，依然十分新鲜。"2001年由于遭遇木塞问题，劳雪决定将他的2002年份夏布利一级园和特级园出产的葡萄酒使用螺旋帽封装。他谈到，"现在当朋友请教我能不能使用螺旋帽时，我的回答是'如果葡萄酒不需要长期储存，只要你能接受一定程度的破败，选什么都无所谓。但如果你有非常好的酒并且希望它陈酿很长时间，那请使用螺旋帽吧！'"

2001年杰弗瑞·格罗塞特访问新西兰时，约翰·福瑞斯特展示了一款1980年份的富兰克林河雷司令。福瑞斯特如是描述：

"这款酒表现出非常美妙的品种特性，是一款令人印象深刻的优质陈年奥苏

(Aussie)雷司令的例子。然而,真正转变我对螺旋帽看法的是读到这款酒的酿酒师评语。大意是,这是这款酒的第一个年份,一个非常普通的年份,一款很普通的酒,建议年轻时快速消费。令人想不到的是,28 年后,它看起来像是我品尝过的最优秀的陈年雷司令软木塞葡萄酒,从那以后我深深地爱上了螺旋帽。”

伦敦葡萄酒评论家及顾问麦斯·居克(Matthew Jukes)讲述了一段 1993 年在哈姆林勋爵(Lord HamLyn)清理酒窖的故事。整理酒窖时,他擦掉了一批螺旋帽葡萄酒上的尘土,潮湿的酒窖毁坏了标签,但依然能分辨出这是 20 世纪 70 年代的猎人谷赛美容。他谈到,“对这些酒并没有什么期待,但无一例外的干净、平衡、美妙并且获得高分。”

图 110　御兰堡酒窖博物馆珍藏了近 40 年的螺旋帽葡萄酒。

加利福尼亚葡萄酒教育家贾森·布兰德·刘易斯(Jason Brandt Lewis),回忆起 1979 年品尝过的一款 1937 年份使用螺旋帽密封的法国格伦堡酒:

“这款酒给人印象最深刻,已经 42 岁了,散发出美妙的陈酿香气,仍有果味(虽然略显疲老),酸爽……保持了很好的陈酿,可以肯定的是,这款酒没被污染,没有死去,没到日薄西山。这款酒不止在一个方面启发了我,就像其他我所品尝过的 1937 年份的白葡萄酒那样令我着迷(属于它的魅力),这款 1937 年份的施洛斯申博马克布伦贵腐酒,是我购买葡萄酒的首选。”

从这些例子可以看出,螺旋帽与木塞的陈酿方式不是完全相同,葡萄酒能在螺旋帽下保持顶峰状态。按照澳大利亚葡萄酒研究所彼得·戈登的看法,“实际上不管从哪方面看,这是积极的事情。”对于“最好的”陈酿方式,戈登强调认为这间接告诉人们应该重新考虑木塞的使用。木塞不是很可靠,相比之下也不能保证长期陈酿。戈登重申了他在 AWRI 开展的密封物试验结果:同一款酒用不同密封物封装,它们的差异大到被认为是不同的葡萄酒。这些酒不仅成熟速度不同,陈酿方式也不同。

波尔多大学的佩斯卡·里贝·嘉永在他的《酿酒学手册》里阐述了同样的观点。他在书中介绍,“每瓶葡萄酒区别很明显,有着各自的风格和香气,产生差异的原因是密封物和储存条件的不同。”

通过使用正确的螺旋帽、精良的螺口瓶以及合适的封帽方式,可以让酿酒师有效控制差异,最终消除随机差异对葡萄酒的影响,让葡萄酒表达出真实的品种特性、产地特色、物候期经历以及酿酒师的激情。

就像波尔多奥比昂酒庄首位使用螺旋帽的酿酒师的名言,"一款好葡萄酒应该拥有所有的一切,仅此而已。"一丝丝精妙、一缕缕灵魂和一股股激情;没有差异、没有污染、没有破败。只要运用得当,螺旋帽可以实现这种期望。

我们希望通过本书的介绍,为您打开充分发挥螺旋帽潜力的大门,让您的葡萄酒更加出色。希望有一天,当所有一切顺理成章地实现,那我们可以坐下来,手握酒杯,忘却密封物,尽情享受葡萄酒的美妙、灵魂和激情!

愿您永远保持目标和激情!

图 111　告别开瓶器。

第六部分

附　录

附录 1 抽样计划

抽样计划

为确保产品的可用性，在生产的全程尺寸设计和公差都会有相应的要求。公差有上限值和下限值，如果超出允许范围，就不属于“适合使用”。在正常的产品体系中，针对这些差异性产品需要提供一个可接受的质量水平。这是检验体系的基础。

对购入的每个瓶帽以及灌装线上每瓶酒进行检查都是不切实际的，因此需要从一定数量的产品中取样检查来反映总体情况。取样数量必须能反映整批产品的情况。即使购入一批或者很多批的瓶和帽，通过简单的工作就能鉴定出整批产品是否合格。

我们推荐了如下的抽样计划。根据母本数量和质量检验标准，如普通、宽松和严格检验，表 1、表 2A、表 2B 和表 2C 罗列了样本数量、不可接受和可接受数量。

下面举例解释如何使用抽样计划。

示例

假设订购了 1500 个螺口瓶，您想知道这些是否可用。

使用普通检查等级 2，从表 1 中可以看到数量为 1500，找到对应的字母 K。表 2A 为对应的取样数量。在第一列找到字母 K，对应的取样数量为 125。也就是说在这 1500 支瓶子中，应该从不同方位随机抽取 125 支瓶子检查，来确定整批瓶子是否合格。

假设瓶子高度是关键指标，通过查阅可接受质量水平（AQL%）决定是否接受。关于螺旋帽的 AQLs 可以查阅 39～42 页，螺口瓶的在 61 页。关于瓶子高度，第 61 页表格建议的 AQL 为 1.0%。生产商应针对特别的瓶子提供相应的规格参数。最后检测这 125 支样品。

再回到表 2A 中，沿着字母 K 这一行找到 1%的 AQL 水平（如果遇到箭头，采用箭头朝上或朝下指示的第一个数字）。这里提供了接受或不可接受的标准。在这个示例中，如果 125 个样本中有 3 个或更少的瓶子不符合规格，说明这批产品可接受。如果有 4 个或更多瓶子不符合规格，这样整批瓶子可以拒绝。检验数据应该与供应商共享，这样方便配合您的质量保证工作。

一旦对供应商的产品建立了信心，此时可以采用表 2C 的宽松抽样计划表。如果供应商的产品确实非常可靠稳定，最后可能不需要这种检查。当选择一个新的供应商，或者需要严格检查，此时可采用表 2B。要清楚检测什么指标以及为什么要检测，并且这些要和供应商协商一致。

供应商也要建立质量保证体系。因此，相应的供应商要有质量认证标准体系如 ISO 9000，合格证书或分析证书等。

合格证书通常是供应商针对某些批次产品进行的认证，强调这些产品已通过他们的质量体系，经检测证实合格。分析证书有着类似的作用，通常涉及一些数据，这些反映了供应商对某些关键指标的测量结果。

如果供应商建立起这些体系，越早检查新产品可以在后期避免更多的问题。

如果准备引进螺旋帽技术，建议认真制定时间计划表，这样允许有充足的时间完成质量保证程序，以应对灌装线上出现的任何问题。

表 1. 抽样数量字母代码

母本或批次数量	规范				检查标准		
	S-1	S-2	S-3	S-4	1	2	3
2～8	A	A	A	A	A	A	B
9～15	A	A	A	A	A	B	C
16～25	A	A	B	B	B	C	D
26～50	A	B	B	C	C	D	E
51～90	B	B	C	C	C	E	F
91～150	B	B	C	D	D	F	G
151～280	B	C	D	E	E	G	H
281～500	B	C	D	E	F	H	J
501～1200	C	C	E	F	G	J	K
1201～3200	C	D	E	G	H	K	L
3201～10000	C	D	F	G	J	L	M
10001～35000	C	D	F	H	K	M	N
35001～150000	D	E	G	J	L	N	P
150001～500000	D	E	G	J	M	P	Q
500001＋	D	E	H	K	N	Q	R

表 2A. 抽样计划主表——普通检查

↓一使用箭头下方第一个抽样数字。如果抽样数量等于或超过母本数量，视为 100%检查。

↑一使用箭头上方第一个抽样数字。

√一可接受数量。

×一不可接受数量。

表1样本数量字母代码	样本数量	可接受质量水平(普通检查)																									
		0.010%	0.015%	0.025%	0.040%	0.065%	0.10%	0.15%	0.25%	0.40%	0.65%	1.0%	1.5%	2.5%	4.0%	6.5%	10%	15%	25%	40%	65%	100%	150%	250%	400%	650%	1000%
		√ ×	√ ×	√ ×	√ ×	√ ×	√ ×	√ ×	√ ×	√ ×	√ ×	√ ×	√ ×	√ ×	√ ×	√ ×	√ ×	√ ×	√ ×	√ ×	√ ×	√ ×	√ ×	√ ×	√ ×	√ ×	√ ×
A	2	↓ ↓	↓ ↓	↓ ↓	↓ ↓	↓ ↓	↓ ↓	↓ ↓	↓ ↓	↓ ↓	↓ ↓	↓ ↓	↓ ↓	↓ ↓	↓ ↓	0 1	↓ ↓	↓ ↓	1 2	2 3	3 4	5 6	7 8	10 11	14 15	21 22	30 31
B	3	↓ ↓	↓ ↓	↓ ↓	↓ ↓	↓ ↓	↓ ↓	↓ ↓	↓ ↓	↓ ↓	↓ ↓	↓ ↓	↓ ↓	↓ ↓	0 1	↓ ↓	↓ ↓	1 2	2 3	3 4	5 6	7 8	10 11	14 15	21 22	30 31	44 45
C	5	↓ ↓	↓ ↓	↓ ↓	↓ ↓	↓ ↓	↓ ↓	↓ ↓	↓ ↓	↓ ↓	↓ ↓	↓ ↓	↓ ↓	0 1	↑ ↑	↓ ↓	1 2	2 3	3 4	5 6	7 8	10 11	14 15	21 22	30 31	44 45	↑ ↑
D	8	↓ ↓	↓ ↓	↓ ↓	↓ ↓	↓ ↓	↓ ↓	↓ ↓	↓ ↓	↓ ↓	↓ ↓	↓ ↓	0 1	↑ ↑	↓ ↓	1 2	2 3	3 4	5 6	7 8	10 11	14 15	21 22	30 31	44 45	↑ ↑	↑ ↑
E	13	↓ ↓	↓ ↓	↓ ↓	↓ ↓	↓ ↓	↓ ↓	↓ ↓	↓ ↓	↓ ↓	↓ ↓	0 1	↑ ↑	↓ ↓	1 2	2 3	3 4	5 6	7 8	10 11	14 15	21 22	30 31	44 45	↑ ↑	↑ ↑	↑ ↑
F	20	↓ ↓	↓ ↓	↓ ↓	↓ ↓	↓ ↓	↓ ↓	↓ ↓	↓ ↓	↓ ↓	0 1	↑ ↑	↓ ↓	1 2	2 3	3 4	5 6	7 8	10 11	14 15	21 22	↑ ↑	↑ ↑	↑ ↑	↑ ↑	↑ ↑	↑ ↑
G	32	↓ ↓	↓ ↓	↓ ↓	↓ ↓	↓ ↓	↓ ↓	↓ ↓	↓ ↓	0 1	↑ ↑	↓ ↓	1 2	2 3	3 4	5 6	7 8	10 11	14 15	21 22	↑ ↑	↑ ↑	↑ ↑	↑ ↑	↑ ↑	↑ ↑	↑ ↑
H	50	↓ ↓	↓ ↓	↓ ↓	↓ ↓	↓ ↓	↓ ↓	↓ ↓	0 1	↑ ↑	↓ ↓	1 2	2 3	3 4	5 6	7 8	10 11	14 15	21 22	↑ ↑	↑ ↑	↑ ↑	↑ ↑	↑ ↑	↑ ↑	↑ ↑	↑ ↑
J	80	↓ ↓	↓ ↓	↓ ↓	↓ ↓	↓ ↓	↓ ↓	0 1	↑ ↑	↓ ↓	1 2	2 3	3 4	5 6	7 8	10 11	14 15	21 22	↑ ↑	↑ ↑	↑ ↑	↑ ↑	↑ ↑	↑ ↑	↑ ↑	↑ ↑	↑ ↑
K	125	↓ ↓	↓ ↓	↓ ↓	↓ ↓	↓ ↓	0 1	↑ ↑	↓ ↓	1 2	2 3	3 4	5 6	7 8	10 11	14 15	21 22	↑ ↑	↑ ↑	↑ ↑	↑ ↑	↑ ↑	↑ ↑	↑ ↑	↑ ↑	↑ ↑	↑ ↑
L	200	↓ ↓	↓ ↓	↓ ↓	↓ ↓	0 1	↑ ↑	↓ ↓	1 2	2 3	3 4	5 6	7 8	10 11	14 15	21 22	↑ ↑	↑ ↑	↑ ↑	↑ ↑	↑ ↑	↑ ↑	↑ ↑	↑ ↑	↑ ↑	↑ ↑	↑ ↑
M	315	↓ ↓	↓ ↓	↓ ↓	0 1	↑ ↑	↓ ↓	1 2	2 3	3 4	5 6	7 8	10 11	14 15	21 22	↑ ↑	↑ ↑	↑ ↑	↑ ↑	↑ ↑	↑ ↑	↑ ↑	↑ ↑	↑ ↑	↑ ↑	↑ ↑	↑ ↑
N	500	↓ ↓	↓ ↓	0 1	↑ ↑	↓ ↓	1 2	2 3	3 4	5 6	7 8	10 11	14 15	21 22	↑ ↑	↑ ↑	↑ ↑	↑ ↑	↑ ↑	↑ ↑	↑ ↑	↑ ↑	↑ ↑	↑ ↑	↑ ↑	↑ ↑	↑ ↑
P	800	↓ ↓	0 1	↑ ↑	↓ ↓	1 2	2 3	3 4	5 6	7 8	10 11	14 15	21 22	↑ ↑	↑ ↑	↑ ↑	↑ ↑	↑ ↑	↑ ↑	↑ ↑	↑ ↑	↑ ↑	↑ ↑	↑ ↑	↑ ↑	↑ ↑	↑ ↑
Q	1250	0 1	↑ ↑	↓ ↓	1 2	2 3	3 4	5 6	7 8	10 11	14 15	21 22	↑ ↑	↑ ↑	↑ ↑	↑ ↑	↑ ↑	↑ ↑	↑ ↑	↑ ↑	↑ ↑	↑ ↑	↑ ↑	↑ ↑	↑ ↑	↑ ↑	↑ ↑
R	2000	↑ ↑	↓ ↓	1 2	2 3	3 4	5 6	7 8	10 11	14 15	21 22	↑ ↑	↑ ↑	↑ ↑	↑ ↑	↑ ↑	↑ ↑	↑ ↑	↑ ↑	↑ ↑	↑ ↑	↑ ↑	↑ ↑	↑ ↑	↑ ↑	↑ ↑	↑ ↑

表 2B. 抽样计划主表——严格检查

↓一使用箭头下方第一个抽样数字。如果抽样数量等于或超过母本数量，视为 100%检查。
↑一使用箭头上方第一个抽样数字。
√一可接受数量。
×一不可接受数量。

表1样本数量字母代码	样本数量	可接受质量水平(严格检查)																																																	
		0.010%		0.015%		0.025%		0.040%		0.065%		0.10%		0.15%		0.25%		0.40%		0.65%		1.0%		1.5%		2.5%		4.0%		6.5%		10%		15%		25%		40%		65%		100%		150%		250%		400%		650%		1000%	
		√	×	√	×	√	×	√	×	√	×	√	×	√	×	√	×	√	×	√	×	√	×	√	×	√	×	√	×	√	×	√	×	√	×	√	×	√	×	√	×	√	×	√	×	√	×	√	×	√	×	√	×
A	2	↓	↓	↓	↓	↓	↓	↓	↓	↓	↓	↓	↓	↓	↓	↓	↓	↓	↓	↓	↓	↓	↓	↓	↓	↓	↓	↓	↓	↓	↓	↓	↓	↓	↓	↓	↓	1	2	2	3	3	4	5	6	8	9	12	13	18	19	27	28
B	3	↓	↓	↓	↓	↓	↓	↓	↓	↓	↓	↓	↓	↓	↓	↓	↓	↓	↓	↓	↓	↓	↓	↓	↓	↓	↓	↓	↓	0	1	↓	↓	↓	↓	1	2	2	3	3	4	5	6	8	9	12	13	18	19	27	28	41	42
C	5	↓	↓	↓	↓	↓	↓	↓	↓	↓	↓	↓	↓	↓	↓	↓	↓	↓	↓	↓	↓	↓	↓	↓	↓	↓	↓	0	1	↓	↓	↓	↓	1	2	2	3	3	4	5	6	8	9	12	13	18	19	27	28	41	42	↑	↑
D	8	↓	↓	↓	↓	↓	↓	↓	↓	↓	↓	↓	↓	↓	↓	↓	↓	↓	↓	↓	↓	↓	↓	↓	↓	0	1	↓	↓	↓	↓	1	2	2	3	3	4	5	6	8	9	12	13	18	19	27	28	41	42	↑	↑	↑	↑
E	13	↓	↓	↓	↓	↓	↓	↓	↓	↓	↓	↓	↓	↓	↓	↓	↓	↓	↓	↓	↓	↓	↓	0	1	↓	↓	↓	↓	1	2	2	3	3	4	5	6	8	9	12	13	18	19	27	28	41	42	↑	↑	↑	↑	↑	↑
F	20	↓	↓	↓	↓	↓	↓	↓	↓	↓	↓	↓	↓	↓	↓	↓	↓	↓	↓	↓	↓	0	1	↓	↓	↓	↓	1	2	2	3	3	4	5	6	8	9	12	13	18	19	↑	↑	↑	↑	↑	↑	↑	↑	↑	↑	↑	↑
G	32	↓	↓	↓	↓	↓	↓	↓	↓	↓	↓	↓	↓	↓	↓	↓	↓	↓	↓	0	1	↓	↓	↓	↓	1	2	2	3	3	4	5	6	8	9	12	13	18	19	↑	↑	↑	↑	↑	↑	↑	↑	↑	↑	↑	↑	↑	↑
H	50	↓	↓	↓	↓	↓	↓	↓	↓	↓	↓	↓	↓	↓	↓	↓	↓	0	1	↓	↓	↓	↓	1	2	2	3	3	4	5	6	8	9	12	13	18	19	↑	↑	↑	↑	↑	↑	↑	↑	↑	↑	↑	↑	↑	↑	↑	↑
J	80	↓	↓	↓	↓	↓	↓	↓	↓	↓	↓	↓	↓	↓	↓	0	1	↓	↓	↓	↓	1	2	2	3	3	4	5	6	8	9	12	13	18	19	↑	↑	↑	↑	↑	↑	↑	↑	↑	↑	↑	↑	↑	↑	↑	↑	↑	↑
K	125	↓	↓	↓	↓	↓	↓	↓	↓	↓	↓	↓	↓	0	1	↓	↓	↓	↓	1	2	2	3	3	4	5	6	8	9	12	13	18	19	↑	↑	↑	↑	↑	↑	↑	↑	↑	↑	↑	↑	↑	↑	↑	↑	↑	↑	↑	↑
L	200	↓	↓	↓	↓	↓	↓	↓	↓	↓	↓	0	1	↓	↓	↓	↓	1	2	2	3	3	4	5	6	8	9	12	13	18	19	↑	↑	↑	↑	↑	↑	↑	↑	↑	↑	↑	↑	↑	↑	↑	↑	↑	↑	↑	↑	↑	↑
M	315	↓	↓	↓	↓	↓	↓	↓	↓	0	1	↓	↓	↓	↓	1	2	2	3	3	4	5	6	8	9	12	13	18	19	↑	↑	↑	↑	↑	↑	↑	↑	↑	↑	↑	↑	↑	↑	↑	↑	↑	↑	↑	↑	↑	↑	↑	↑
N	500	↓	↓	↓	↓	↓	↓	0	1	↓	↓	↓	↓	1	2	2	3	3	4	5	6	8	9	12	13	18	19	↑	↑	↑	↑	↑	↑	↑	↑	↑	↑	↑	↑	↑	↑	↑	↑	↑	↑	↑	↑	↑	↑	↑	↑	↑	↑
P	800	↓	↓	↓	↓	0	1	↓	↓	↓	↓	1	2	2	3	3	4	5	6	8	9	12	13	18	19	↑	↑	↑	↑	↑	↑	↑	↑	↑	↑	↑	↑	↑	↑	↑	↑	↑	↑	↑	↑	↑	↑	↑	↑	↑	↑	↑	↑
Q	1250	↓	↓	0	1	↓	↓	↓	↓	1	2	2	3	3	4	5	6	8	9	12	13	18	19	↑	↑	↑	↑	↑	↑	↑	↑	↑	↑	↑	↑	↑	↑	↑	↑	↑	↑	↑	↑	↑	↑	↑	↑	↑	↑	↑	↑	↑	↑
R	2000	0	1	↑	↑	↓	↓	1	2	2	3	3	4	5	6	8	9	12	13	18	19	↑	↑	↑	↑	↑	↑	↑	↑	↑	↑	↑	↑	↑	↑	↑	↑	↑	↑	↑	↑	↑	↑	↑	↑	↑	↑	↑	↑	↑	↑	↑	↑
S	3150					1	2																																														

表 2C. 抽样计划主表——宽松检查

↓ 一使用箭头下方第一个抽样数字。如果抽样数量等于或超过母本数量，视为 100%检查。
↑ 一使用箭头上方第一个抽样数字。
√ 一可接受数量。
× 一不可接受数量。

表1样本数量字母代码	样本数量	可接受质量水平(宽松检查)																			
		0.010 %		0.015 %		0.025 %		0.040 %		0.065 %		0.10 %		0.15 %		0.25 %		0.40 %		0.65 %	
		√	×	√	×	√	×	√	×	√	×	√	×	√	×	√	×	√	×	√	×
A	2	↓	↓	↓	↓	↓	↓	↓	↓	↓	↓	↓	↓	↓	↓	↓	↓	↓	↓	↓	↓
B	2	↓	↓	↓	↓	↓	↓	↓	↓	↓	↓	↓	↓	↓	↓	↓	↓	↓	↓	↓	↓
C	2	↓	↓	↓	↓	↓	↓	↓	↓	↓	↓	↓	↓	↓	↓	↓	↓	↓	↓	↓	↓
D	3	↓	↓	↓	↓	↓	↓	↓	↓	↓	↓	↓	↓	↓	↓	↓	↓	↓	↓	↓	↓
E	5	↓	↓	↓	↓	↓	↓	↓	↓	↓	↓	↓	↓	↓	↓	↓	↓	↓	↓	↓	↓
F	8	↓	↓	↓	↓	↓	↓	↓	↓	↓	↓	↓	↓	↓	↓	↓	↓	↓	↓	0	1
G	13	↓	↓	↓	↓	↓	↓	↓	↓	↓	↓	↓	↓	↓	↓	↓	↓	0	1	↑	↑
H	20	↓	↓	↓	↓	↓	↓	↓	↓	↓	↓	↓	↓	↓	↓	0	1	↑	↑	↓	↓
J	32	↓	↓	↓	↓	↓	↓	↓	↓	↓	↓	↓	↓	0	1	↑	↑	↓	↓	0	2
K	50	↓	↓	↓	↓	↓	↓	↓	↓	↓	↓	0	1	↑	↑	↓	↓	0	2	1	3
L	80	↓	↓	↓	↓	↓	↓	↓	↓	0	1	↑	↑	↓	↓	0	2	1	3	1	4
M	125	↓	↓	↓	↓	↓	↓	0	1	↑	↑	↓	↓	0	2	1	3	1	4	2	5
N	200	↓	↓	↓	↓	0	1	↑	↑	↓	↓	0	2	1	3	1	4	2	5	3	6
P	315	↓	↓	0	1	↑	↑	↓	↓	0	2	1	3	1	4	2	5	3	6	5	8
Q	500	0	1	↑	↑	↓	↓	0	2	1	3	1	4	2	5	3	6	5	8	7	10
R	800	↑	↑	↑	↑	0	2	1	3	1	4	2	5	3	6	5	8	7	10	10	13

表1样本数量字母代码	样本数量	可接受质量水平(宽松检查)																															
		1.0 %		1.5 %		2.5 %		4.0 %		6.5 %		10 %		15 %		25 %		40 %		65 %		100 %		150 %		250 %		400 %		650 %		1000 %	
		√	×	√	×	√	×	√	×	√	×	√	×	√	×	√	×	√	×	√	×	√	×	√	×	√	×	√	×	√	×	√	×
A	2	↓	↓	↓	↓	↓	↓	↓	↓	0	1	↓	↓	↓	↓	1	2	2	3	3	4	5	6	7	8	10	11	14	15	21	22	30	31
B	2	↓	↓	↓	↓	↓	↓	0	1	↑	↑	↓	↓	0	2	1	3	1	4	3	5	5	6	7	8	10	11	14	15	21	22	30	31
C	2	↓	↓	↓	↓	0	1	↑	↑	↓	↓	0	2	1	3	1	4	2	5	3	6	5	8	7	10	10	13	14	17	21	24	↑	↑
D	3	↓	↓	0	1	↑	↑	↓	↓	0	2	1	3	1	4	2	5	3	6	5	8	7	10	10	13	14	17	21	24	↑	↑	↑	↑
E	5	0	1	↑	↑	↓	↓	0	2	1	3	1	4	2	5	3	6	5	8	7	10	10	13	↑	↑	↑	↑	↑	↑	↑	↑	↑	↑
F	8	↑	↑	↓	↓	0	2	1	3	1	4	2	5	3	6	5	8	7	10	10	13	↑	↑	↑	↑	↑	↑	↑	↑	↑	↑	↑	↑
G	13	↓	↓	0	2	1	3	1	4	2	5	3	6	5	8	7	10	10	13	↑	↑	↑	↑	↑	↑	↑	↑	↑	↑	↑	↑	↑	↑
H	20	0	2	1	3	1	4	2	5	3	6	5	8	7	10	10	13	↑	↑	↑	↑	↑	↑	↑	↑	↑	↑	↑	↑	↑	↑	↑	↑
J	32	1	3	1	4	2	5	3	6	5	8	7	10	10	13	↑	↑	↑	↑	↑	↑	↑	↑	↑	↑	↑	↑	↑	↑	↑	↑	↑	↑
K	50	1	4	2	5	3	6	5	8	7	10	10	13	↑	↑	↑	↑	↑	↑	↑	↑	↑	↑	↑	↑	↑	↑	↑	↑	↑	↑	↑	↑
L	80	2	5	3	6	5	8	7	10	10	13	↑	↑	↑	↑	↑	↑	↑	↑	↑	↑	↑	↑	↑	↑	↑	↑	↑	↑	↑	↑	↑	↑
M	125	3	6	5	8	7	10	10	13	↑	↑	↑	↑	↑	↑	↑	↑	↑	↑	↑	↑	↑	↑	↑	↑	↑	↑	↑	↑	↑	↑	↑	↑
N	200	5	8	7	10	10	13	↑	↑	↑	↑	↑	↑	↑	↑	↑	↑	↑	↑	↑	↑	↑	↑	↑	↑	↑	↑	↑	↑	↑	↑	↑	↑
P	315	7	10	10	13	↑	↑	↑	↑	↑	↑	↑	↑	↑	↑	↑	↑	↑	↑	↑	↑	↑	↑	↑	↑	↑	↑	↑	↑	↑	↑	↑	↑
Q	500	10	13	↑	↑	↑	↑	↑	↑	↑	↑	↑	↑	↑	↑	↑	↑	↑	↑	↑	↑	↑	↑	↑	↑	↑	↑	↑	↑	↑	↑	↑	↑
R	800	↑	↑	↑	↑	↑	↑	↑	↑	↑	↑	↑	↑	↑	↑	↑	↑	↑	↑	↑	↑	↑	↑	↑	↑	↑	↑	↑	↑	↑	↑	↑	↑

附录 2 研究报告:氧气对瓶储葡萄酒的影响作用

澳大利亚密封基金会(ACF)由杰弗瑞·格罗塞特于2003年建立,旨在收集和传播葡萄酒密封物知识。

ACF由新南威尔士葡萄酒新闻俱乐部(Wine Press Club of NSW)支持,并由澳大利亚联合工业公司(ACI)和奥斯凯普公司赞助。ACF设立了6000澳元的学术基金,帮助研究氧气对瓶储葡萄酒的影响作用。

此举是为解决当时普遍存在的不同密封物的通透性问题:一些密封物的通透性太强,一些密封物自身间的差异太大,而另一些通透性不足。

根据设想,这项研究以科学和非科学两种方式的证据来反映氧气对瓶储葡萄酒的影响作用。对瓶储葡萄酒而言,研究的结论应该包括氧气是有利必需还是非必需的。虽然是专门针对氧气与葡萄酒陈酿的问题,与密封物不严格相关,但结果肯定与葡萄酒密封物有关。

2004年,该奖项授予了南方葡萄酒公司的葡萄酒研究与发展酿酒师阿伦·哈特,以表彰他长期以来在氧气对红葡萄酒陈酿作用领域的突出贡献。那时尽管他的研究结果还没有发布,但阿伦无疑是该奖项的理想候选人。2005年2月1日,在新南威尔士葡萄酒新闻俱乐部的一次聚会中发布了他的研究报告。

在总结报告中,针对出现的还原味问题,阿伦·哈特和杰弗瑞·格罗塞特都认为与酿酒工艺有关,而不是密封物的问题。格罗塞特指出一些通透性强的木塞只能提供有限的密封作用,并且这种作用既不可靠又不稳定一致。关于硫化物的管理见第10章。

格罗塞特对此做了总结:

“那么,这项研究有着怎样的意义?这意味着氧气并不是瓶储葡萄酒陈酿必需的……这坚定了酿酒师使用低通透性或零通透的密封物来封装他们的优质葡萄酒的决心,对葡萄酒的一致性也增强了信心。选择这种密封物完全是考虑到葡萄酒的质量,酒厂的声誉以及消费者。”

哈特和克莱尼格的全文报告如下。

氧气对瓶储葡萄酒的影响作用

Allen Hart[1], Andrew Kleinig[1,2]

[1] Southcorp Wines Pty Ltd, Moyston Road, Great Western, Vic 3377; [2] [1,2] current address: Tarac Technologies, PO Box 78 Nuriootpa SA 5355

摘要

许多因素影响着葡萄酒的瓶储发展。尽管人们已普遍接受,少量的氧气侵入(通过密封物进入)不利于瓶储白葡萄酒的发展。而对于红葡萄酒,人们普遍认为少量的氧气有利于酒的发展。随着消费者不断接受各种形式的酒瓶密封物,对更好的理解氧气在瓶储红葡萄酒中的作用的需求日益增加,尤其是对那些打算长期瓶储的红葡萄酒。我们通过对瓶内陈酿20多年的平静红葡萄酒和红起泡酒,分析出不同含量的氧气对葡萄酒的成熟作用。由此我们能够证明,红葡萄酒的再成熟无需额外的氧气参与。相反,氧气会大大增加红葡萄酒的成熟速度,缩短了葡萄酒的生命周期。如果在厌氧环境中使用如螺旋帽或皇冠帽等密封,一些酒会带有还原味。相反,葡萄酒储存在较多氧气的环境中如合成塞等,会过早地出现氧化特性。

1. 介绍

所有葡萄酒在被消费前都会经历一段瓶储过程。对于大多数葡萄酒从装瓶到消费,瓶储会历经数月。许多优质葡萄酒的成熟相对复杂,成熟过程需数年有的甚至会在酒窖储存几十年。窖储阶段葡萄酒都会经历三个不同的发展阶段[7]:发展成熟阶段、顶峰阶段、衰老阶段。虽然各种因素影响葡萄酒在瓶内的成熟速度(如葡萄酒的最初成分、储存温度、光照条件等),而本项试验着力于研究氧气对瓶储葡萄酒的成熟作用。

正常条件下,葡萄酒对氧气的摄入是长期而缓慢的过程[1]。辛格顿(Singleton)[19]认为葡萄酒在空气中暴露会不断消耗氧气,直到氧饱和变质。白葡萄酒的氧饱和在10左右(60 mL/L O_2),红葡萄酒的氧饱和在10～30(60～180 mL/L O_2)。虽然实际很少遇到如此高的溶氧(很快会氧化),但人们普遍接受一定量的氧气,尤其是早期阶段一定量的氧气有利于酚类物质的发展。对于非装瓶葡萄酒的氧化反应机制人们已经彻底弄清楚[1,6,19],主要是乙醇氧化为乙醛(通过过氧化氢),随后乙醛与单宁及花青素反应形成复杂的乙基链结构。这个过程受葡萄酒的一系列指标影响,包括多酚含量、温度、pH、二氧化硫浓度(亚硫酸根离子)以及光照等[5,6,9,11,19,23]。除了氧化物质的反应,还涉及酚醛树脂反应(非氧化反应,也会在瓶储过程发生)。这些反应包括单宁的聚合和缩合,花青素的分解和缩合,形成较大的聚合物沉淀。氧气参与了颜色和单宁结构的反应,同时影响着葡萄酒的香气发展。里贝·嘉永等[18]表示大多数优质葡萄酒的香气是还原作用的结果,相比之下氧化作用的香气却表现平平(尤其是醛类物质)。

随着澳大利亚葡萄酒行业对酒瓶密封物选择性的增加,人们对更好地理解氧气对瓶储葡萄酒风格作用的需求日益增加[15]。早期对瓶储葡萄酒的研究,从25年前[17]到近期澳大利亚葡萄酒研究所开展的试验,都只限于白葡萄酒。这两项研究侧重于白葡萄酒,尤其是极具芳香特性的葡萄酒。兰金等[17]对比了螺旋帽葡萄酒和木塞葡萄酒,其结论是白葡萄酒在螺旋帽下成熟状况比木塞的要好,但进一步信息没有详细阐述。AWRI研究了螺旋帽、合成塞和天然塞,同样发现螺旋帽葡萄酒优于合成塞和天然塞。然而,他们发现螺旋帽封装的葡萄酒表现出还原味,可能是由于酒内氧气量不足所致[10]。AWRI的卡瓦托斯基(Kwiatkowski)等[13]进一步的试验发现在瓶储18个月后,顶空体积为4 mL与64 mL的红葡萄酒相比,还原特性差异并不显著。

斯太尔则近期的一篇文章写到,酿酒师们对红葡萄酒瓶储是否必需氧气持有不同意见。现在非常清楚的是,葡萄酒行业尤其是浓郁型红葡萄酒领域需要更多的信息[15]。

本研究探讨:

- 对一款优质平静红葡萄酒,使用天然塞、螺旋帽和合成塞封装,历经7年时间,研究透过这些密封物的氧气对这款酒的影响作用。
- 对一款使用皇冠帽封装20多年的起泡酒,研究从皇冠帽透过的氧气对这款酒的影响作用。

本研究模拟微氧和无氧条件,从而有助于了解红葡萄酒发展和成熟的3个阶段,更好地服务于实际生产。

2. 方法

Bin 389——奔富公司一款1996年份优质平静红葡萄酒,装瓶前使用标准的商业酿酒工艺和储存条件。此款酒由西拉和赤霞珠调配而成,产自南澳地区不同的葡萄园,装瓶前在美国新桶和旧桶中陈放14个月(1996年7月至1997年9月)。发酵结束后进行铜下胶,去除酒中任何残留的硫化物(1996年5月)。使用商业密封物封装,包括螺旋帽、天然塞(44 mm×24 mm,参考文献2)和2种市售合成塞。装瓶后(1997年12月)立即检测葡萄酒的化学成分,见表1。所有检测葡萄酒的方法采用爱兰(Ikand)等[12]在南方集团实验室的方法。一旦装瓶,所有葡萄酒都存放在努里乌特帕的地下酒窖。除螺旋帽直立存放外,其余酒瓶平放储存。

在装瓶后的第 2.5 年、4.5 年和 6.5 年对葡萄酒进行化学分析和光谱分析[20],同时由南方集团的酿酒师组成的 8～12 人品尝小组对葡萄酒进行感官评价。每种密封物的葡萄酒抽取 3 瓶,然后平均比例倒入杯中,打乱顺序随机品尝[16]。品尝小组对葡萄酒排序,从 1“成熟最快”到 4“成熟最慢”。数据分析使用非参数的弗里德曼类型(Friedmantype)统计和非参数模型的费舍尔(Fisher)的最小显著差异方法。

附录 2:表 1　Bin 389 装瓶时理化分析(1997 年 12 月 11 日)

项目指标	浓度	项目指标	浓度
残糖(g/L)	1.7	铁(mg/L)	2.1
酒精度(%)	14.2	钙(mg/L)	55.5
游离二氧化硫(mg/L)	30	钠(mg/L)	98
总二氧化硫(mg/L)	87	钾(mg/L)	1 217
pH	3.54	乙醛(mg/L)	20.5
滴定酸(g/L)	6.5	乙酸乙酯(mg/L)	79.5
挥发酸(g/L)	0.73	甲醇(mg/L)	135.5
苹果酸(g/L)	0.09	浊度(NTU)	0.2
铜(mg/L)	0.05		

在装瓶后的第 7 年(2004 年 12 月),由 7 名 AWRI 和 3 名南方集团的酿酒师组成的品尝小组再次对这些酒进行品尝。品尝小组包含男性和女性成员,每位成员都训练有素,能很好地描述品尝感受。在正式评价前,对小组成员做了关于术语描述及归类的培训。描述葡萄酒的术语类别包括果味强度、香料、焦糖、巧克力、成熟、还原味、氧化味和 TCA。然后随机倒上酒样(30 mL),4 个杯子的酒来自 4 种不同的密封物。每位成员单独在带有钠灯的隔间品尝,然后对酒样打分(0～9 分)。品尝的结果使用方差分析和坐标统计。

红起泡酒——所有用于酿造红起泡酒的葡萄来自赛皮特大西部园,葡萄树龄超过 20 年。有 1984 年、1987 年、1994 年和 1999 年等 4 个年份的基酒,这些基酒都使用常规酿造工艺。二次发酵前基酒储存在一个较大的橡木罐中近 16 个月,然后使用皇冠帽密封,瓶内二次发酵。所有酒储存在赛皮特大西部庄园的地下酒窖中,里面常年 15℃恒温,直到要检验品尝时才取出。感官评价前把葡萄酒放在冰冻环境中 4 天,然后开瓶去掉酵母沉淀。由于使用皇冠帽密封,葡萄酒被认为是储存在厌氧环境中。南方集团葡萄酒公司的赛皮特实验室使用现行的分析方法对这些基酒进行化学指标检验。有些酒已储存了 15～18 年,但所有基酒都保持着恒定的压力(约 6 bar)。表 2 为基酒的理化指标。

附录 2:表 2　西拉红起泡酒二次发酵前理化指标

年份	酒精度(%)	pH	可滴定酸	挥发酸	残糖
1984	10.8	3.01	8.3	0.22	1.7
1987	12.0	3.67	5.1	0.60	2.1
1994	12.1	3.57	6.2	0.45	2.0
1999	12.9	3.61	6.0	0.62	1.8

2004 年 12 月,由 AWRI 和南方集团的专家组成的 10 人品尝小组对这些红起泡酒进行了感官分析。根据品尝规定,使用 Bin 389 相同的方法对品尝结果进行归类,但种类有所增加。红起泡酒的感官分类有:果味强度、香料、巧克力、成熟、酒脚味、二甲基硫化物(DMS)、还原味、醛味以及苦味。

3. 结果及讨论

瓶储阶段进入酒中的氧气量取决于密封物的通透能力。对于天然木塞,间接测量了不同时期的溶氧量,发现装瓶后数周为几十分之一毫升,接下来的四个月为几百分之一毫升,但直立存放后溶氧量平均每年高达几毫升(里贝・嘉永引用凯西,参考文献 3)。南方葡萄酒公司内部的一份研究[8]发现天然塞之间的通透性具有很大的差异。随机抽取 35 个天然塞,发现其通透性如图 1 所示。

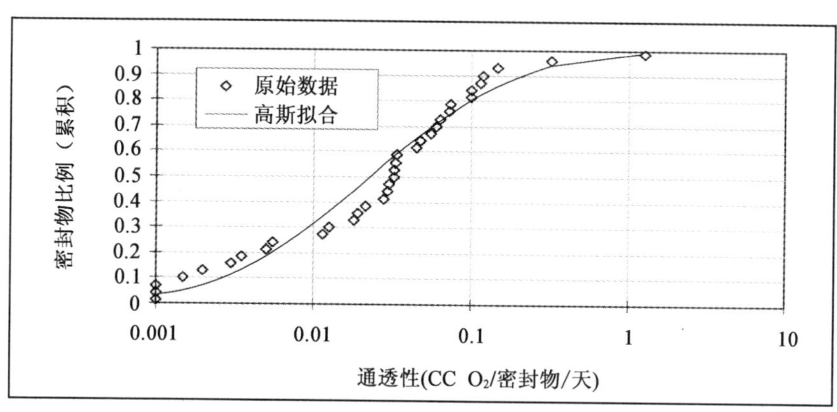

附录 2:图 1　从 2 种 44 mm×24 mm 的天然塞中,分别随机抽取 35 瓶酒样测试通透性(在木塞瓶颈处测量)。

上图中可以看到一些特殊量(<0.001 mL O_2/天和>1.0 mL O_2/天),对木塞而言这不是常规量,不具有代表性。

南方集团测试了其他密封物。研究发现螺旋帽可有效阻隔氧气(<0.001 mL O_2/天),合成塞相对可行(基本为 0.010 mL O_2/天),不会像天然塞有差异。

Bin 389 理化分析

图 2、图 3、图 4 和图 5 分别为 Bin 389 每个项目的理化指标。图 2 为游离 SO_2，2000 年第一次检测发现合成塞损失游离 SO_2 的速率大于天然塞和螺旋帽。后面两次检测得出同样的规律。到 2002 年合成塞的游离二氧化硫全部消耗完。

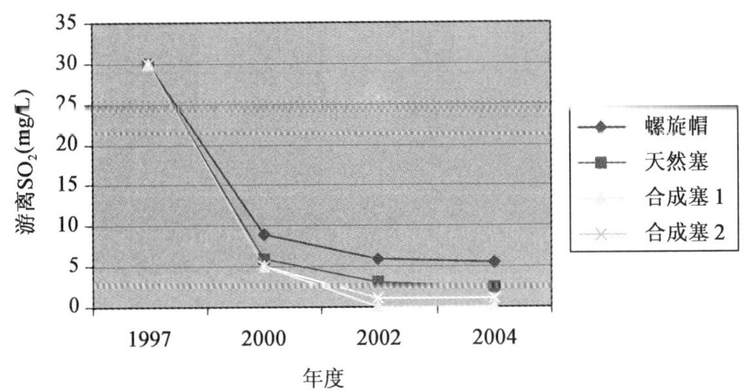

附录 2：图 2　Bin 389 分析的游离 SO_2 随时间的变化情况(3 瓶酒的平均值)。

图 3 显示总 SO_2 的变化趋势与游离 SO_2 的一致。其中，合成塞的总 SO_2 最少，螺旋帽的最高，天然塞居中。对于所有的密封物，装瓶后的前 3 年消耗 SO_2 最多。可能是由于早期 SO_2 的结合反应(如装瓶时的溶解氧和其他氧化物质)和还原态 SO_2 的反应(氧化和非氧化)的结果。螺旋帽的游离 SO_2 和总 SO_2 持续降低，可能是进入了极少量的氧气，或其他与 SO_2 作用的非氧化反应。

在所有测试中，螺旋帽和合成塞的总 SO_2 浓度的变化相对一致，而天然塞的总 SO_2 差异非常大(如 2000 年三瓶天然塞酒样的浓度分别为 22 mg/L、38 mg/L 和 41 mg/L；2002 年分别为 12 mg/L、21 mg/L 和 27 mg/L；2004 年分别为 13 mg/L、13 mg/L 和 18 mg/L)，表现最好的等同于螺旋帽的总 SO_2 结果，表现最差的等同于合成塞的总 SO_2 结果。天然塞之间 SO_2 浓度的差异性令凯西[4]很感兴趣，她认为要重视酒中出现"随机氧化"时的氧气量及对灌装造成的不利性，而不是使用了何种密封物。这个结果表明对于批量生产，应当关注天然塞透氧能力的差异性，很可能是这种差异性导致了"随机氧化"。此外，戈登等[10]指出天然塞之间的物理性差异比合成塞或螺旋帽的差异都大。

图 4、图 5 分别反映了 2000 年葡萄酒的颜色密度和色调。合成塞最大地反映出颜色特性，由于 SO_2 降低褐色($A_{420\ nm}$)增加。2000—2004 年，褐色显著增加红色($A_{520\ nm}$)降低，使葡萄酒色调($A_{420\ nm}/A_{520\ nm}$)增加或更具褐色。相比之下，螺旋帽酒样在各阶段表现出较小的颜色损失(主要损失红色)和最小的色调增幅。天然塞酒样的颜色介于螺旋帽和合成塞之间。到 2004 年，所有样品酒的颜色密度比较接近，从发展趋势看，螺旋帽的色调会很低，颜色密度更稳定，后期会拥有最高的颜色密度。

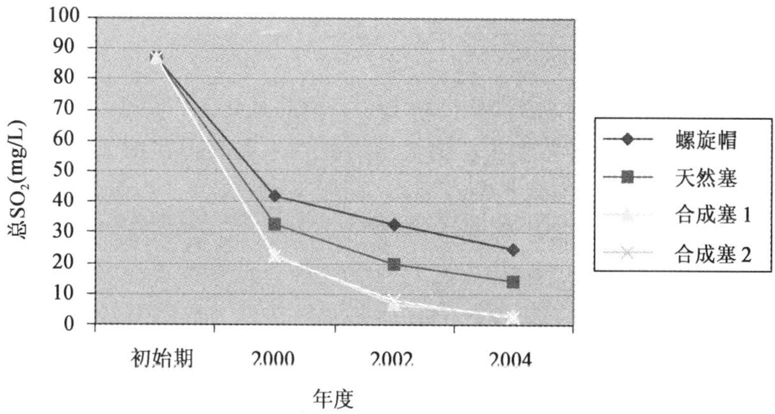

附录 2:图 3　Bin 389 分析的总 SO_2 随时间的变化情况(3 瓶酒的平均值)。

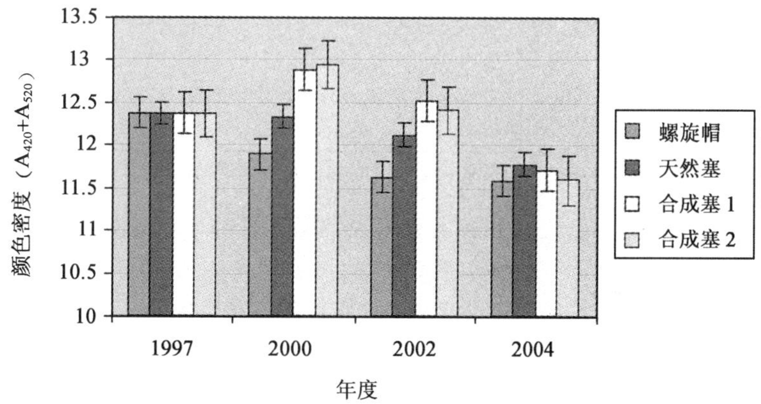

附录 2:图 4　Bin 389 分析的颜色密度随时间的变化情况(3 瓶酒的均值)$P<0.05$。

这些结果表明对于螺旋帽密封的葡萄酒,即使没有氧气参与,多酚物质的反应影响着葡萄酒的颜色,使葡萄酒的颜色和单宁结构随时间继续发展。

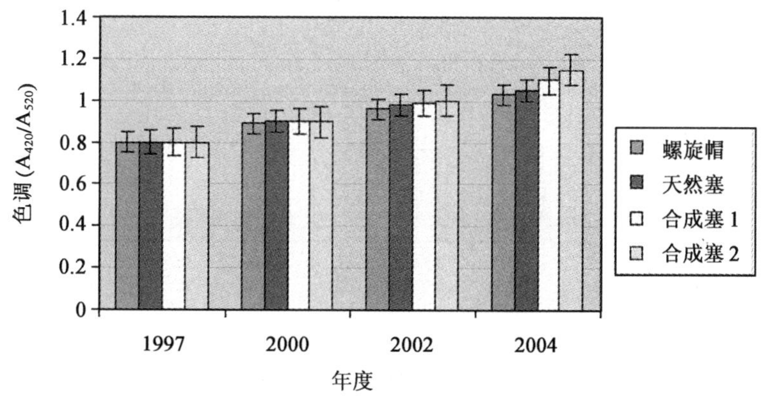

附录 2:图 5　Bin 389 分析的色调随时间的变化情况(3 瓶酒的均值)$P<0.05$。

Bin 389 成熟速度

表 3 总结了 Bin 389 的感官分析归类。有趣的是，2000 年第一次评价时，四种密封物的“成熟”速度差异不显著。葡萄酒的差别主要表现在细节方面，如螺旋帽带有轻微的还原味，而合成塞葡萄酒平淡(可能是被氧化)。然而到 2002 年，合成塞被列为成熟最快，螺旋帽成熟最慢，天然塞居中。合成塞已经表现出浓郁的巧克力口感，并且缺少了螺旋帽和天然塞酒中的第一类果香特性，这可能暗示着已经达到顶峰期。到 2004 年，2 种合成塞葡萄酒再次列为成熟最快，此时具有明显的氧化特性，合成塞葡萄酒可能进入衰老阶段。而螺旋帽和天然塞葡萄酒有着很相似的成熟速度。

附录 2：表 3　每种密封物的成熟速度(1 表示成熟最快、4 表示成熟最慢)

时间	螺旋帽	天然塞	合成塞 1	合成塞 2
2000 年 8 月	2.2[a]	2.8[a]	2.4[a]	2.6[a]
2002 年 6 月	4.0[a]	3.0[b]	1.5[c]	1.5[c]
2004 年 7 月	3.6[a]	3.4[a]	1.4[b]	1.4[b]

* 对于 4 种密封物，上标字母相同表示平均成熟速度差异不显著($P<0.05$)。

显然天然塞存在差异性，只有当天然塞表现良好时才与螺旋帽的成熟速度相似。这两种密封物保留了更多的果味特性，清晰展现了陈酿阶段的颜色、香气和结构的演变。总之，无论氧气是否参与，葡萄酒都在发展成熟。

感官分析

图 6 为 1996 年 Bin389 的感官分析。

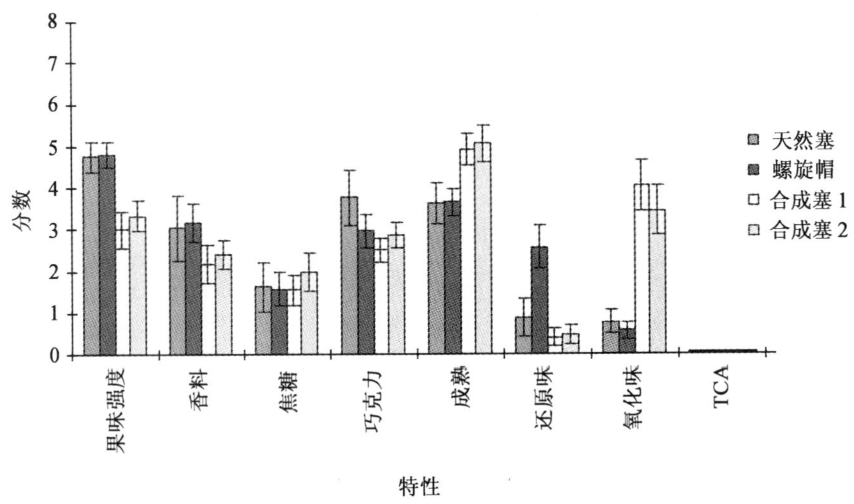

附录 2：图 6　Bin 389 的感官归类。

数据不包含一瓶具有 TCA 的天然塞酒样。

从 Bin 389 的感官分析得出如下要点:

- 相比合成塞,使用天然塞和螺旋帽的葡萄酒都保留了显著高的果味特性。
- 螺旋帽比合成塞 1 表现出更多的香料风味,但相比天然塞或合成塞 2,差异性不显著。
- 所有密封物的葡萄酒,焦糖风味差异性不显著。
- 天然塞比合成塞 1 表现出更多的巧克力味道,但相比螺旋帽或合成塞 2,差异性不显著。
- 合成塞 1 及合成塞 2 的成熟速度显著大于螺旋帽或天然塞。
- 螺旋帽葡萄酒比其他葡萄酒具有显著高的还原味[可能受装瓶前酿造条件的影响,如酿造阶段亚硫酸或亚硫酸盐的硫化氢作用[21]]。对于商用葡萄酒,这种水平是可接受的。
- 合成塞葡萄酒比其他葡萄酒具有显著高的氧化特性。

对从感官分析上获取的数据进行方差分析(数据不包含具有 TCA 的葡萄酒),总结如下。

Bin 389 方差分析结果

- 使用螺旋帽密封的葡萄酒比使用合成塞 1 或合成塞 2 的葡萄酒,具有显著多的果香特性。**
- 使用螺旋帽密封的葡萄酒比使用合成塞 1 或合成塞 2 的葡萄酒,具有显著多的香料风味。*
- 各种密封物葡萄酒表现出的巧克力或焦糖特性,差异性不显著。
- 使用合成塞密封的葡萄酒比螺旋帽葡萄酒,具有显著快的成熟速度。**
- 使用螺旋帽密封的葡萄酒比合成塞密封的葡萄酒,具有显著高的还原味。***
- 使用合成塞密封的葡萄酒比螺旋帽葡萄酒,具有显著高的氧化特性。***

* $P<0.01$, ** $P<0.05$, *** $P<0.001$。

前面的结果证实,透过密封物的氧气量决定了成熟速度,从轻微加速成熟到葡萄酒的过早氧化。上面的结果也印证了这一结论。

红起泡酒

感官分析

图 7 所示为西拉红起泡酒的感官分析。数据包括所有葡萄酒,但其中一瓶 1999 年份气泡酒具有较高的醛含量。

这里提到的醛被认为是葡萄酒成熟的一个过程。通过图 7 的感官分析得出如下要点:

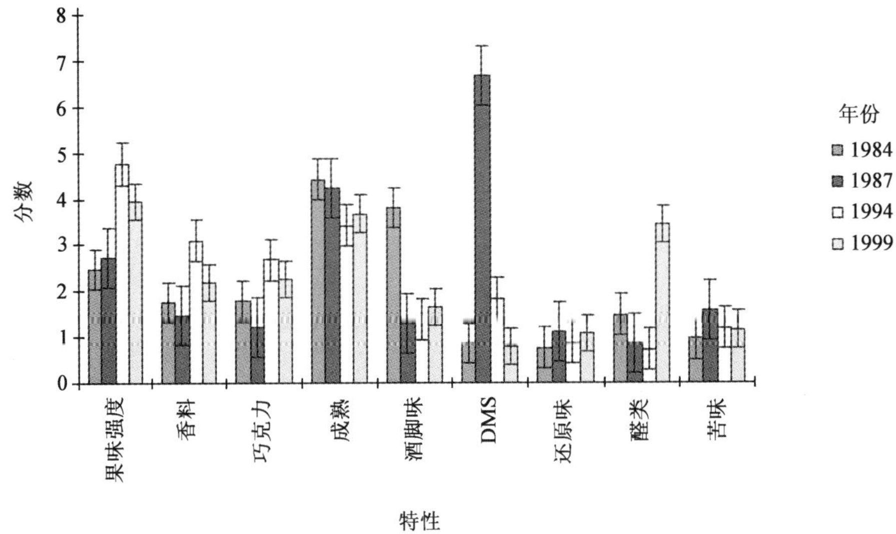

附录 2:图 7　西拉红起泡酒感官分类。

- 1994 年份和 1999 年份的葡萄酒比 1984 年份和 1987 年份的葡萄酒，具有显著高的果香特性。
- 1994 年份的葡萄酒比其他 3 个年份的酒具有显著高的香料味。
- 1994 年份的葡萄酒比 1984 年份和 1987 年份的葡萄酒具有显著高的巧克力特性，但相比 1999 年份的葡萄酒不显著。
- 1984 年份的葡萄酒比 1994 年份的葡萄酒成熟更多，但相比 1987 年份和 1999 年份的葡萄酒差异不大。不包括那瓶 1999 年份较高醛的葡萄酒（数据未在此体现）时，情况会发生变化。此时，葡萄酒的成熟状态符合预期趋势，按梯状排序，从成熟最多（1984 年份），到成熟最少（1999 年份）。
- 1984 年份的葡萄酒比其他 3 个年份的葡萄酒具有显著高的酒泥特性。
- 1987 年份的葡萄酒具有很高的 DMS（二甲基硫化物）特性，很可能受当年年份和气候变化的影响。
- 1999 年份的一瓶葡萄酒相比其他 3 个年份具有显著高的醛类特性。

由于受微量氧气和二氧化硫的影响，1999 年份的一款起泡酒具有醛味，可能是二次发酵产生的副产物。此前人们已经意识到，酵母菌株、pH、营养物质、SO_2 含量和温度等都可能影响发酵的醛类物质。

品尝小组在这些红起泡酒中没有发现任何高水平的还原味，而其中一些酒的还原味非常低。总体而言，这些酒的还原味不是很突出，对比先前的评论和报道会令人惊讶[10,22]。这可能是由于基酒的工艺和二次发酵氮素缺乏造成的。另外，拉维·克鲁格和都博迪认为酵母死细胞的吸收、后续处理以及去渣操作可能使葡萄酒的还原味降低。

光谱分析

红起泡酒的光谱分析结果与感官分析结果有着相似的发展趋势。图 8 显示了葡萄酒的颜色密度和色调的结果，年份越老的葡萄酒有着最高的色调和最低的颜色密度，主要是由于棕色调增加和红色调减少。这也符合了葡萄酒从年轻到老的成熟趋势。

一些红起泡酒的结果非常有趣，它们在 SO_2 或氧气不显著的环境中成熟，却与 Bin 389 的颜色发展趋势非常相似。这意味着红葡萄酒在成熟过程中微量的 SO_2 和氧气也会继续影响多酚物质的反应，从而影响葡萄酒的颜色，这与装瓶时较高的 SO_2 的发展趋势很相似。图 8 所示的结果，还应当考虑酿造初期的不同颜色值对图 8 所示结果产生的影响。

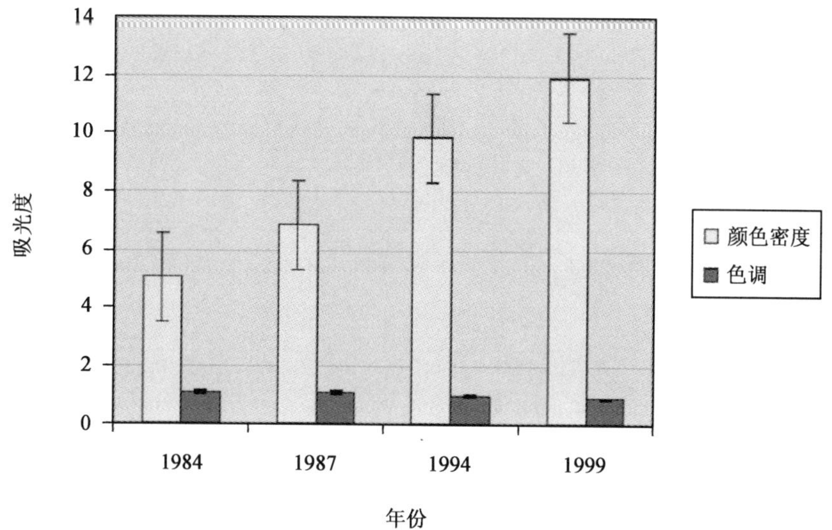

附录 2：图 8　西拉红起泡酒的色调和颜色密度（$P<0.05$）。

尽管可以肯定每种酒有着不同的初始颜色，但图 8 十分清晰地展示了成熟趋势。1984 年份的葡萄酒具有最高的色调，因此呈棕褐色。1999 年份的葡萄酒有着最高的颜色密度和最低的色调，因此呈红色。如果氧气对葡萄酒的颜色演变是必要的关键角色，那么经过长时间作用后结果很可能与图 8 所示不同。总结这 4 个不同年份葡萄酒的颜色密度，可以得出如下结果：

- 1984 年份和 1987 年份的葡萄酒在颜色密度或色调上，差异性不显著；但与 1994 年份和 1999 年份的葡萄酒差异较大。
- 1994 年份和 1999 年份的葡萄酒在颜色密度或色度上，差异性不显著。
- 虽然应当考虑年份差异因素，但从葡萄酒的发展趋势看，即使在缺少氧气的环境中，葡萄酒的成熟也会按照预期发展。

结论

这项研究显示，氧气对瓶储红葡萄酒的发展并不重要。通过测量透过的少量氧气[如合成塞，大约 4 mL O_2/(瓶·年)]，很显然氧化反应加速了红葡萄酒的成熟演变。即使测出通过密封物的氧气量几乎为零(假定这个过程为厌氧反应)，红葡萄酒依然会发展成熟。在厌氧环境中，一些瓶装葡萄酒可能表现出还原味；而在较多氧的环境下，葡萄酒发展出氧化特性。Bin 389 的试验结果中，成熟速度最慢的葡萄酒具有还原味，但仍在市场接受范围内。

参考文献

(1) Boulton, R.B., Singelton, V.L., Bisson, L.F. and Kunkee, R.E. (1996) Principles and Practices of Winemaking. Chapman & Hall, New York.

(2) Carr, R. (2000) XL.Statistics 5.73. XLent Works, Australia).

(3) Casey, J.A. (1998) The cork paradox. *The Australian Grapegrower and Winemaker*, 1998 Technical Issue, 15-20.

(4) Casey, J.A. (2003) Controversies about corks. *The Australian Grapegrower and Winemaker*, No.275, 68-74.

(5) Castellari, M., Arfelli, G., Ripon, C and Amati, A. (1998) Evolution of Phenolic Compounds in Red Winemaking as Affected by Must Oxygenation. *American Journal of Enology and Viticulture*. 49:1, 91 – 94.

(6) Danilewicz, J.C. (2003) Review of Reaction Mechanisms of Oxygen and Proposed Intermediate Reduction Products in Wine: Central Role of Iron and Copper. *American Journal of Enology and Viticulture* 54:2, 73 – 85.

(7) Dubourdieu, F. (1992) Les Grand Bordeaux de 1945 à 1988. Mollat, Bordeaux.

(8) Duncan, B., and Kleinig, A. (1999) Oxygen Transmission Analysis of Wine Bottle Closures. Southcorp Wines Internal Project P9703.

(9) Frivik, S., K. and Ebler, S.E. (2003) Influence of Sulphur Dioxide on the Formation of Aldehydes in White Wine. *American Journal of Enology and Viticulture* 54:1, 31 – 38.

(10) Godden, P., Francis, L., Field, J., Gishen, M., Coulter, A., Valente, P., Hoj, P. and Robinson, E. (2001) Wine Bottle Closures: physical characteristics and effect on composition and sensory properties of a Semillon wine 1. Performance up to 20 months post-bottling. *Australian Journal of Grape and Wine Research* 7 : 64 – 105.

(11) Gonzales Cartagena, L., Perez-Zuniga, F.J. and Bravo Abad, F. (1994) Interactions of Some Environmental and Chemical Parameters Affecting the Colour Attributes of Wine. *American Journal of Enology and Viticulture* 45:1, 43 – 48.

(12) Iland, P.G., Ewart, A., Sitters, J.H., Markides, A. and Bruer, N. (2000) Techniques for chemical analysis and quality monitoring during winemaking. WineTitles, Adelaide.

(13) Kwiatkowski, M., Skouroumounis, G., Cozzolino, D., Francis, L., Lattey, K, Kleinig, A. and Waters, E. (2004) Impact of ullage volume under screw cap (ROTE) on chemical composition and sensory properties of a Cabernet Sauvignon wine. Australian Wine & Research Institute Poster. Australian Technical Conference, Melbourne 2004.

(14) Lavigne-Cruege, V. and Dubourdieu, D. (2001) The aptitude of wine lees for eliminating foul-smelling thiols. *The Australian Grapegrower and Winemaker*, July 2001 : 37-44.

(15) Madigan, A. (2004) The screw cap revolution rolls on. *The Australian and New Zealand Wine Industry Journal*, 19(5): 59-65.

(16) Meilgaard, M., Civille, G.V., and Carr, B.T. (1991) Sensory Evaluation Techniques. 2nd edition. CRC Press, Boca Raton, FL, USA.

(17) Rankine, B.C., Leyland, D.A., and Strain, J.J.G.(1980) Further Studies on Stelvin and related wine bottle closures. *The Australian Grapegrower & Winemaker* No 196. April 1980.

(18) Ribéreau-Gayon, P., Glories, Y., Maujean, A., and Dubourdieu, D. (2000) Handbook of Enology Volume 2: The Chemistry of Wine Stabilisation and Treatments. John Wiley and Sons Ltd., Chichester, England.

(19) Singelton, V.L. (1987) Oxygen with Phenols and Related Reactions in Must, Wines, and Model Systems: Observations and Practical Implications. *American Journal of Enology and Viticulture* 38:1, 69 – 77.

(20) Somers, T.C. and Evans, M.E. (1977) Spectral evaluation of young red wines: anthocyanin equilibria, total phenolics, free and molecular SO_2, chemical age.

Journal of Science, Food and Agriculture 28, 279-287.

(21) Spiropoulous, A., Tanaka, J., Flerianos, I and Bisson, L., F. (2000) Characterisation of Hydrogen Sulphide Formation in Commercial and Natural Wine Isolates of Saccharomyces. *American Journal of Enology and Viticulture* 51:3, 233 – 246.

(22) Stelzer, T. (2004) Red wines and long term development. *Practical Winery and Vineyard*. July / August 2004 : 87 – 90.

(23) Wildenradt, H.L. and Singelton, V.L. (1974) The Production of Aldehydes as a result of oxidation of polyphenolic compounds and its relation to wine aging. *American Journal of Enology and Viticulture* 25:2, 119 – 126.

附录 3　厂家产品数据和规格表

ACI 玻璃包装公司(ACI Glass Packaging)
安姆科公司(Amcor)
奥斯凯普公司(Auscap)
经典包装公司(Classic Packaging)
国际帽公司(Globalcap)
MGJ 公司(MGJ)
新凯普公司(NewKap)
佩希内包装公司(Péchiney Capsules)

译者注:原著成书于 2005 年,时隔中文的出版已 8 年时间。上面部分公司已有变动,译者搜集整理出最新的公司名称。了解更多信息,请查询相关公司。

1. 奥斯凯普公司(Auscap)、国际帽公司(Globalcap)已被 Guala closures(刮拉包装)收购。

2. 佩希内包装公司(Péchiney Capsules)被安姆科公司(Amcor)收购。

3. 新凯普公司(NewKap)已被 Cork Supply 收购。

4. ACI 玻璃包装公司(ACI Glass Packaging)已被 O-I(Owens-Illinois)收购。

5. MGJ 公司、经典包装公司(Classic Packaging)名称未变动。

ACI 玻璃包装公司(ACI Glass Packaging)

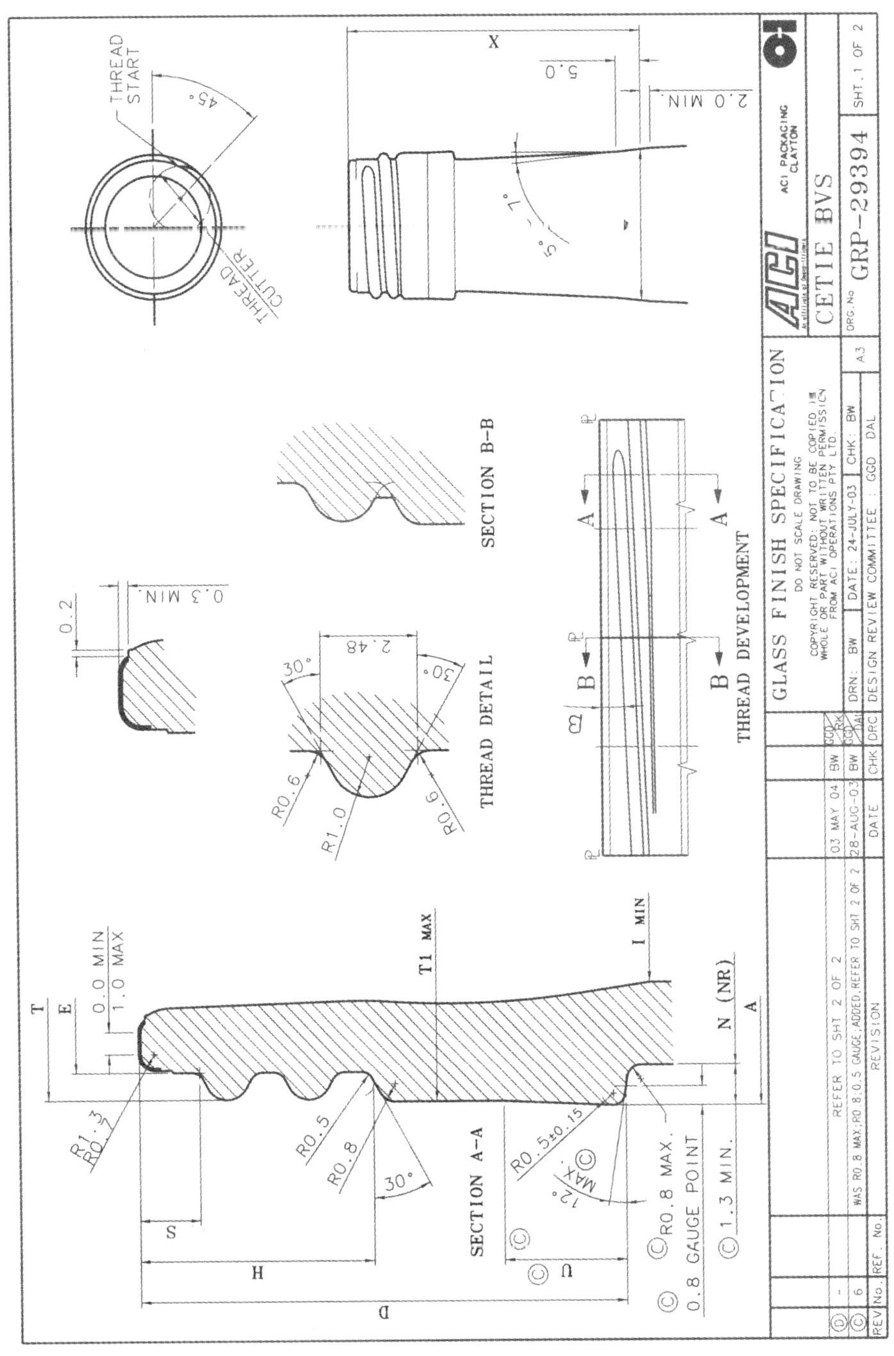

图片由 ACI 玻璃包装公司提供。经许可转载。

					©			©						Ⓓ		
SIZE	T	T1 MAX	E	A	N MAX	H	D	U	S	Y	X	PITCH	β	I MIN	THREAD RUN	THREAD CUTTER
30/60	28.60 28.00	28.70	26.40 25.80	29.20 28.60	26.0 (NR)	10.60 10.20	21.60 21.20	5.60 5.10	3.05 2.55	30.30 28.90	59.5	3.63	2.43°	17.5	461°	12.7

No alterations or revisions are to be made to this drawing except as authorised by the design review committee.

054. β – the helix angle of the thread.

056. 'S' is the distance down to a point where the top flank angle of the thread intersects the actual 'E' diameter at the start of full form thread.

059. The thread shall consist of not less than 'SEE CHART' degrees of full form thread. Beyond this point thread will taper out as a flat ramp in not less than 180 degrees.

064. Offset or vertical mismatch in the threaded area is not to exceed 0.1

105. Minimum 'I' is for filling tube clearance and extends through the entire length of the bottle neck.

151. Sealing area is identified by a heavy line.This area must be free of defects which would result in leakage.

154. The Sealing surface radius is maintained within the limits of 0.7/1.3 to ensure adequate function when used as a pressure seal with a redrawn closure.

202. The top section of the tamper evident band ('T' 1 Max) may be 0.1 larger than 'T'.

265. Proper function of the closure requires that the mean diameters of 'A', 'E' and 'T' be within 0.20 of the specified mean and that 'E' and 'T' be as near vertical as possible.

268. Proper function of the closure requires that the mean diameter of 'Y' be within ±0.40 of the specified mean.

304m. 'H' is the vertical distance from the top to a point which is tangent to the 0.5 radius where the tamper evident band starts at 'E' diameter.

REV	No.	REF. No.	REVISION	DATE	CHK	DRC
Ⓓ	1		WAS 16.1	03 MAY 04	BW	GGD RK
©	2		WAS 20.1; ADDED U ; REFER TO SHT 1 OF 2	28-AUG-03	BW	GGD DAI

GLASS FINISH SPECIFICATION

DO NOT SCALE DRAWING

COPYRIGHT RESERVED:NOT TO BE COPIED IN WHOLE OR PART WITHOUT WRITTEN PERMISSION FROM ACI OPERATIONS PTY LTD.

DRN: BW | DATE:24-JULY-03 | CHK: BW

DESIGN REVIEW COMMITTEE : GGD DAL

A3

ACI　ACI PACKAGING CLAYTON　OI

CETIE BVS

DRG.No GRP-29394　SHT.2 OF 2

图片由 ACI 玻璃包装公司提供。经许可转载。

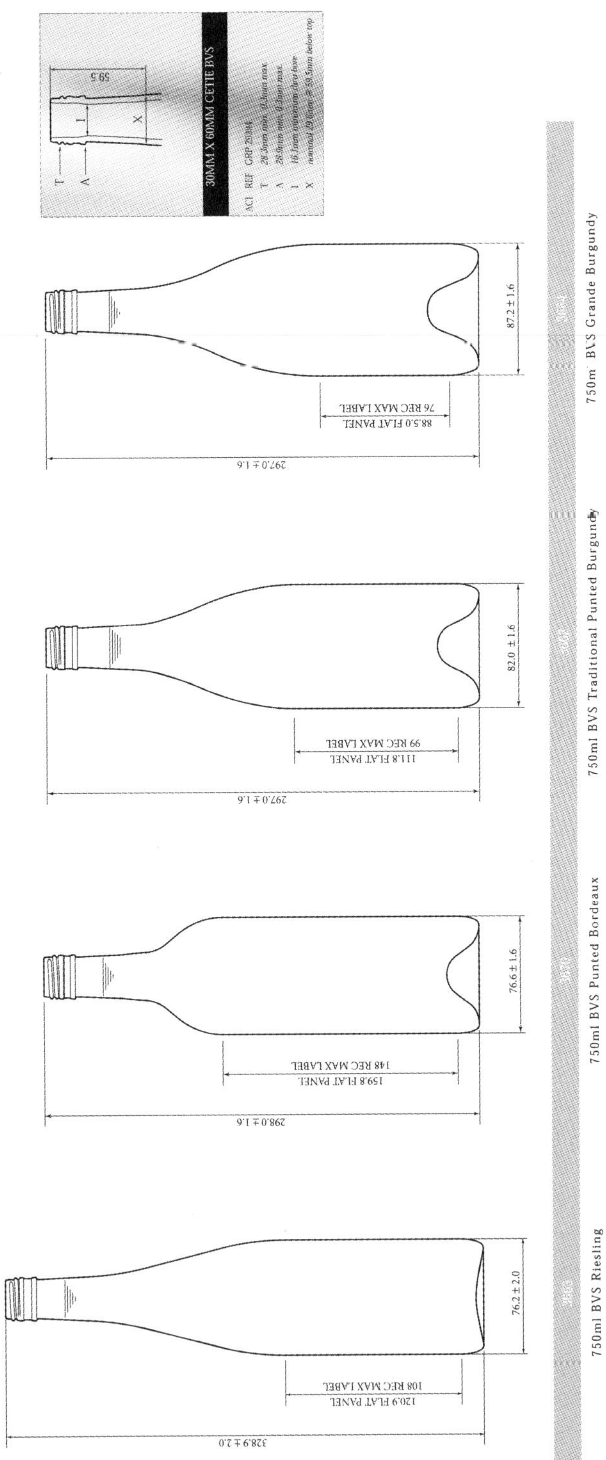

图片由 ACI 玻璃包装公司提供。经许可转载。

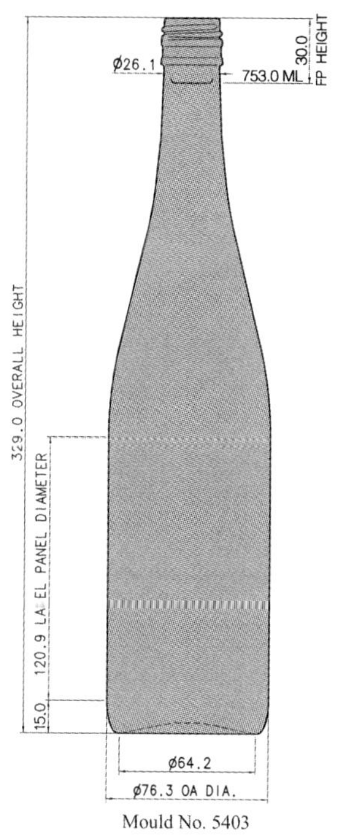

Mould No. 5403

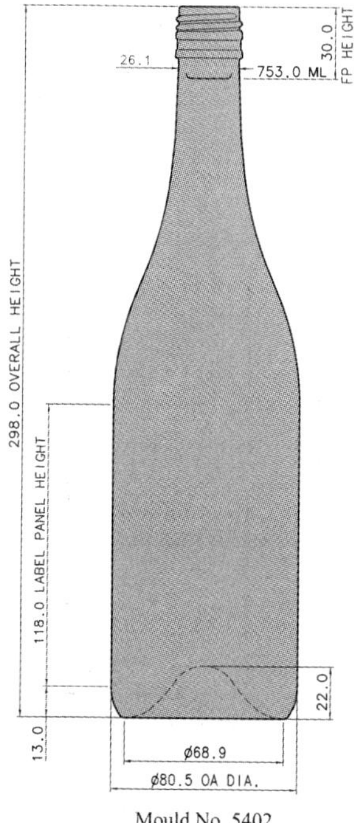

Mould No. 5402

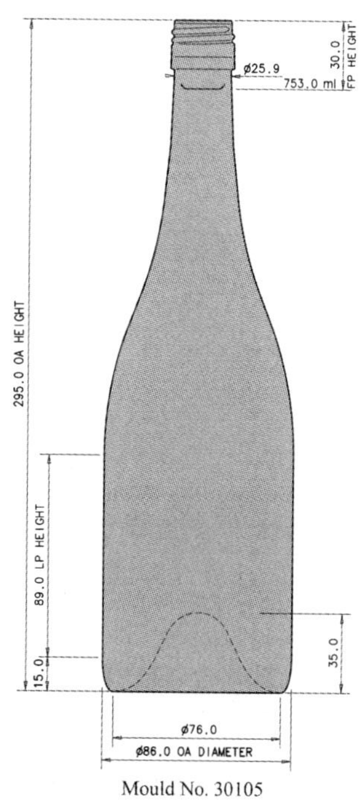

Mould No. 30105

图片由 ACI 玻璃包装公司提供。经许可转载。

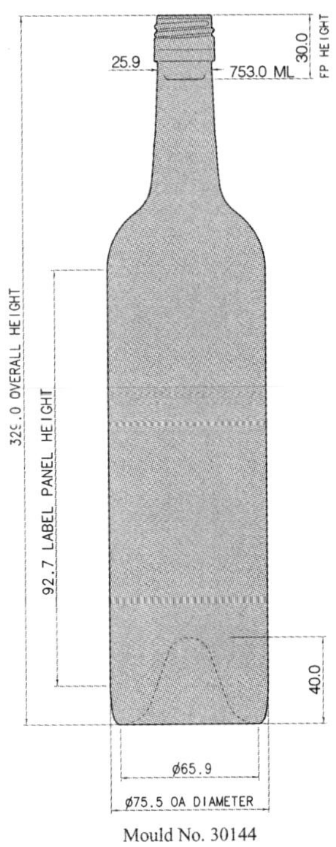

Mould No. 30144

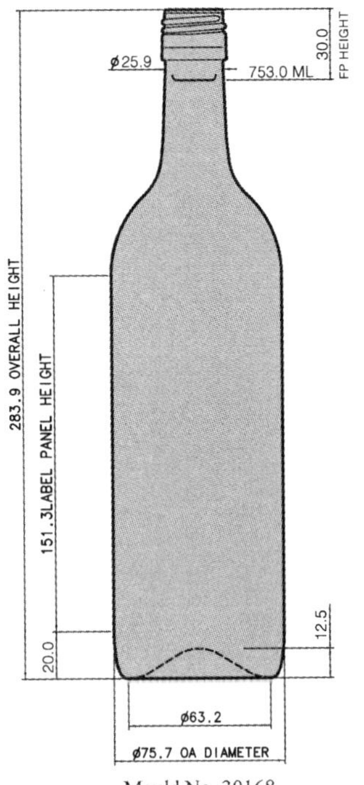

Mould No. 30168

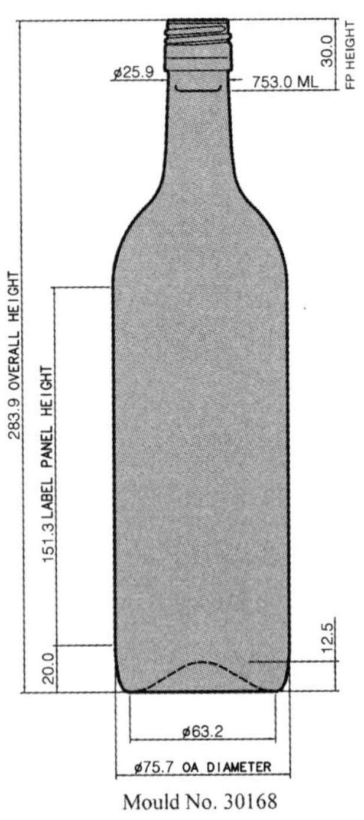

Mould No. 30168

图片由 ACI 玻璃包装公司提供。经许可转载。

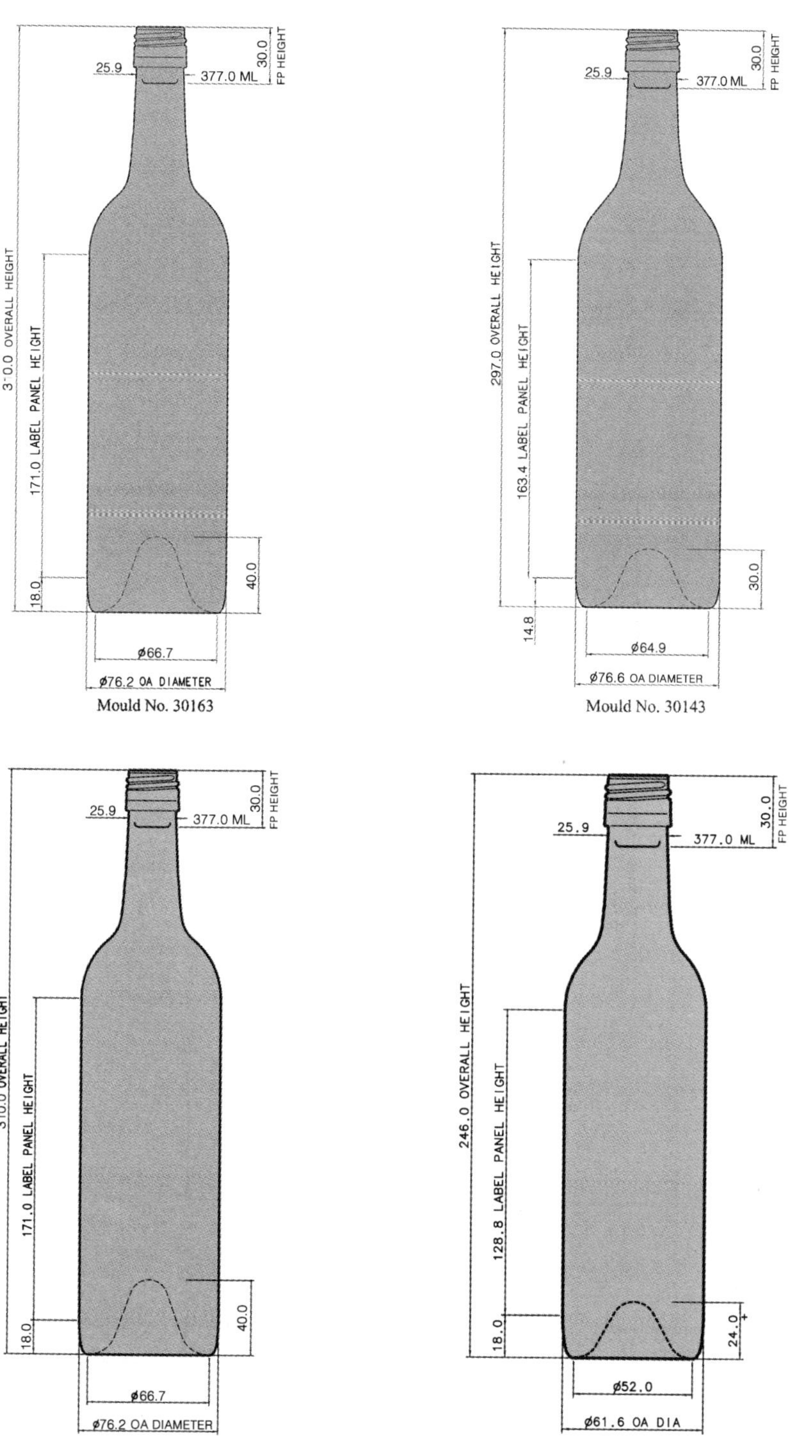

图片由 ACI 玻璃包装公司提供。经许可转载。

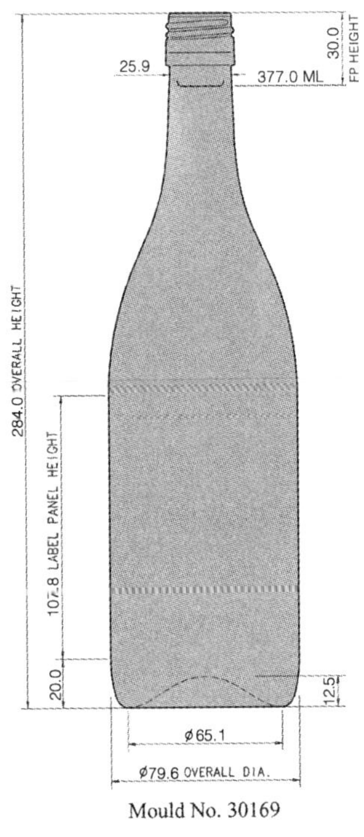

Mould No. 30169

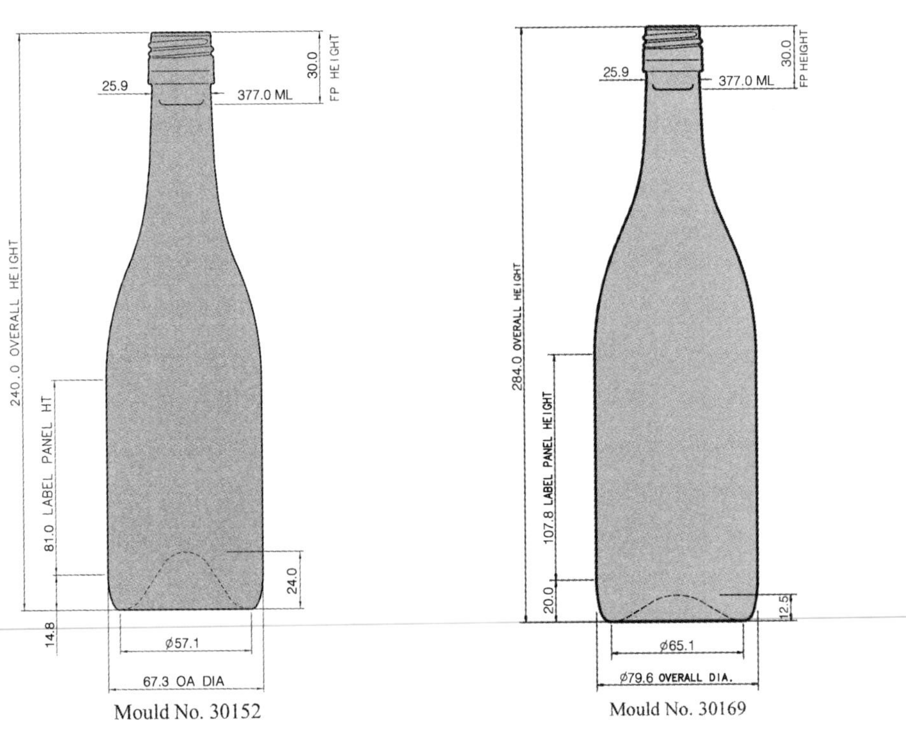

Mould No. 30152

Mould No. 30169

图片由 ACI 玻璃包装公司提供。经许可转载。

安姆科公司(Amcor)

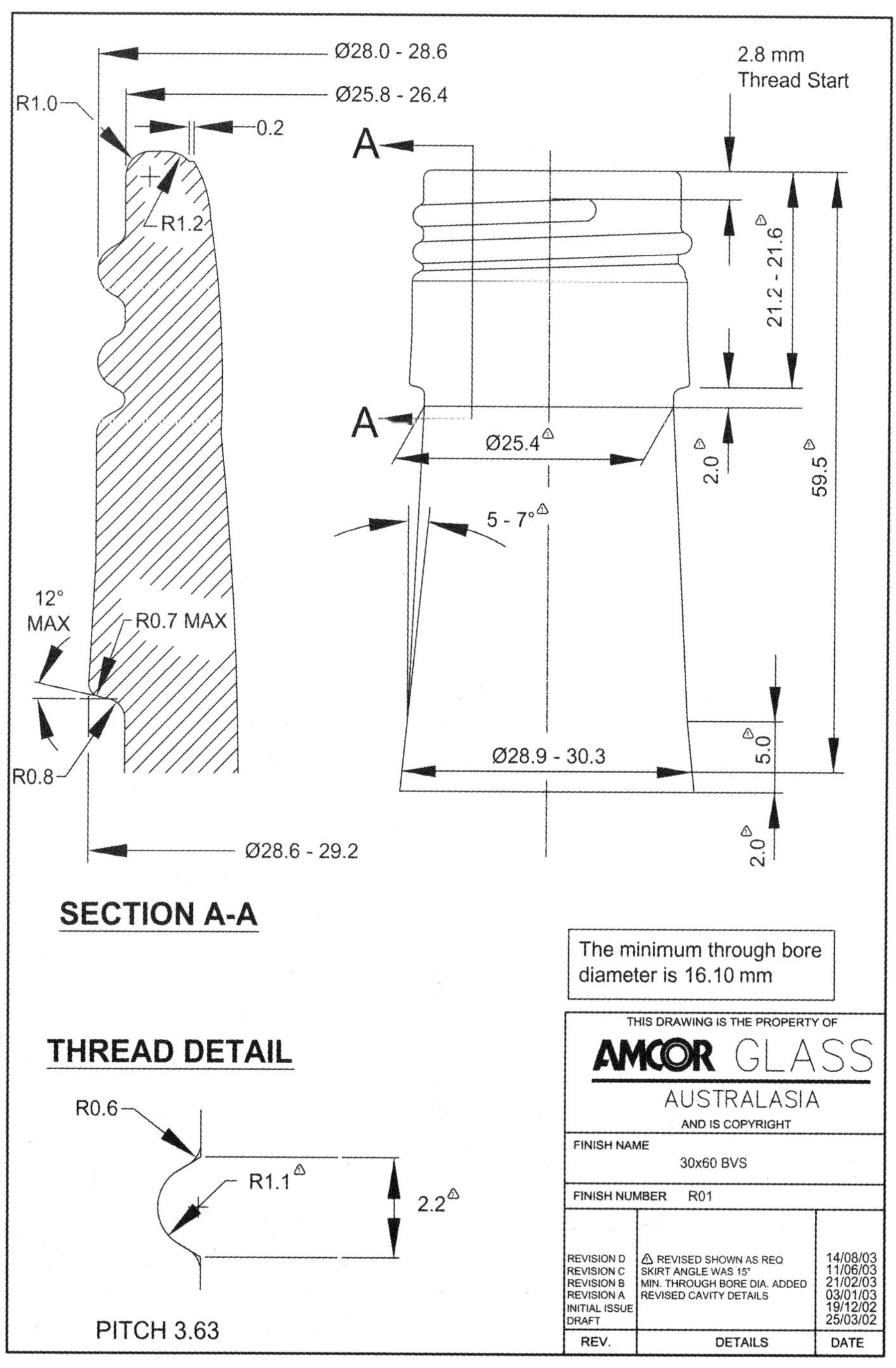

图片由安姆科公司提供。经许可转载。

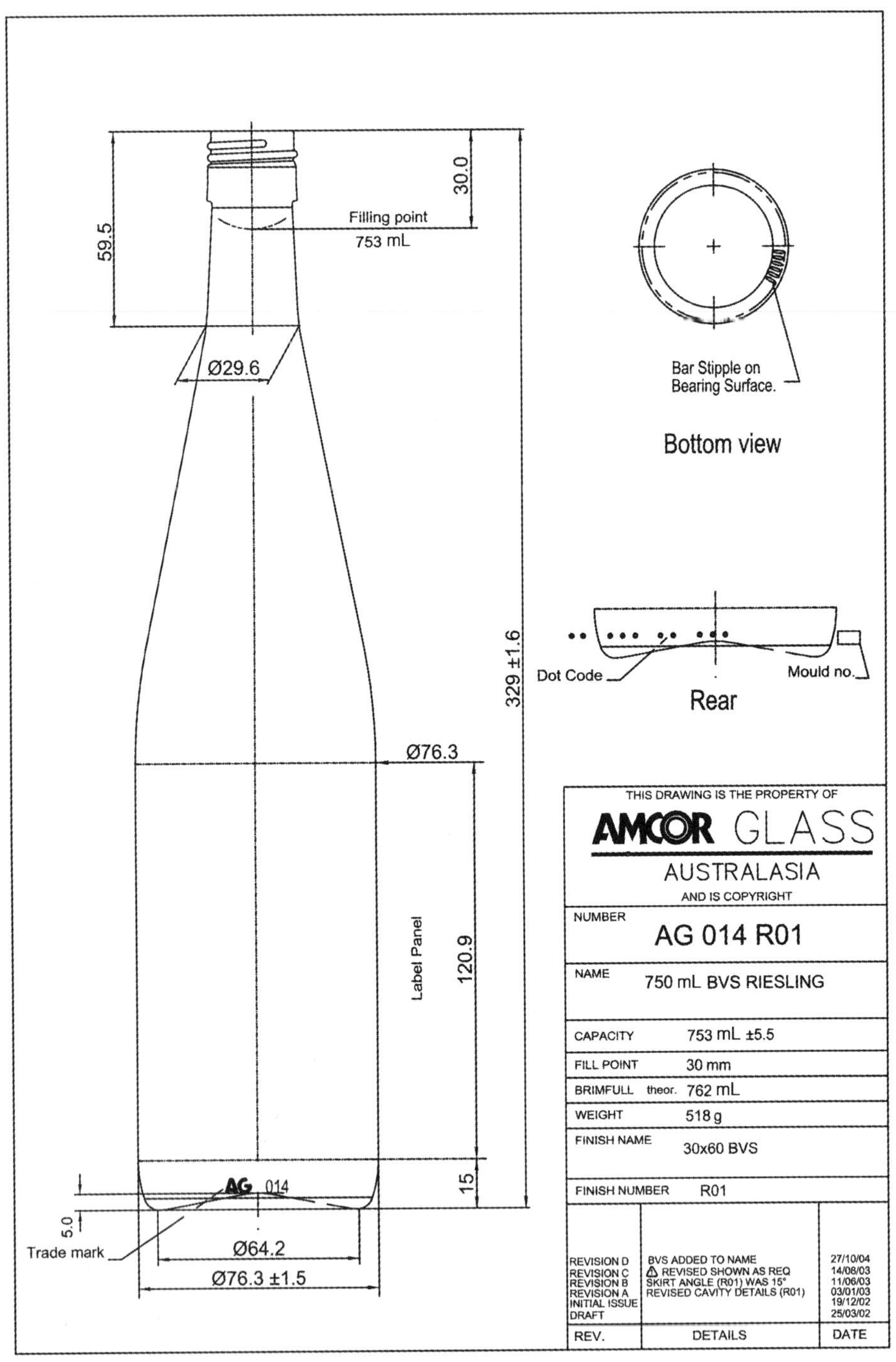

图片由安姆科公司提供。经许可转载。

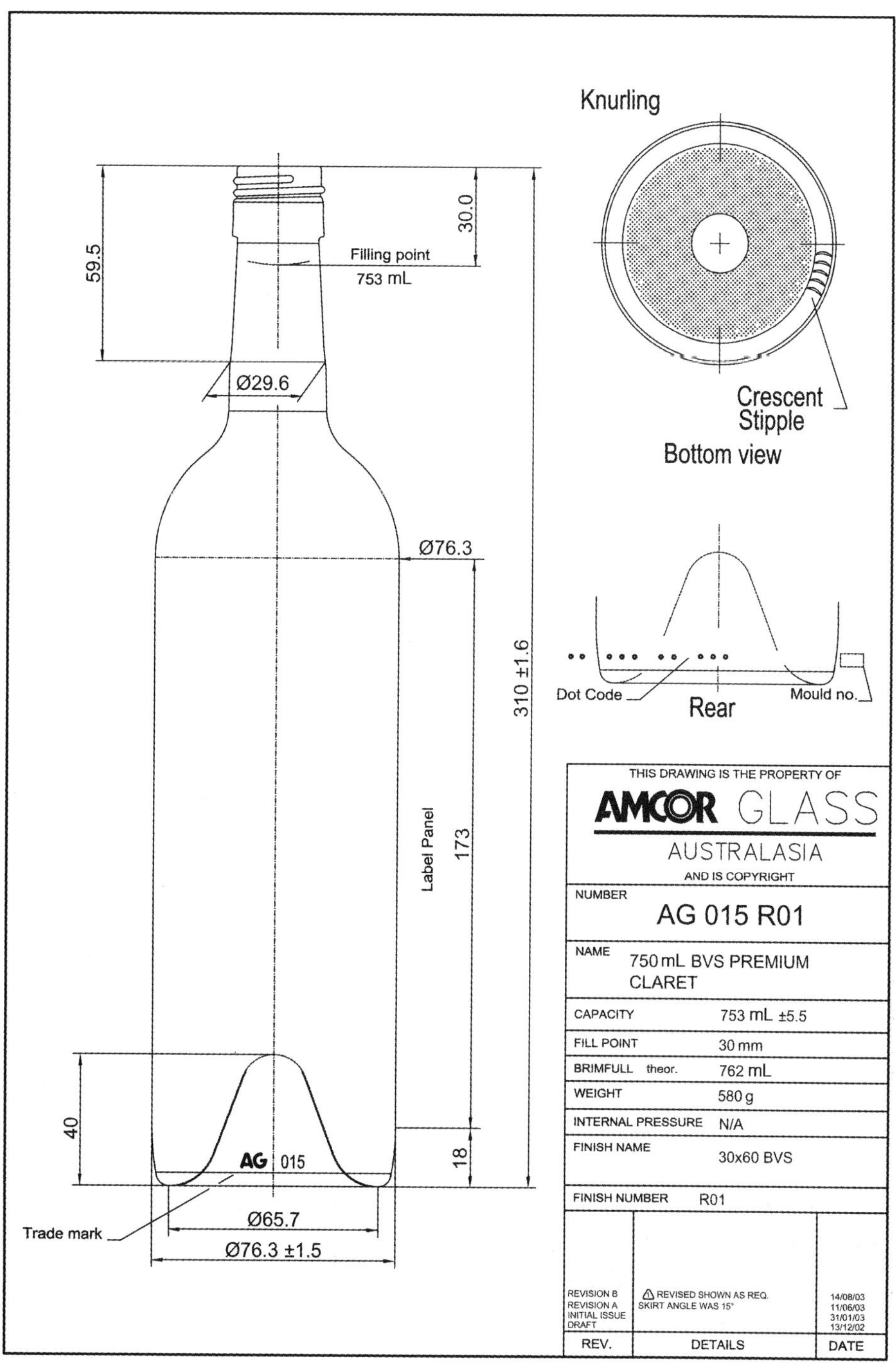

图片由安姆科公司提供。经许可转载。

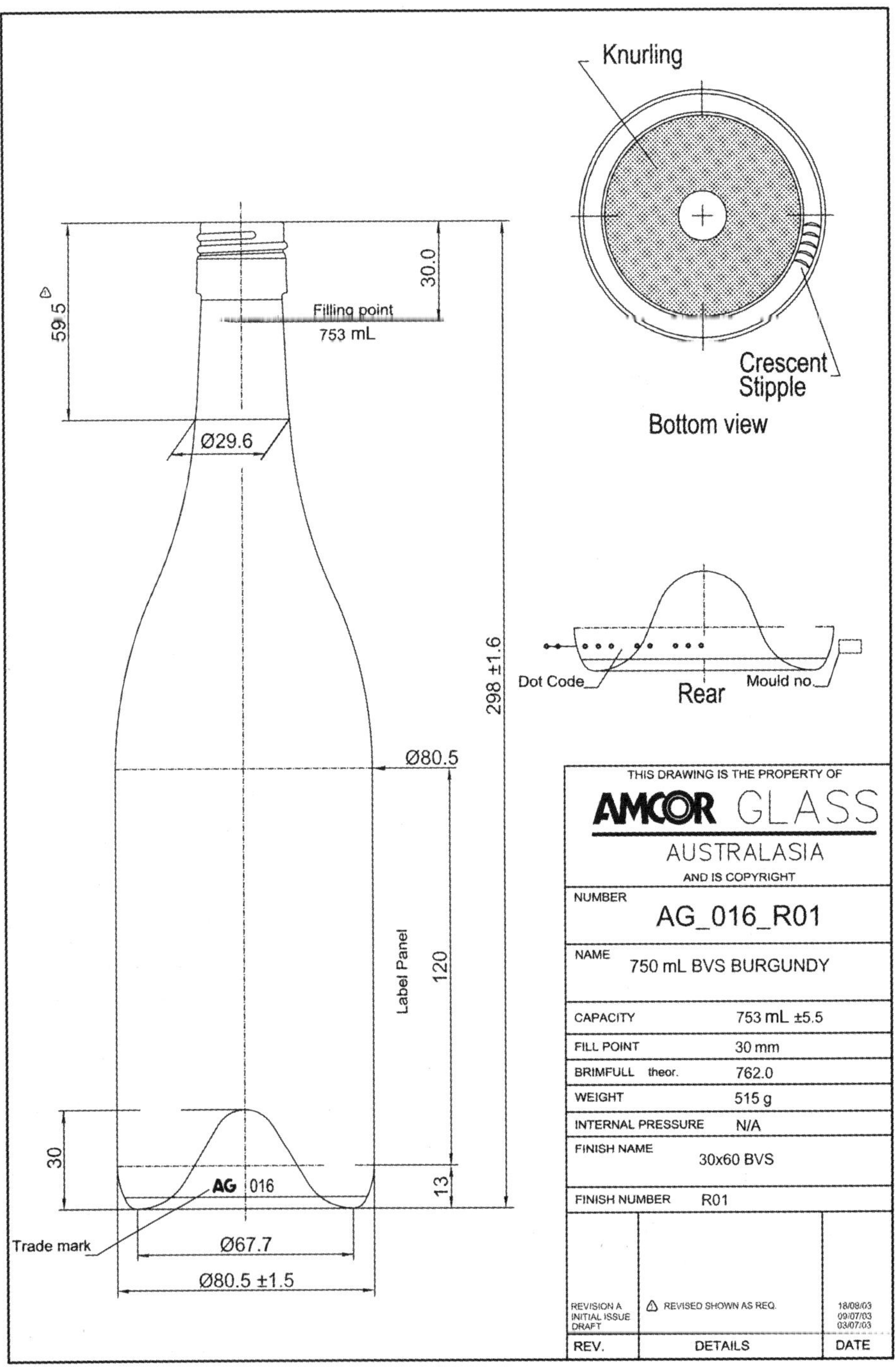

图片由安姆科公司提供。经许可转载。

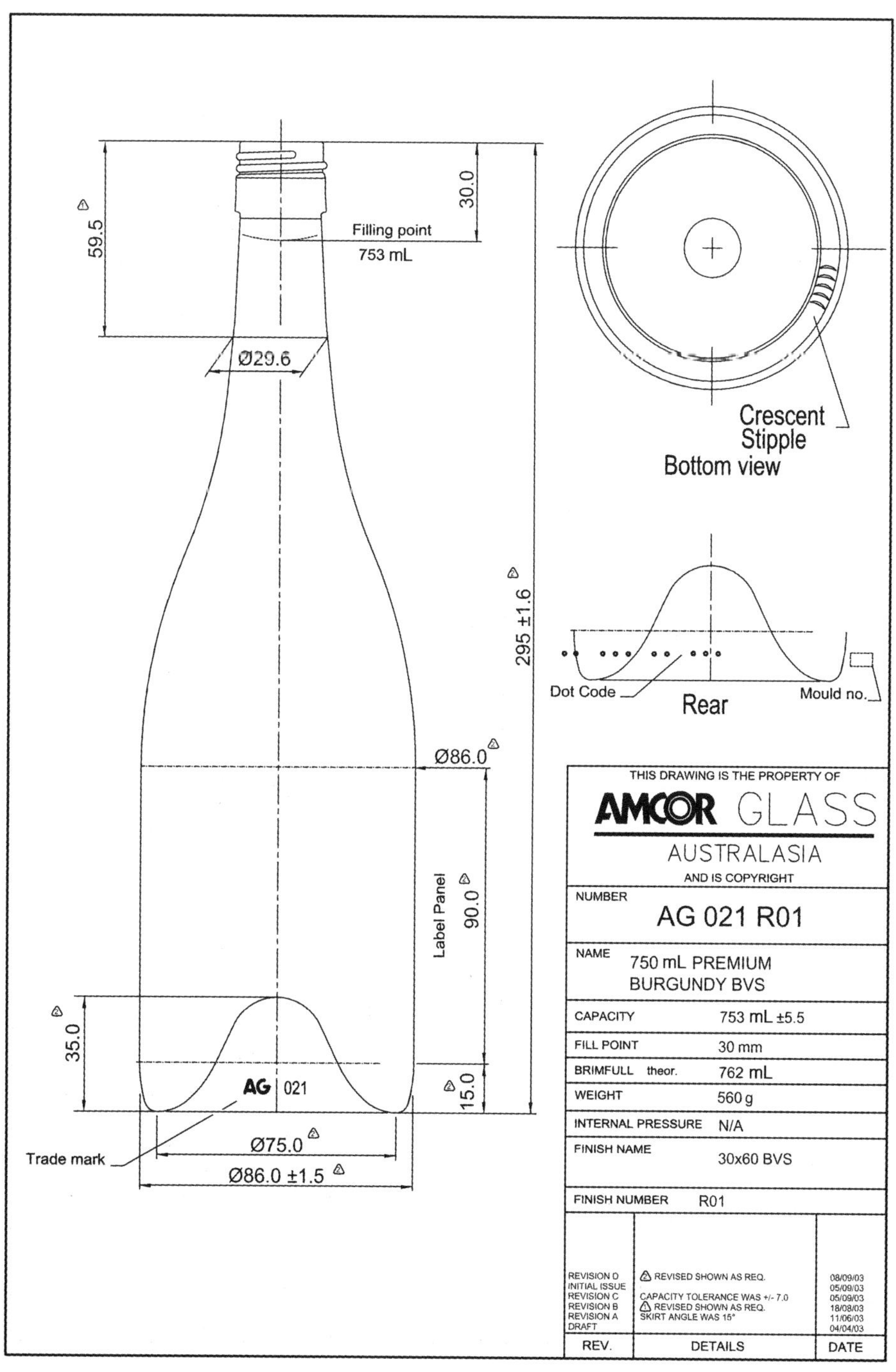

图片由安姆科公司提供。经许可转载。

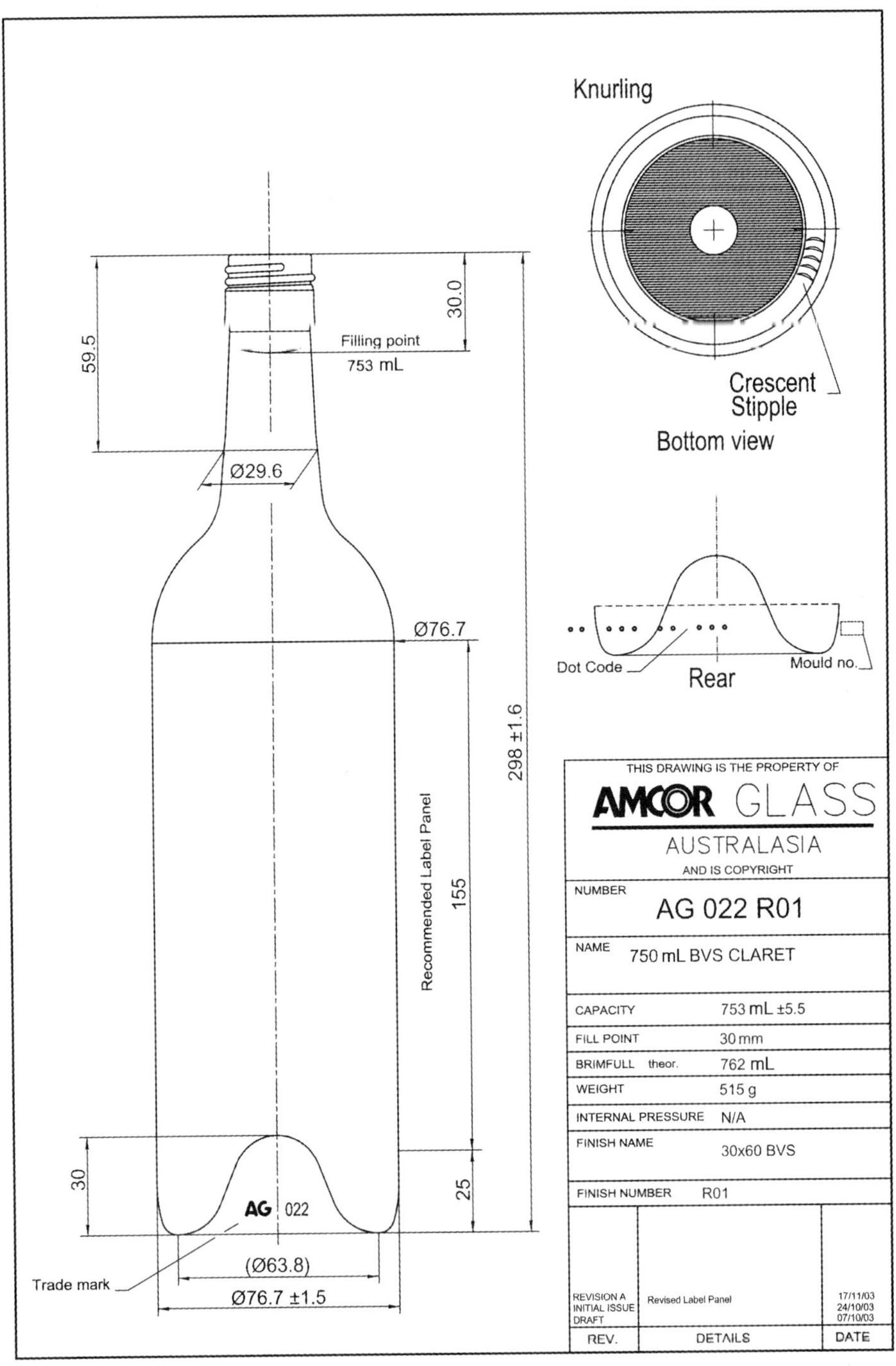

图片由安姆科公司提供。经许可转载。

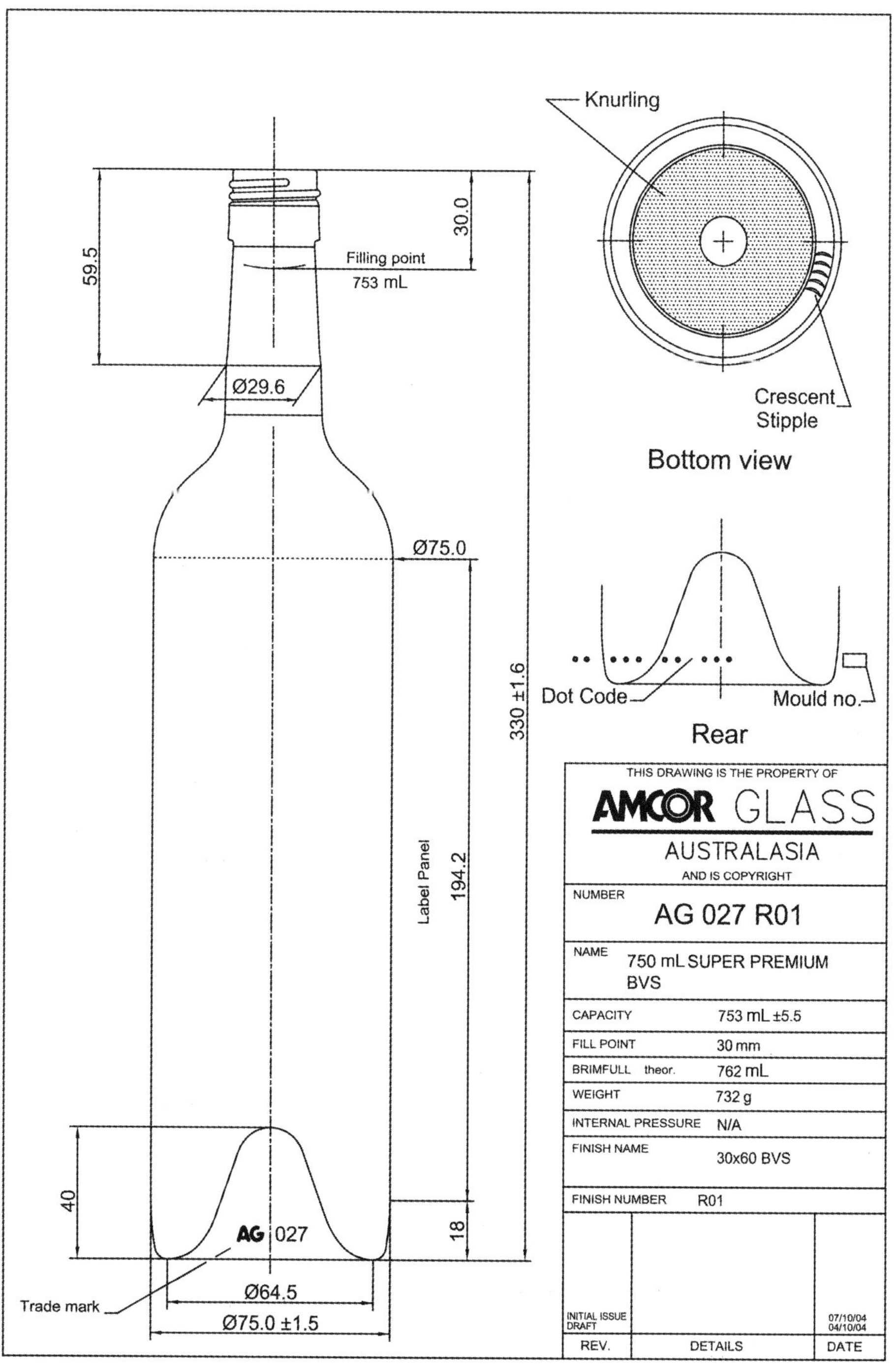

图片由安姆科公司提供。经许可转载。

奥斯凯普公司(Auscap)

AUSCAP

Manufacturer of quality metal closure and the Cap-Vin capsule

Good packaging starts at the top!

30x60 SUPERVIN

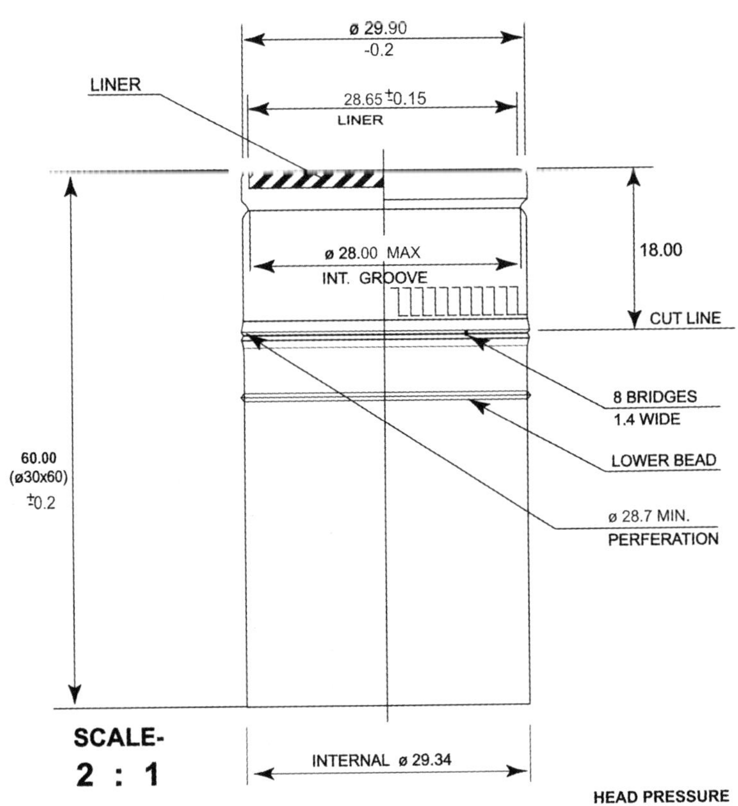

HEAD PRESSURE
Approx. 120-150 kg
(20% more pressure
with re-draw pressure block)

THREAD ROLLERS
Approx. 8-12 kg

TUCK UNDER ROLLER
Approx. 8-12 kg

MATERIAL - ALUMINIUM TYPE 8011
OR EQUIVALENT. x 0.23 THICK

Liner - Tin Foil Polyvinylydenechloride (PVDC)
(Supervin 2.0mm thick)

REMOVAL TORQUES 10 - 25 INCH POUND
NOTE: REMOVAL TORQUES ARE DEPENDANT ON VARIATIONS IN GLASS AND APPLICATION CONDITIONS

SEAL SECURE TEST (FOR RE-DRAW APPLICATION ONLY)
NOT TO LEAK BELOW 50 PSI

NB. ALL SPECIFICATIONS ARE SUBJECT TO CHANGE WITHOUT NOTICE

ISS01 17/01/05 30x60 Supervin

图片由奥斯凯普公司提供。经许可转载。

Recommendations for the correct application of 30 mm × 60 mm SuperVin closures

Top load: 120 - 180 kg with BVS redraw pressure block.

Side thread roller radius: 0.75 - 0.8 mm

Thread roller side tension: 8 - 12 kg.

Tuck-under (crimping) side tension: 8 - 12 kg.

Note: Please carry out maintenance and inspection of the capping heads as per the manufacturer's specifications.

QA Testing

Initial torque: 12 - 25 lbs.inches.

Bridges breaking torque 10 - 25 lbs.inches.

NOTE: REMOVAL TORQUES ARE DEPENDANT ON VARIATIONS IN GLASS AND APPLICATION CONDITIONS

Pressure testing: 50 Psi and above using secure seal testing.

Pressure Block Dimensions

Ø - Drawing diameter: 27.5 mm

H - Indentation depth: 1.3 - 1.7 mm

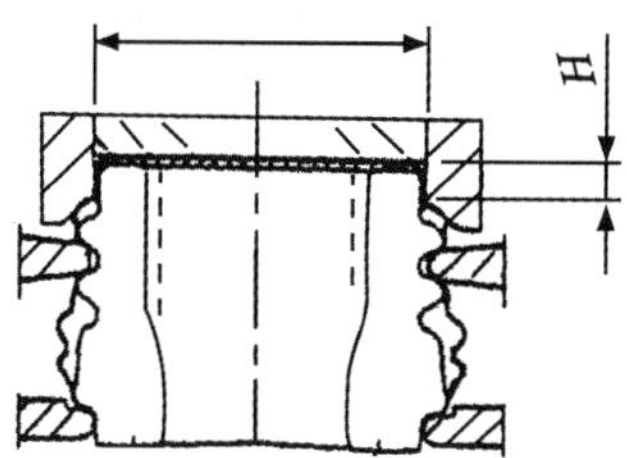

Note : Specifications subject to change without notice

图片由奥斯凯普公司提供。经许可转载。

经典包装公司(Classic Packaging)

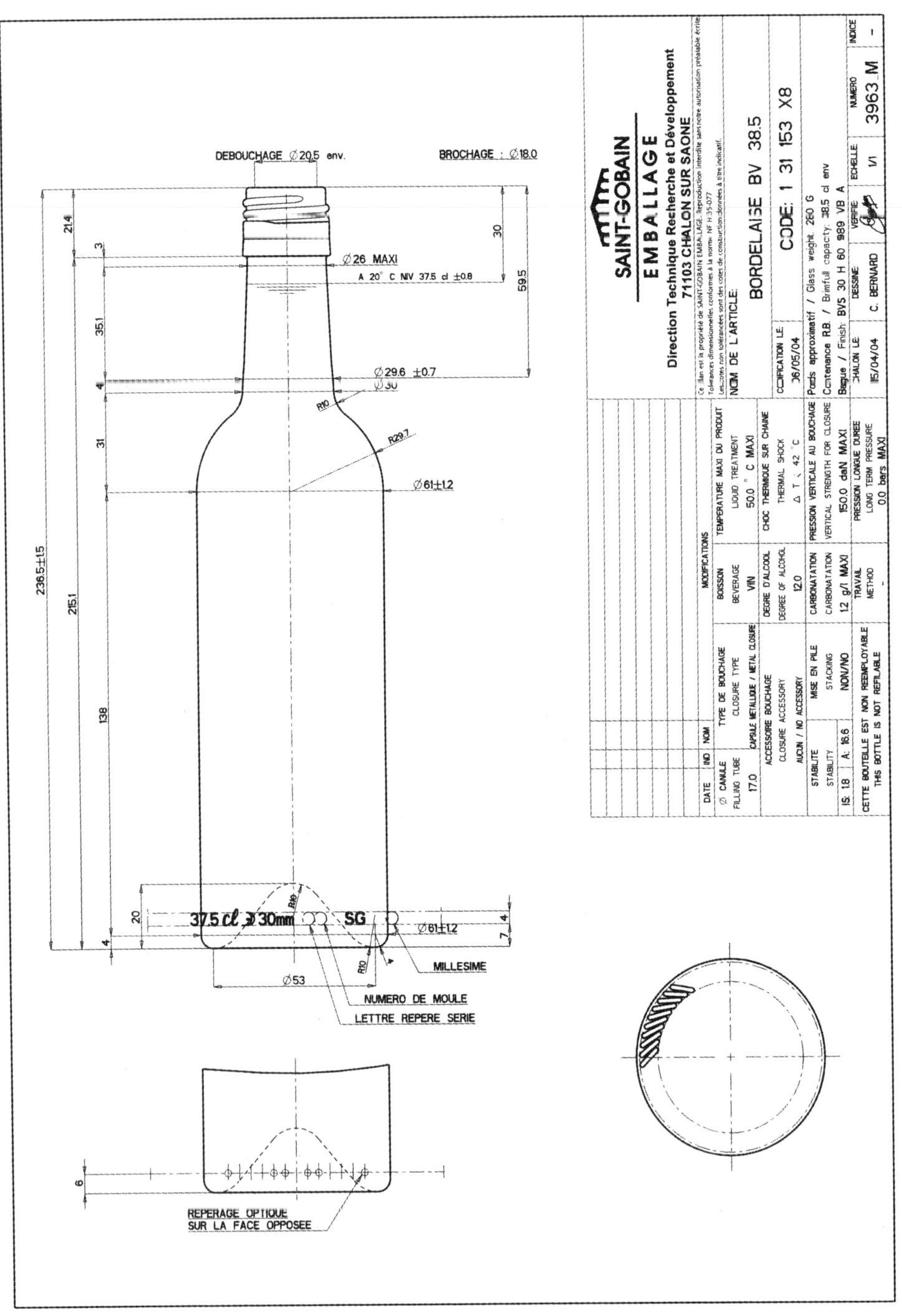

图片由经典包装公司提供。经许可转载。

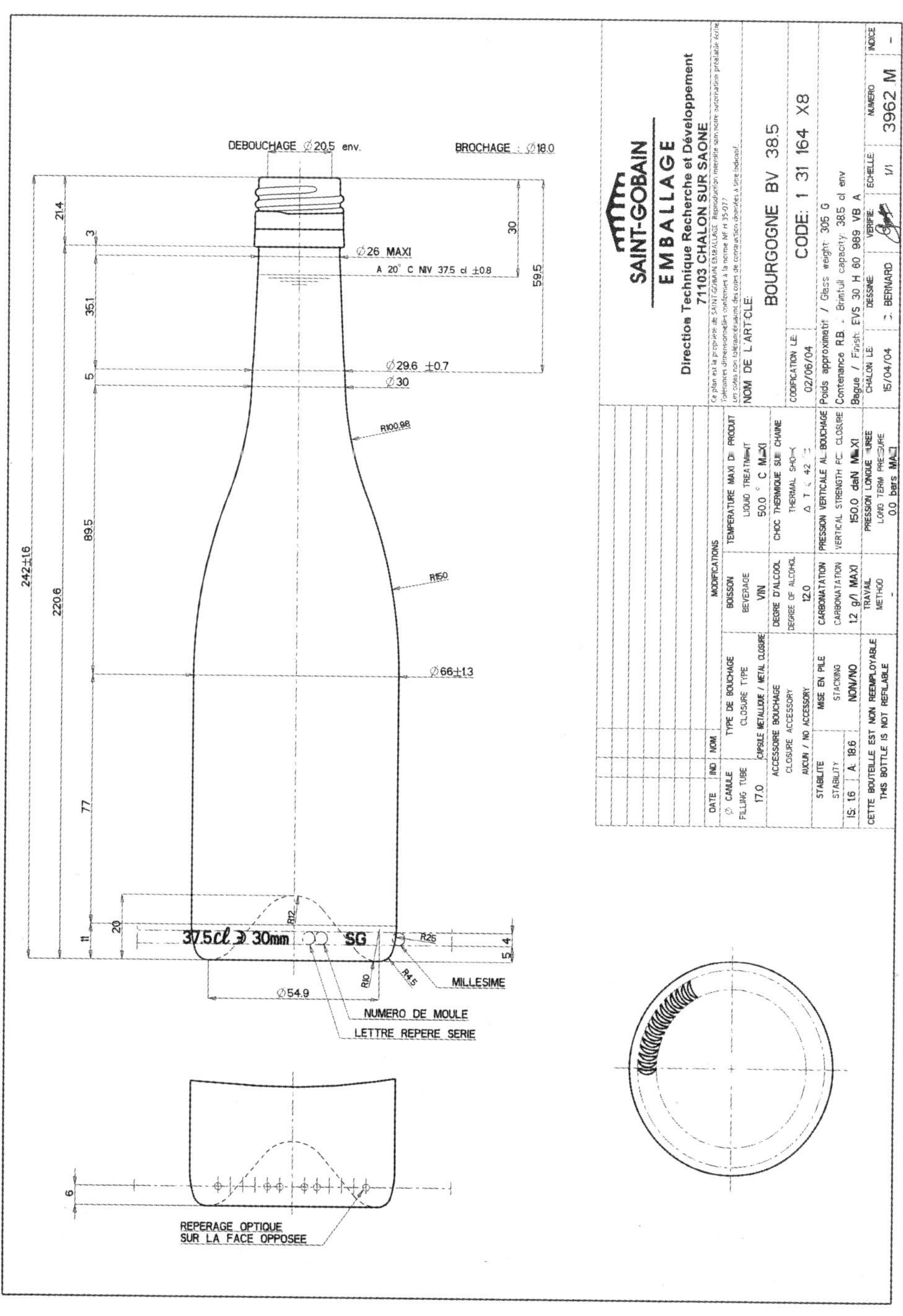

图片由经典包装公司提供。经许可转载。

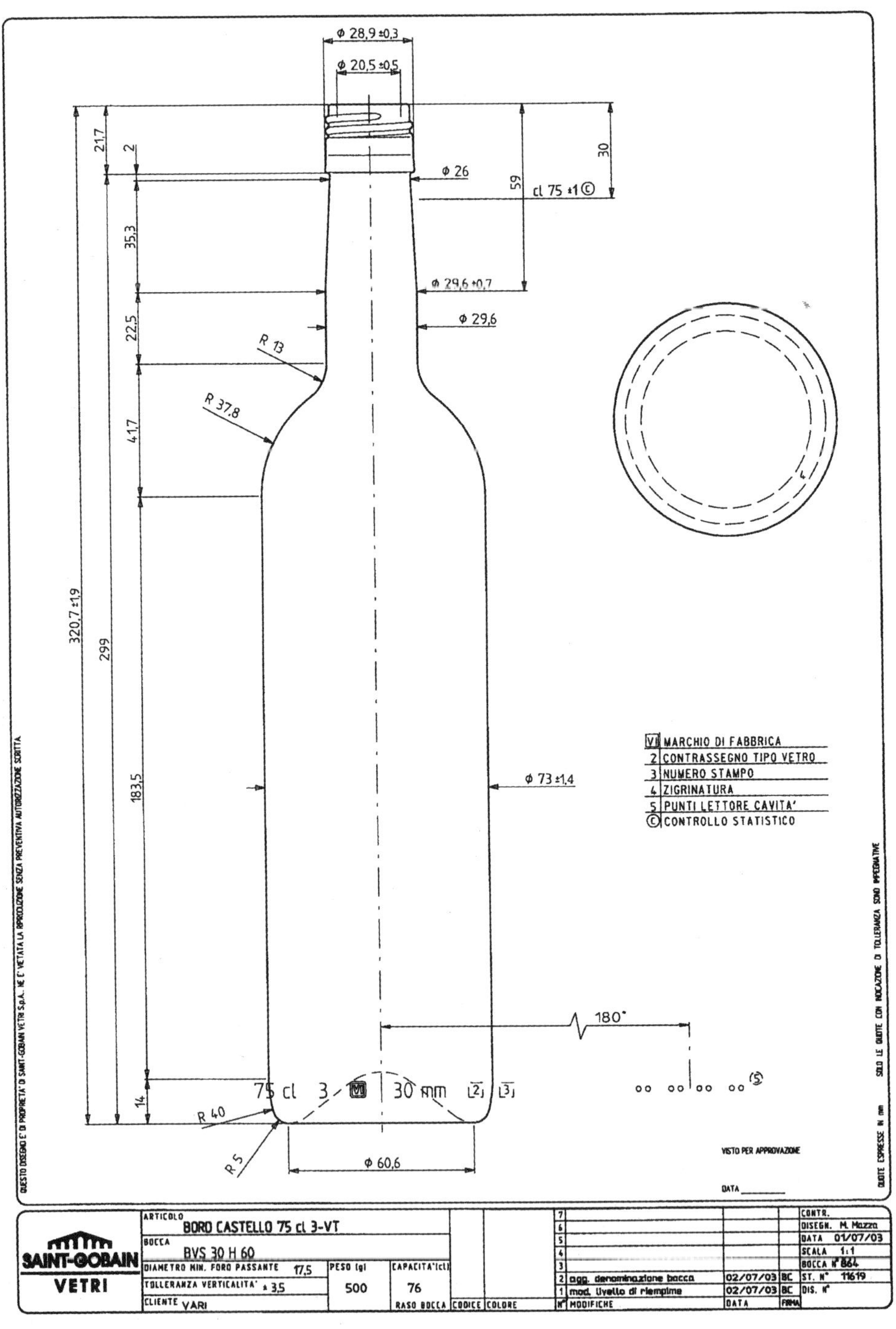

图片由经典包装公司提供。经许可转载。

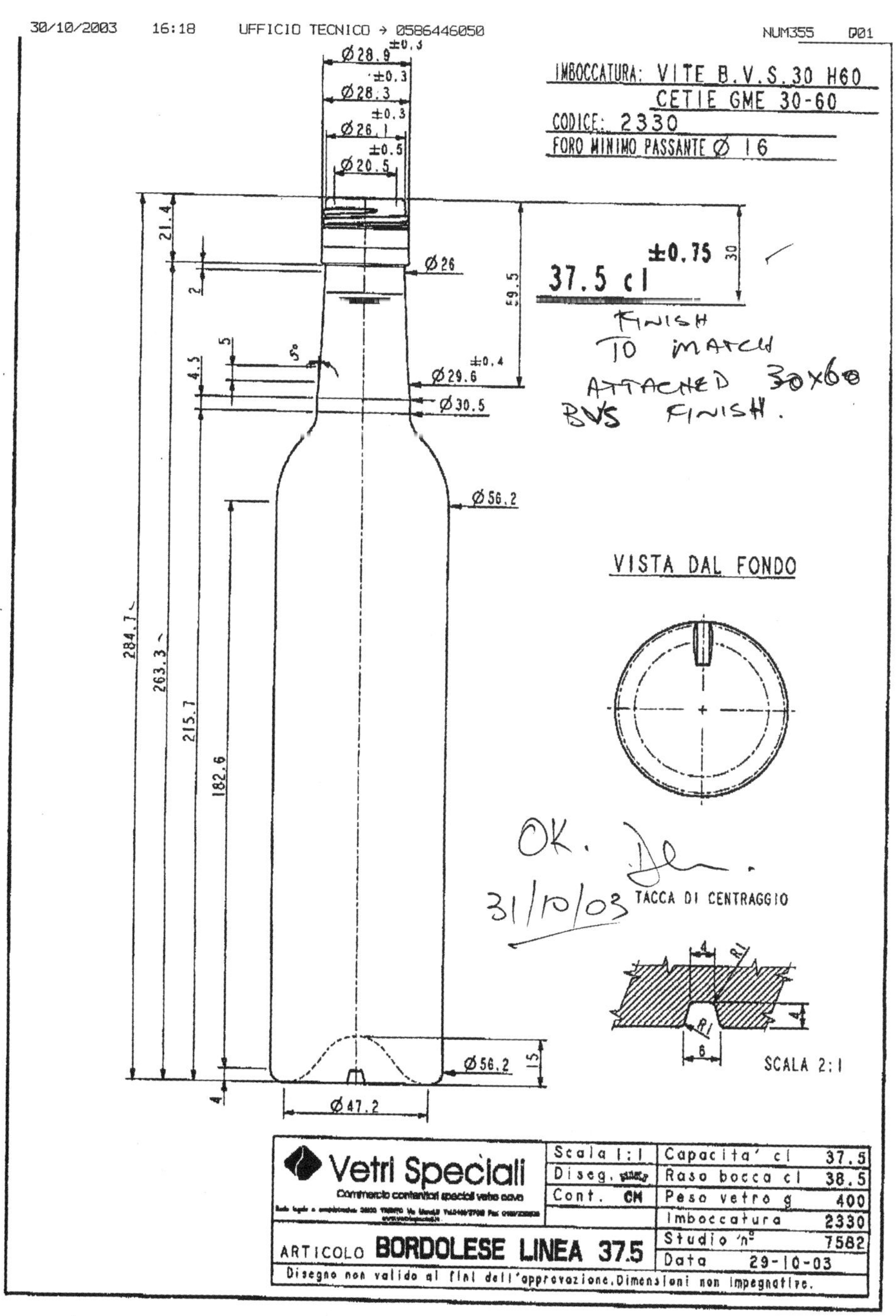

图片由经典包装公司提供。经许可转载。

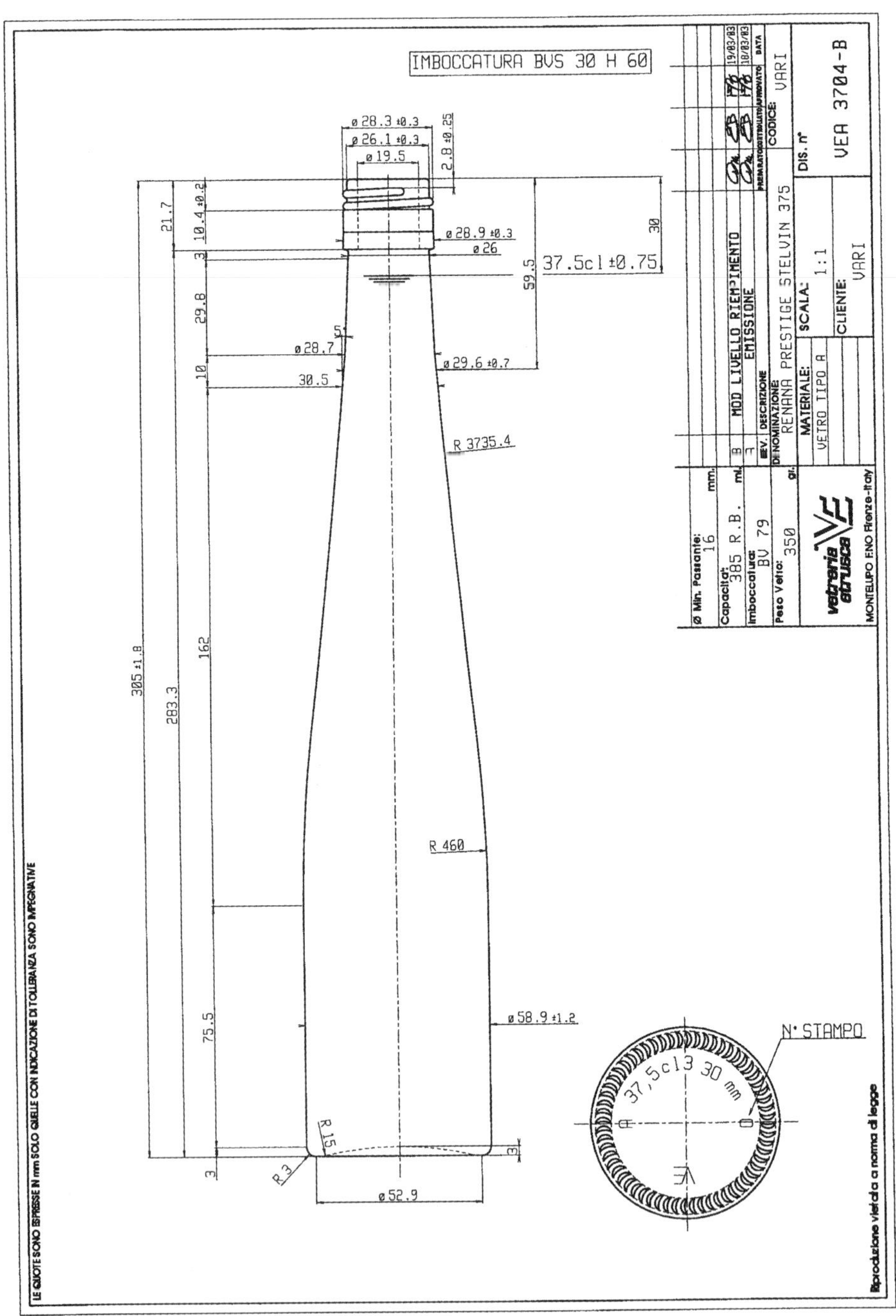

图片由经典包装公司提供。经许可转载。

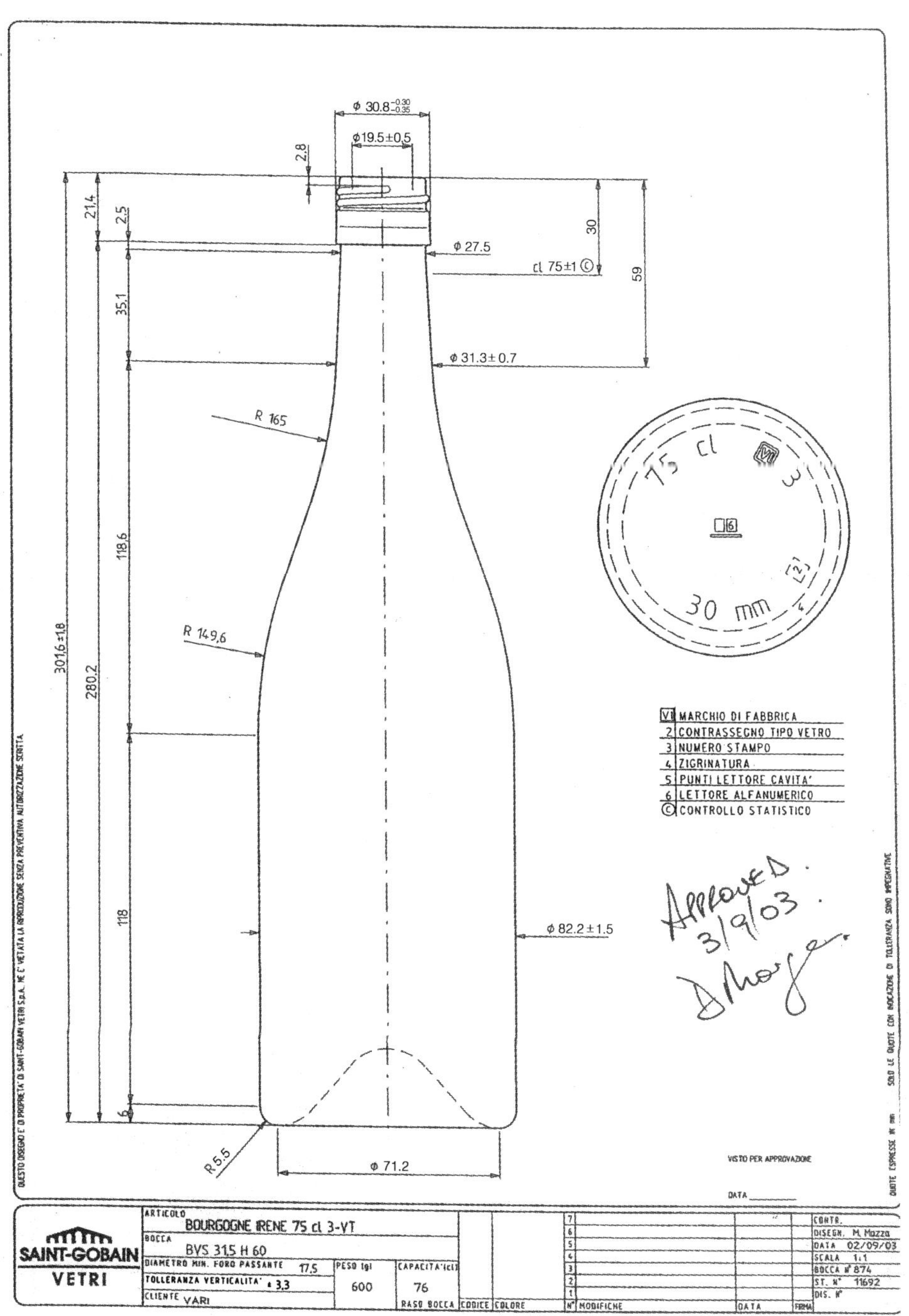

图片由经典包装公司提供。经许可转载。

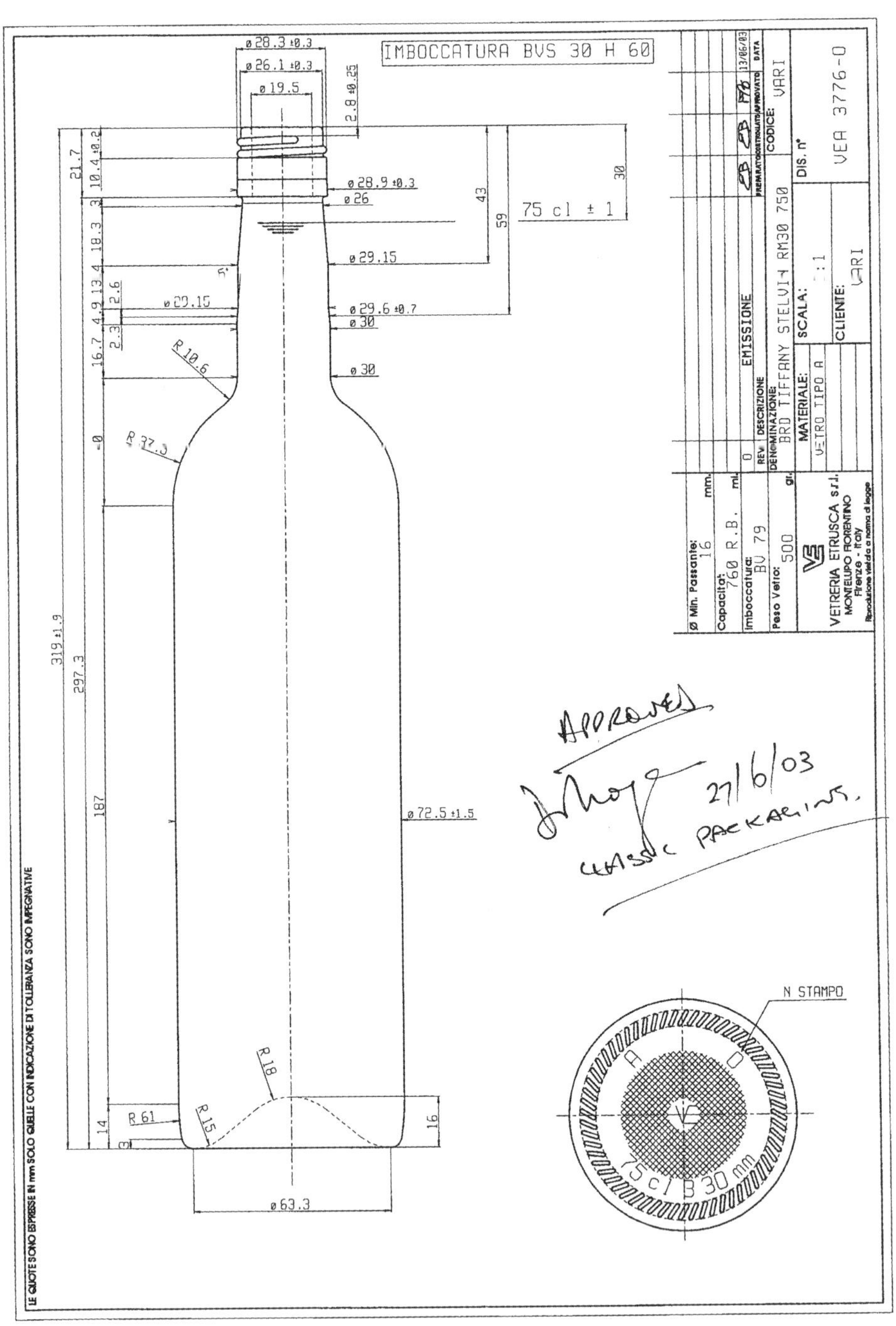

图片由经典包装公司提供。经许可转载。

国际帽公司(Globalcap)

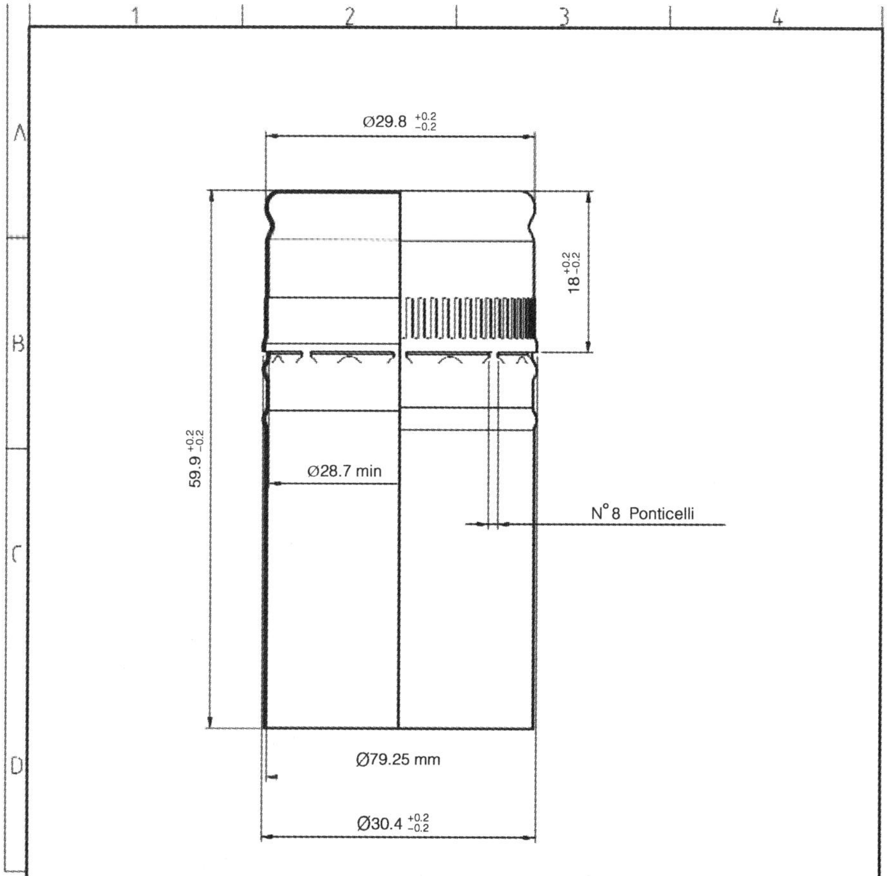

1 2 3 4

A B C D

$\varnothing 29.8\ ^{+0.2}_{-0.2}$

$18\ ^{+0.2}_{-0.2}$

$59.9\ ^{+0.2}_{-0.2}$

Ø28.7 min

N°8 Ponticelli

Ø79.25 mm

$\varnothing 30.4\ ^{+0.2}_{-0.2}$

COPIA NON CONTROLLATA

UNCONTROLLED COPY

Rev.	Descriione revisione	By	Appr.	Data:(Date)
04	Aggiornamento tolleranze	DGP	BG	05/03/2004
03	Modifica dimensione ponticello	DGP	BG	31/07/2003
02	Aggiornamento Tolleranze	DGP	BG	08/10/2002

GLOBALCAP	Materiale:(Material) Alluminio	Normativa:(Standard) UNI 9574 – 30 Deep	
Descrizione:(Description) Capsula Ø30×60 Pilfer Proof		Scala:(Scale) 2:1	Dis.N.(Drg. N.) C3060/A/4

VETATA LA RIPRODUZIONE　REPRODUCTION INTERDITE　REPRODUCTION FORDIDDEN　PROHIBIDA LA REPRODUCCION　WIEDERERZEUGUNG VERBOTEN

CAD File: C3060A4

图片由国际帽公司提供。经许可转载。

GlobalCap S.p.A.
Sede di Torre d'Isola
Via dell'Industria, 1 – 27020 Torre d'Isola (PV) – Italy
Tel. +39 0382 93.63.11 Fax +39 0382 93.04.04
www.globalcap-group.com

MASTER CLOSURE SPECIFICATION

ITEM DESCRIPTION	30x60 ROPP EPE-TIN FOIL application Wine– OL C3060/A

ISSUE NUMBER	2
ISSUE DATE	15/02/2005

DETAILED BASE MATERIAL DESCRIPTION	Fine Grain Aluminium Container Sheet Alloy to 8011
MATERIAL THICKNESS	0.23 ± 0.01 mm
TENSILE STRENGTH	130 – 160 N/mm²

DETAILED LINING MATERIAL DESCRIPTION	1) Expanded PE faced by a PE film or a requested barrier film 2) Expanded PE faced by a TIN Foil
LINER THICKNESS /WEIGHT	See Liner Specification LIN/A

DECORATION No.	TO BE ADVISED
DECORATION: out of centre	Admissible radial out of centre for the graphic less than 1 mm

INTERNAL LACQUER	Epoxy-phenolic laquer

NOMINAL WEIGHT IN GRAMS	Aluminium: 4 g + Liner: See Spec. LIN/A
WEIGHT TOLERANCE	± 10 %
% RECYCLED CONTENT (IF APPLICABLE)	0%

REMOVAL TORQUE: referred to dry glass bottles

SLIP TORQUE (THE TORQUE REQUIRED FOR THE FIRST ROTATION. DISENGA GEMENT OF THE LINER FROM THE BOTTLES SEALING FACE)	6 – 25 Lbf x in 7 – 28 kg x cm
BREAK TORQUE (THE TORQUE REQUIRED TO BREAK THE BRIDGES)	6 – 16 Lbf x in 7 – 18 kg x cm

RECOMMENDED APPLICATION DETAILS

PRESSURE BLOCK DIAMETER	27.5 ± 0.10 mm
REFORM DEPTH	1.5 ± 0.10 mm
2 THREAD ROLLERS	0.8 mm radius
2 SKIRT ROLLERS	0.8 mm radius – step rollers
SIDE PRESSURE	8 – 12 kg
TUCK PRESUURE	8 – 10 kg
HEAD LOAD	180 ± 10 kg

Application details are guidelines only. The customer should adjust capping m/c settings to produce a satisfactory application.

GLASS FINISH

BVP (INE)	BVS NF H 35-103

PACKAGING DETAILS

- Fibreboard (internal Kraft) Cartons Lined with HD Polythene Bag
- Containing 1100 Closures
- 25 Cartons on each 1000x1200 cm Pallet – See palletisation scheme SD 113

PACKAGING

FOR ALL PACKAGING METHODS AN IDENTIFICATION LABEL IS TO BE ATTACHED TO THE OUTSIDE OF EACH BOX WITH DETAILS OF THE ORDER NO., COMPONENT NO., DESCRIPTION, DATE OF MANUFACTURE & QUANTITY

GLOBALCAP ISSUE/APPROVED BY :	CUSTOMER APPROVED BY :
Quality Dept	
GLOBALCAP DISTRIBUTED BY :	

Mod. T_M_32/0 UNCONTROLLED COPY

图片由国际帽公司提供。经许可转载。

GlobalCap S.p.A.

Sede di Torre d'Isola
Via dell'Industria, 1 – 27020 Torre d'Isola (PV) – Italy
Tel. +39 0382 93.63.11 – Fax +39 0382 93.04.04
www.globalcap-group.com

LINER TECHNICAL SPECIFICATION – LIN/A/0

ISSUE NUMBER	1	DATE	15 September 2004

CODE	DENSITY (kg/m³)	WEIGHT (gr)	DIAMETER (mm)	THICKNESS (mm)	DRAWING	MATERIAL DESCRIPTION
B 315	NA	1.25 ± 10%	see drawing	see drawing	B 315	Wad in moulded **Low Density Polyethylene.**
N 315	NA	1.20 ± 10%	see drawing	see drawing	N 315	
R 315	NA	0.87 ± 10%	see drawing	see drawing	R 315	
EPE 180	400	0.17 ± 10%	17.6 ± 0.20	1.6 ± 0.20	NA	Expanded polyethylene **(LDPE)** co-extruded between two strips of solid polyethylene 70gr/mq.
EPE 300	400	0.45 ± 10%	28.6 ± 0.20	1.8 ± 0.20	NA	
EPE 315	400	0.49 ± 10%	30.6 ± 0.20	1.8 ± 0.20	NA	
EPE 315 MAGG	400	0.60 ± 10%	30.6 ± 0.20	2.2 ± 0.20	NA	
EPE 180SAR	400	0.19 ± 10%	17.6 ± 0.20	1.5 ± 0.20	NA	Expanded polyethylene **(LDPE)** faced with **SARAN** film.
EPE 300SAR	400	0.51 ± 10%	28.6 ± 0.20	2.0 ± 0.20	NA	
EPE 315SAR	400	0.55 ± 10%	30.6 ± 0.20	2.0 ± 0.20	NA	
EPE 180SX	400	0.19 ± 10%	17.6 ± 0.20	1.5 ± 0.20	NA	Expanded polyethylene **(LDPE)** faced with **SARANEX** film
EPE 300SX	400	0.51 ± 10%	28.6 ± 0.20	1.8 ± 0.20	NA	
EPE 315SX	400	0.55 ± 10%	30.6 ± 0.20	1.8 ± 0.20	NA	
EPE 300T	-----	0.47 ± 15%	28.5 ± 0.30	2.1 ± 0.20	NA	Low density expanded polyethylene foam **(LDPE)** faced with **TIN FOIL** (20μ) and **PVDC** (19μ)
PULP 180	NA	0.19 ± 10%	17.5 ± 0.15	1.6 ± 8%	NA	**WOODPULP** faced with **PET** film.
PULP 300	NA	0.55 ± 10%	30.6 ± 0.15	1.75 ± 8%	NA	

PROPERTIES

Dimensionally stable, excellent waterproof characteristic, odourless, good compressibility and resiliency, specific barrier properties meet the requirements for a perfect preservation of a wide range of products for beverage, food, pharmaceutical and cosmetic industries.

The liners and wads are suitable for sealing glass bottles containing oil, liqueur and alcoholic beverages having an alcohol content not exceeding 50 percent in volume.

The liners above couldn't be used for pasteurisation process: the temperature maximum allowed it's below 40° C degrees.

The wads above (B315, N315 and R315) are for pasteurisation process: the temperature maximum allowed it's 65° C degrees.

However, user has to verify the closures suitability with the specific bottled product and to guarantee the absence of chemical and organoleptic alterations.

FOOD CONTACT SUITABILITY

All materials intended to come into contact with food-stuffs are in conformity with the European Community directives 2002/72/CE, 82/711/CEE, 85/572/CEE, 90/128/CEE, 92/39/CEE 93/8/CEE, 93/9/CEE, 95/3/CEE, 96/11/CEE, 97/48/CEE, the relevant national regulations and the relevant FDA requirements.

GlobalCap S.p.A. regularly checks closures suitability with the simulants established by law. Chemical analysis are carried out by recognized external labs.

GlobalCap APPROVED BY :	Customer APPROVED BY :
Quality Dept.	
GlobalCap DISTRIBUTED BY :	

Mod. T_M_33/0　　UNCONTROLLED COPY

图片由国际帽公司提供。经许可转载。

MGJ 公司

ŒNOSEAL® 2520 TIN PVDC

technical data sheet

COMPOSITION

Cap	Low density expanded polyethylene foam
	White paper 60 g
	Tin foil 20 µ
Bottle/Jar Contact with product	PVDC10

CHARACTERISTICS

Density	Method N°17 Foam	0.25
Hardness	Shore A	85
Compressibility	Method N°11	53 %
Resilience	Method N°11	30 %
Délamination	Method N°14	White paper and the core are dissociable except with paper marks on the core

DIMENSIONS

Thickness	Method N°5 Thickness < 2	+/- 0.2 mm
	Thickness ≥ 2	+/- 10 %
Diameter	Method N°6	+/- 0.15 mm
Flatness	Method N°7 d < 45	≤ 2 % from diameter

STORAGE CONDITIONS - UV free

- **Temperature** -5°C up to 45°C
- **Relative humidity** 30 up to 80 %

USE CONDITIONS

- **Temperature** -5°C up to 45°C
- **Relative humidity** 30 up to 80 %

THICKNESS

- **2.1 mm**

These technical information and the uses possibilities are given according to the best of our current knowledge. We can only favourably prejudge to the trial of material in the real condition of use.
We remind that the user has to verify: * compatibility between container and contents * non modification of the property specifically organoleptic characteristics.
Valid axcept if other specification specified for particular item.
Latest update 02/01 - diffusion non gérée.

œnoseal®, une marque MGJ • MGJ • 37 rue clos chapuis • BP6 • 69380 Chazay d'Azergues • France
tel 33 (0)4 72 54 71 39 • Telecopie 33 (0)4 78 43 78 94 • http://www.oenoseal.com

图片由 MGJ 公司提供。经许可转载。

technical data sheet

ŒNOSEAL® 3020 ALU PVDC

COMPOSITION

Cap	Low density expanded polyethylene foam
	Polyethylene low density 28 µm
	Aluminium foil 20 µm
Bottle/Jar - Contact with product	PVDC19

CHARACTERISTICS

Density	Method N°17 Foam	0.30
Hardness	Shore A	75
Compressibility	Method N°11	66 %
Resilience	Method N°11	38 %

DIMENSIONS

Thickness	Method N°5 Thickness	+/- 0.2 mm
	Thickness ≥ 2	+/- 10 %
Diameter	Method N°6	+/- 0.15 mm

STORAGE CONDITIONS - before wadding

Temperature	-5°C up to 45°C
Relative humidity	30 up to 80 %
Life	1 year

STORAGE CONDITIONS - after wadding

Temperature	-5°C up to 45°C
Relative humidity	30 up to 80 %
Life	1 year

THICKNESS

- **2 mm**

These technical information and the uses possibilities are given according to the best of our current knowledge. We can only favourably prejudge to the trial of material in the real condition of use.
We remind that the user has to verify: * compatibility between container and contents * non modification of the property specifically organoleptic characteristics.
Valid axcept if other specification specified for particular item.
Latest update 11/04 - diffusion non gérée.

œnoseal®, une marque MGJ • MGJ • 37 rue clos chapuis • BP6 • 69380 Chazay d'Azergues • France
tel 33 (0)4 72 54 71 39 • Telecopie 33 (0)4 78 43 78 94 • http://www.oenoseal.com

图片由 MGJ 公司提供。经许可转载。

新凯普公司(NewKap)

IMPORTANT

PLEASE READ BEFORE USING NewKap CLOSURES!
RECOMMENDED METAL CLOSURE BOTTLING GUIDELINES

1. Metal Closure Applicator Type

(a) Machinery suited to the application of 30/60 closure is required.

(b) The bottler should confirm that the machine is capable of being set to the tolerances listed below to achieve the correct closure performance.

2. Application Setting for 30 mm x 60 mm Metal Closure – REFORM/REDRAW APPLICATION

(a) Head Pressure:	182 kg
(b) Skirt Roller:	x 2:2 Piece Stel
(c) Thread Roller:	x2@7Tpi (to match 3.65 mm Thread Pitch)
(d) Nose Radius:	0.76 mm
(e) Side Pressure (skirt):	6-9 kg
(f) Side Pressure (thread):	9-12 kg
(g) Pressure Block Type:	Solid with Profile
(h) Pressure Block Bore:	27.5 mm
(i) Pressure Block Reform:	1.2 mm

3. Metal Closure Applicator Maintenance

(a) Metal closure applicators should be maintained to manufacturer's recommended standards at all times.

(b) Daily cleaning and sanitation of metal closure handling surfaces is required.

(c) At the start of each shift, check all rollers (thread and skirt) to ensure that they turn freely. Lubricate with a light oil that meets with the manufacturer's recommendation, e.g. André Zalkin recommend Chesterton 601 Chain Drive Pin and Bushing Lubricant.

(d) Some closures may leave an accumulation of lacquer and aluminium "dust" on the contact area of the "hopper" (sorter) and feed chutes after running for long periods.

(e) As a precaution, clean hopper and chutes daily with an alcohol-soaked cloth.

(f) Where possible do not position "sorter" and chutes over the filled bottles entering the capping machine.

(g) Should any blockages or bottle breakages occur, clean all glass fragments off the capping head, make sure rollers and arms move freely, check application visually, if need be reset and re-lubricate .

4. Metal Closure Handling and Storage

(a) Do not open plastic bags until immediately before loading the closure into the loading hopper. No bags containing the closure should be left open for any reason.

(b) Unused closures must be returned to the plastic bag and the carton resealed.

(c) Closures must be stored under cover away from direct sunlight, in a clean, dry and dust-free area, preferably not in direct contact with the flooring. Temperature range 5° to 30° (ideal of 20°C).

(d) Shelf life is limited to two years unless re-tested and approved by MCG/Newpak .

Failure to perform routine checking as described above can result in substandard application and leakage problems.

Although every effort has been made to assure the accuracy and the safety and suitability of its products, Newpak Australia accepts no responsibility for results obtained by the application of this information or for the safety and suitability of its products, either alone or in combination with other products. Users are advised to make their own tests to determine the safety and suitability of each such product or product combination for their own purposes. In view of the various conditions under which this information and our products or the products of other manufacturers in combination with our products may be used, Newpak Australia sells its products without warranty, and buyers and users assume all responsibility and liability for loss or damage from the handling and use of these products, whether used alone or in combination with other products

Newpak Australia Pty Ltd
Unit 2/7 Berger Road • Grand Junction Estate • Wingfield SA 5013
Phone: +61 8 8359 6533 • Fax: +61 8 8359 6566 • E-mail: info@newpak.com.au
www.newpak.com.au
A MEMBER OF THE CORK SUPPLY GROUP

IMPORTANT INFORMATION OVERLEAF

图片由新凯普公司提供。经许可转载。

IMPORTANT

PLEASE READ BEFORE USING NewKap CLOSURES!
RECOMMENDED METAL CLOSURE BOTTLING GUIDELINES

Common Metal Closure Application Problems

Problem	Possible Cause
1. Incorrect Compression	Reset compression height to machine supplier's recommendation
2. Cut at Tamper Evident Groove	(a) Reset height of of skirt rollers (b) Check side pressure
3. Thread Cut through	(a) Ensure thread roller's 'nose' radius is correct (b) Adjust side pressure
4. Thread Cut through at Thread Start	(a) Reset height of thread rollers (b) Check side pressure
5. Wavy Tamper Evident Groove	(a) Reset skirt rollers height (most likely too low) (b) Check side pressure of rollers **The 'C' diameter of the bottle finish could also influence waviness if on the minimum dimension.*

Note:

- Specialised rollers are available from MCG Industries.
- Non-standard adjustments to head pressure or pilfer proof rolls to lower the removal torque may produce inadequate sealing and which may result in leakage.
- To obtain effective and reliable closure applications during sustained production runs, it is obligatory to check the capping from time to time to ensure that satisfactory application is actually being obtained. Particular attention should be directed to the top (reform top and side seal) formation, threading depth, and the pilfer proof ring lock. We recommend a frequent quality check on closure application to verify that machine adjustments are correct. Additional surveillance is strongly recommended when glassware and/or caps of different inventory or manufacture are to be used.

Although every effort has been made to assure the accuracy and the safety and suitability of its products, Newpak Australia accepts no responsibility for results obtained by the application of this information or for the safety and suitability of its products, either alone or in combination with other products. Users are advised to make their own tests to determine the safety and suitability of each such product or product combination for their own purposes. In view of the various conditions under which this information and our products or the products of other manufacturers in combination with our products may be used, Newpak Australia sells its products without warranty, and buyers and users assume all responsibility and liability for loss or damage from the handling and use of these products, whether used alone or in combination with other products.

Newpak Australia Pty Ltd
Unit 2/7 Berger Road • Grand Junction Estate • Wingfield SA 5013
Phone: +61 8 8359 6533 • Fax: +61 8 8359 6566 • E-mail: info@newpak.com.au
www.newpak.com.au
A MEMBER OF THE CORK SUPPLY GROUP

图片由新凯普公司提供。经许可转载。

Closure Specification - Technical Data

Wine Closure	30/60 Deep Drawn Pilfer Proof - SAVin (Reg. Trade mark) 30/50 Deep Drawn Pilfer Proof *Additional sizes available upon request.
Manufacturer	MCG Industries Paardeneiland, South Africa.
Glass Finish	ROTEL – GRP-0417 CETIE BVS – GRP-29394
Material **Gauge**	Fine grain aluminium container sheet (Aluminium Association and AFNOR Standards) 0.24 mm ± 0.01 mm
Decoration-External **Printing**	To customers design requirements. All current capsule decorative finishes are available with a top coat of vinyl based varnish. Up to 6 individual colours + skirt print Up to 6 indiviudal colours + top print.
Decoration-Internal	Organosol or vinyl based coating giving good product resistance and "slip" properties to afford satisfactory removal torque and in compliance with relevant food contact legislation.
Lining Material	a) Saran/Tin b) Saranex All backed with Polyethylene *Specific lining technical data separate.*
Application Details	Reform Head Pressure 182 kg +/- 10 kg Skirt Roller x2:2 Piece Stel Thread Roller x2@7Tpi (to match 3.65 mm Thread Pitch) Thread Roller Side Pressure 9-12 kg Skirt Roller Side Pressure 6-9 kg Nose Radius 0.76 mm Pressure Block Type Solid with Profile Pressure Block Bore 27.5 mm Pressure Block Reform 1.2 mm – 1.3 mm
Recommended Removal Torques	Min Slip 8 Inch/lbs. (9 kg/cms.) Max Break 20 Inch/lbs. (23 kg/cms.)

图片由新凯普公司提供。经许可转载。

Saran/Tin Liner – Technical Data

Liner Option	Saran/Tin Backed with Polyethelene
Dimensions	28,44 mm. ± 0.15 mm.
Gauge	2.00 mm ± 0,10 mm
Density of Core Material	250 -300 kg/m^3
Shore “A”	Tin side – 85-87
Construction	EPE Polyethelene Core Tin – 20 Micron Saran – 19 Micron
Pressure Retention Performance	Reform application 30psi Minimum .
Oxygen Transmission Rate	Less than 0.01 cc/m^2/24hrs/1Bar @ 23℃

图片由新凯普公司提供。经许可转载。

Saranex Liner – Technical Data

Liner Option	**Saranex** Backed with Polyethelene
Dimensions	28,44 mm ± 0,15 mm
Gauge	2 mm ± 0,15 mm
Density of Core Material	300 kg/m^3
Shore "A"	Both sides 76-78
Construction	50 Micron LDPE, Saran PVDC, LDPE EPE Core 50 Micron LDPE, Saran PVDC, LDPE
Pressure Retention Performance	Reform application 75 psi Minimum
Oxygen Transmission Rate	Less than 8 cc/m^2/24hrs/1Bar @ 23°C

图片由新凯普公司提供。经许可转载。

佩希内包装公司(Péchiney Capsules)

STELVIN®

LONG SKIRT CAPS USED WITH LONG NECK FINISH

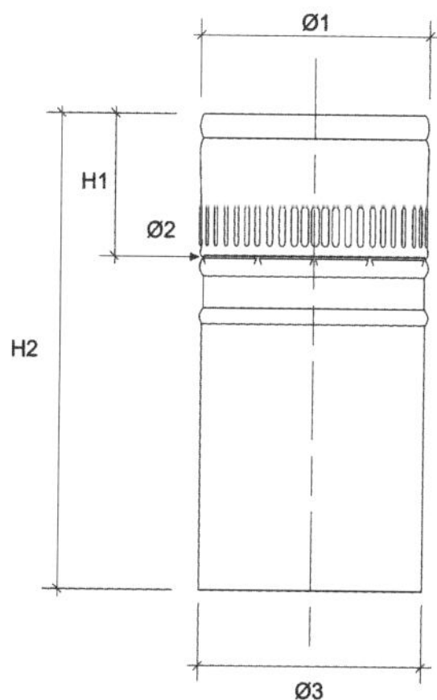

LONG NECK	Ø1	Ø2	Ø3	H1 ± 0.3	H2 ± 0.3
25 x 43	25.6	24.7	25.0	12.5	42.8
30 x 50	29.7	28.7	29.0	18	49.5
30 x 60	29.7	28.7	29.0	18	59.5
31.5 x 60	31.4	30.5	30.8	18	59.5

COMPOSITION

Stelvin are made of aluminium alloy 3105 or 8011. Thickness of the metal is from 0.23 mm to 0.24 mm.

FOOD CONTACT APPROVAL

Internal varnish, plastic inserts and the internal sides of liners are complying with:

- European legislation
- F.D.A legislation

UTILISATION

Caps are made for glass finish to suit European Standard (N.F, C.E.T.I.E., C.E.N) such as G.M.E.30.06 or other finish agreed by Pechiney Capsules.

图片由佩希内包装公司/艾斯万葡萄酒资源有限公司提供。经许可转载。

TECHNICAL SPECIFICATION SHEET

SFE / EPE 40

SARAN-FILM-TIN LINER

COMPOSITION:

The liner EPE-SN-PVDC is made of a central part of expanded polyethylene. This central section is covered on one side with a tin foil and a PVDC film.

The contact product to the wine is PVDC (Saran film).

DESIGN FEATURES:

Total density : 400, Thickness : 2.1 mm

Diameter is related to the closure calibre.

Very low permeability to oxygen and other gases.

FOOD CONTACT APPROVAL

The Saran film conforms with European standard CEE 89/109 and CEE 90/128.

The concentration levels of heavy metals are in accordance with the European requirements (directive 94/62/CEE).

UTILISATION:

This liner can be used to cap products that are very sensitive to oxidation of for products to be stored for a long time (8 to 10 years).

Currently used for : Alcohols and Wines sensitive to oxidation.

REMY SALMON
QUALITY MANAGER

Chalon 30 October, 2003

图片由佩希内包装公司/艾斯万葡萄酒资源有限公司提供。经许可转载。

TECHNICAL SPECIFICATION SHEET

SAR 2F / SU38
EPE PE PVDC PE

SARANEX LINER

COMPOSITION:	The EPE SU38 liner is made of expanded Polyethylene in its central part and is covered on both sides with a film of Saranex. Saranex is a three layered film made of PE-PVDC-PE. The material in contact with the wine is PE film.
DESIGN FEATURES:	Total density : 380, Thickness : 2.0 mm Diameter is related to the closure calibre. Low permeability to oxygen and other gases.
FOOD CONTACT APPROVAL:	The Saranex film is complying with European legislation CEE 82/711 and CEE 85/572, CEE 90/128 and to USA FDA regulations concerning materials in contact with foodstuffs. The concentration levels of heavy metals are in accordance with the European requirements (directive 94/62/CEE).
UTILISATION:	This liner can be used to cap products that have low sensitivity to Oxidation. Currently used for : Alcohols, Wines, Pharmaceutical and food products.

REMY SALMON
QUALITY MANAGER

Chalon 30 October, 2003

图片由佩希内包装公司/艾斯万葡萄酒资源有限公司提供。经许可转载。

INTERNATIONAL BVS SPECIFICATIONS

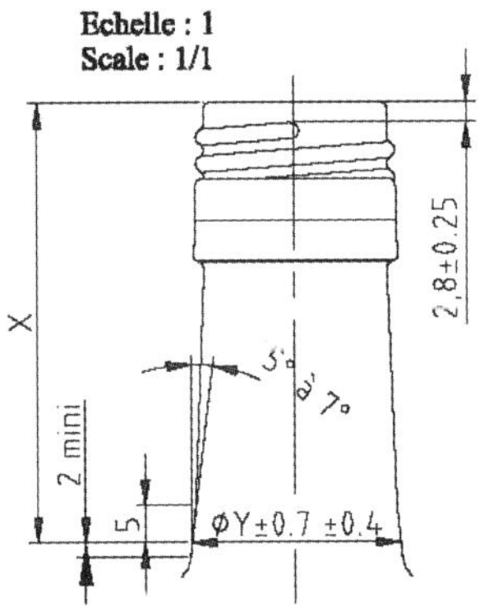

Echelle : 1
Scale : 1/1

X
2,8±0.25
5° à 7°
2 mini
5
ØY±0.7 ±0.4

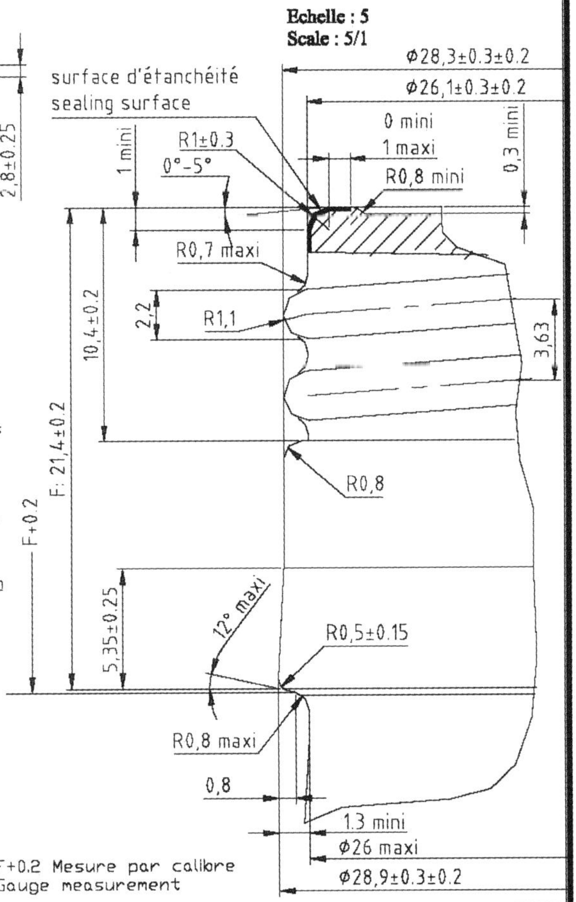

Echelle : 5
Scale : 5/1

surface d'étanchéité
sealing surface

Ø28,3±0.3±0.2
Ø26,1±0.3±0.2
0 mini
1 maxi
R0,8 mini
0,3 mini
1 mini
R1±0.3
0°-5°
R0,7 maxi
2,2
R1,1
3,63
10,4±0.2
F: 21,4±0.2
F+0.2
R0,8
5,35±0.25
12° maxi
R0,5±0.15
R0,8 maxi
0,8
1.3 mini
Ø26 maxi
Ø28,9±0.3±0.2

Nota : -Sur les diamètres, la première tolérance donne les limites absolues d'ovalisation- La deuxième tolérance donne la limite du diamètre moyen

-For diameters, the first tolerance give the absolute ovality limit. The second diameter give the ovality limits at mean diameters.

Diamètre moyen = $\frac{Ymax + Ymin}{2}$

Mean diameter = $\frac{Ymax + Ymin}{2}$

ØY* = Ø moyen 29.6±0.4
mean Ø29.6±0.4

	X	ØY*
30H 35	34.5	29.6 ±0.7 ±0.4
30H 44	43.5	29.6 ±0.7 ±0.4
30H 50	49.5	29.6 ±0.7 ±0.4
30H 55	54.5	29.6 ±0.7 ±0.4
30H 60	59.5	29.6 ±0.7 ±0.4
30H 70	69.5	29.6 ±0.7 ±0.4

F+0.2 Mesure par calibre
Gauge measurement

Date	Indice	Modifications - Revisions	Visa autorisé
~~19/12/02~~	~~E~~	~~Porté double tolérance sur ØY dans le tableau + mise à jour profil col~~	
~~10/09/02~~	~~D~~	~~Ajout pente 0°-5° sur sommet de bague~~	
23/11/04	F	Ajout seconde tolérance sur Ø "fond de filet" et sur "filet"	

PECHINEY EMBALLAGE ALIMENTAIRE _ Division Capsules _ Chalon / Saône

bague BVS 30 H Dérivée de la Norme CETIE GME 30-06 L'ensemble des généralités de cette Norme doit être respecté The whole generalities of this standard must be respected	Date : 27/07/01	Visa autorisé
	Dess. : C.B.2i.	Ech. : 1/1 - 5/1
	N°: 35 051	

THIS DOCUMENT MAY NOT BE COPIED

图片由佩希内包装公司提供。经许可转载。

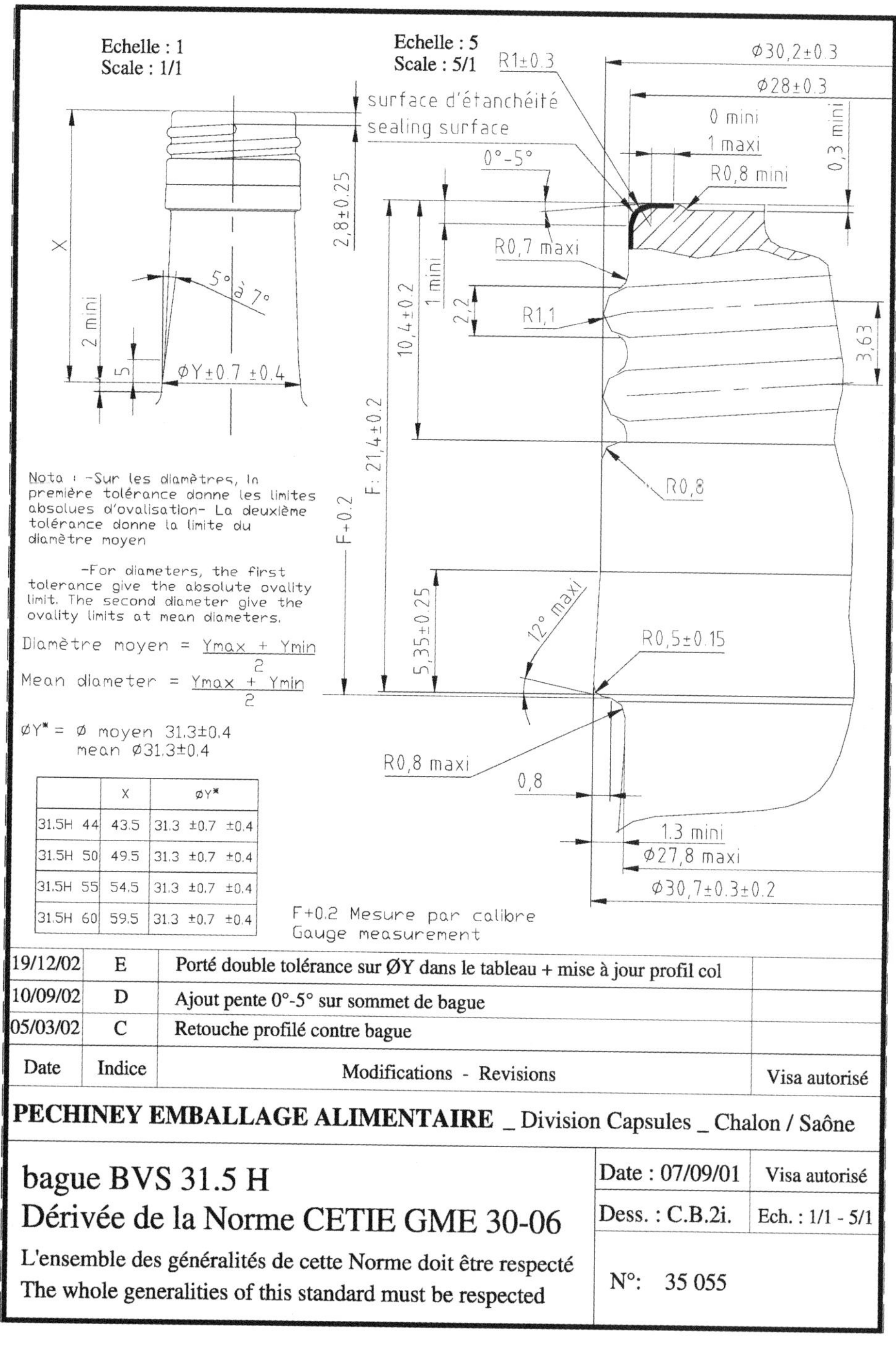

	X	ØY*
31.5H 44	43.5	31.3 ±0.7 ±0.4
31.5H 50	49.5	31.3 ±0.7 ±0.4
31.5H 55	54.5	31.3 ±0.7 ±0.4
31.5H 60	59.5	31.3 ±0.7 ±0.4

Date	Indice	Modifications - Revisions	Visa autorisé
19/12/02	E	Porté double tolérance sur ØY dans le tableau + mise à jour profil col	
10/09/02	D	Ajout pente 0°-5° sur sommet de bague	
05/03/02	C	Retouche profilé contre bague	

图片由佩希内包装公司提供。经许可转载。

Screwcap Closure Artwork Guidelines

A guide for the supply of Screwcap closure artwork to Esvin Wine Resources Limited

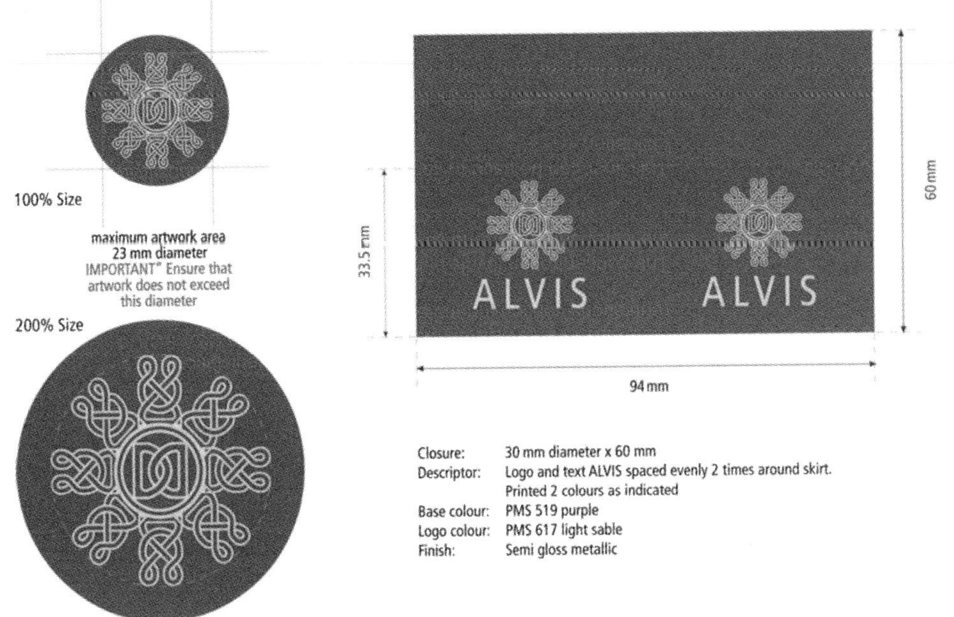

Closure: 30 mm diameter x 60 mm
Descriptor: Logo and text ALVIS spaced evenly 2 times around skirt. Printed 2 colours as indicated
Base colour: PMS 519 purple
Logo colour: PMS 617 light sable
Finish: Semi gloss metallic

图片由佩希内包装公司/艾斯万葡萄酒资源有限公司提供。经许可转载。

延伸阅读

This listing represents a selective reference list, ordered according to the five sections of the manual. These resources are recommended for further information relating to each of the topics addressed by the text. An exhaustive reference list follows.

1. Introductory material

"Screw caps (aka Stelvin or ROTE)." *www.corkwatch.com,* 2004.

"Stelvin: Evaluation of a new closure for table wines," *The Australian Grapegrower and Winemaker,*1976.

"The Stelvin Wine Closure," Australian Consolidated Industries, 1976.

"Yalumba and screw cap." *www.yalumba.com/content.asp?p=214,* 2005.

Berger, D. "The rise of the screw cap." *Napa News,* April 2004.

Brajkovich, M. "Screw caps for wine – The start of a revolution," http://www.kumeuriver.co.nz, 2005.

Brajkovich, M. "Screw caps for wine: The start of a revolution." New Zealand Screw Cap Wine Seal Initiative, June 2002.

Capone, D, et al. "Flavour 'scalping' by wine bottle closures – The 'winemaking' continues post vineyard and winery." Australian Wine Research Institute. *Wine Industry Journal,* Vol 18, No 5. Sept-Oct 2003.

Casey, J. "A commentary on the AWRI closure report," *The Australian & New Zealand Grapegrower & Winemaker,* April 2002.

Casey, J. "Closures for wine bottles - a user's viewpoint". *Australian Grapegrower and Winemaker,* 304, April, 1989.

Casey, J. "Controversies about corks", *Australian and New Zealand Grapegrower and Winemaker,* August, 2003.

Courtney, S. "The history and revival of screw caps." *www.wineofthe-week.com,* August 2001.

Eggins, Adam. "Stelcap on Red Wine – A Personal View." 2002.

Eric, B, Leyland, D and Rankine, B. "Stelvin: Evaluation of a new closure for table wines" *Australian Grapegrower & Winemaker,* No. 148, 1976.

eRobertparker.com, Mark Squires' Discussion Board, Closures discussion forum, http://fora.erobertparker.com/cgi-bin/ultimatebb.cgi, 2005.

Feuillat, M. "Les capsules à vis pour le Bouchage des vins: des essays faits en Bourgogne il y a 40 ans," *Revue des Oenologues* No. 114, January 2005.

Fistonich, G. "Screw caps – Problems and opportunities past and present." Presentation at *First International Screw Cap Closure Symposium*, Marlborough, New Zealand, 10-13 November 2004.

Grosset, J. "Are inert closures the answer to true expression of variety and place?" Presentation at *First International Screw Cap Closure Symposium*, Marlborough, New Zealand, 10-13 November 2004.

Grosset, J. "Australia's quality focus gives closure to terroir." Presentation to the NSW Wine Press Club, November 2003. Reproduced at http://www.jancisrobinson.com/articles/winenews0810?searchterm=grosset%20terroir

Johnson, R. "Issues/acceptance of screw cap closure experienced in Australia, New Zealand and US markets." Presentation at *First International Screw Cap Closure Symposium*, Marlborough, New Zealand, 10-13 November 2004.

Laroche, M. "Screw caps: A French Perspective." Presentation at *First International Screw Cap Closure Symposium*, Marlborough, New Zealand, 10-13 November 2004.

Laube, J. "Cork's time has passed: Twist-offs are a viable alternative to a marginal closure." *Wine Spectator,* March 31, 2005, 47-53.

Mortensen, W. and Marks, B. "An Innovation in the Wine Closure Industry: Screw Caps Threaten the Dominance of Cork", Working Paper, School of Management, Victoria University, 2002.

Mortensen, W. and Marks, B. "The Failure of a Wine Closure Innovation: A Strategic Marketing Analysis", Proceedings of the Wine Marketing Colloquium, University of South Australia, Adelaide, July 2003. CD-ROM.

New Zealand Screw Cap Wine Seal Initiative web site, *www.screwcap.co.nz*, 2005.

Potter, M. "Cork versus Stelvin: The products which keep our wines intact." *Wine and Spirit Buying Guide,* January, 1980.

Rankine, Dr B, et al. "Further studies on Stelvin and related wine bottle closures." *The Australian Grapegrower and Winemaker.* No. 196, April 1980.

Robinson, J. *The Oxford Companion to Wine,* Second Edition. New York: Oxford, 1999.

Screwcaps: The how, what and why...Villa Maria Estate, 2002.

Sogg, D. "The science of closures," *Wine Spectator,* March 31, 2005, 55-60.

Stelzer, T, Mortensen, J and Marks, B. "A strategic approach needed to establish a market for screw caps," *Australian Wine Industry Journal,* February 2005.

Stelzer, T. "A new twist to the Queensland wine show," *Australian Vignerons*, September 2003.

Stelzer, T. "Screw caps: The evidence in the glass," *Australian and New Zealand Grapegrower & Winemaker,* March 2005.

Stelzer, T. "Twists and Turns: Screw caps, red wines and market trends," *National Liquor News*, September 2003.

Stelzer, T. "Will they buy it? Consumer response to screw caps," *Australian and New Zealand Grapegrower & Winemaker*, December 2003.

Stelzer, T. *Screw Caps: The next chapter.* Presentation at *First International Screw Cap Closure Symposium*, Marlborough, New Zealand, 10-13 November 2004.

Stelzer, T. *Screwed for good? The case for screw caps on red wines.* Brisbane: Wine Press, 2003.

Stelzer, T. *Seal of Approval. Why choose screw caps?* Brisbane: Wine Press, 2003.

2. The cap and the bottle

Granger, J. "The screw cap." Presentation at *First International Screw Cap Closure Symposium*, Marlborough, New Zealand, 10-13 November 2004.

Leyland, D. "The glass perspective." Presentation at *First International Screw Cap Closure Symposium*, Marlborough, New Zealand, 10-13 November 2004.

Scollary, G, et al. "Screw caps: The old and the new" *The Australian and New Zealand Grapegrower and winemaker*, March 2004.

Stelvin Presentation, Péchiney Capsules/Esvin Wine Resources New Zealand, 2005.

Stelvin, Péchiney/Esvin Wine Resources New Zealand, 2004.

3. Winemaking and chemistry

Blanchard, L. "Characterisation of the sulphur volatile fraction in cabernet sauvignon and merlot wines. Study of its evolution during barrel ageing," in *Use of oak in winemaking,* ASVO Seminar, Adelaide, 1999.

Brajkovich, M. "Bottle Maturation". Presentation at *First International Screw Cap Closure Symposium*, Marlborough, New Zealand, 10-13 November 2004.

Brajkovich, M. Letter to the editor, *The World of Fine Wine*, Issue 4, 31-32, 2005.

Casey, J. "Oxygen, serendipity and sulphur dioxide," *The Australian Grapegrower & Winemaker,* Annual technical issue, 1996.

Gibson, R. "Control of Oxygen in Wine Packaging," unpublished presentation.

Godden, P, et al. "Results of an AWRI trial investigating the technical performance of various types of wine closure. I. Physical measurements up to 20 months post-bottling." *Australian Grapegrower and Winemaker.* No. 451: 67-70, 75-77, 2001.

Godden, P, et al. "Results of an AWRI trial investigating the technical performance of various types of wine closure. II. Wine composition up to 20 months post-bottling." *Australian Grapegrower and Winemaker.* No. 452: 89-91, 93-98; 2001.

Godden, P, et al. "Results of an AWRI trial investigating the technical performance of various types of wine closure. III. Wine sensory properties up to 20 months post-bottling." *Australian Grapegrower and Winemaker.* No. 453: 103-110; 2001.

Godden, P. "Results of the AWRI trial of the technical performance of various wine bottle closures up to 63 months post bottling, and an examination of factors related to reductive aroma in bottled wine". Presentation at *First International Screw Cap Closure Symposium*, Marlborough, New Zealand, 10-13 November 2004.

Godden, P, et al. "Wine bottle closures: physical characteristics and effect on composition and sensory properties of a Semillon wine 1. Performance up to 20 months post-bottling." *Australian Journal of Grape and Wine Research*, Vol 7, No 2, 64-105, 2001.

Maling, A. "Screw caps and reduction in wine." www.jancisrobinson.com/winenews/2004/winenews1214.html, 2005.

Peynaud, E. "Knowing and Making Wine." Wiley, 1984.

Rankine, B and Pocock, K. "Dissolved Oxygen in Wine," *Food technology in Australia,* Vol 22, No 3, March 1970, 120-127.

Rankine, B. *Making Good Wine: A manual of winemaking practice for Australia and New Zealand,* Sydney: Macmillan, 1989.

Rauhut, Dorris. "Impact of volatile sulphur compounds on wine quality," State Research Institute Geisenheim, Germany.

Ribéreau-Gayon, J. *et al,* "Traité d'Œnologie – Sciences et Techniques du Vin" Vol.3, 1976.

Ribéreau-Gayon, Jean. "Phenomena of oxidation and reduction in wines and applications." *American Journal of Enology and Viticulture.* 14 (3): 139-143; 1963.

Ribéreau-Gayon, P. *et al,* "Handbook of Enology - Vol.1 The Microbiology of wine," 2000.

Ribéreau-Gayon, P. *et al*, "Handbook of Enology - Vol.2 The Chemistry of Wine stabilisation and Treatments," 2000.

Somers, Dr T. C. *The Wine Spectrum: An approach towards objective definition of wine quality*. Adelaide: Winetitles, 1998.

Stelzer, T. "Step on the gas: Controlling dissolved gases and sulphur dioxide in screw-capped wines," *Australian and New Zealand Grapegrower & Winemaker*, October 2003.

Stelzer, T. "Uncapping the truth about sulphides: Sulphide management for screw-capped wines," *Australian and New Zealand Grapegrower & Winemaker*, September 2003.

Stelzer, T. "Winemaking with a twist," *Australian and New Zealand Grapegrower & Winemaker*, August 2003.

The Australian Wine Research Institute Annual Report 2001, http://www.awri.com.au/infoservice/publications/Publication%20PDFs/2001%20AWRI%20Annual%20Report.pdf, 2005.

The Australian Wine Research Institute Annual Report 2002, http://www.awri.com.au/infoservice/publications/Publication%20PDFs/2002%20AWRI%20Annual%20Report.pdf, 2005.

The Australian Wine Research Institute Annual Report 2003, http://www.awri.com.au/infoservice/publications/Publication%20PDFs/2003%20AWRI%20Annual%20Report.pdf, 2005.

The Australian Wine Research Institute Annual Report 2004, http://www.awri.com.au/infoservice/publications/Publication%20PDFs/2004%20AWRI%20Annual%20Report.pdf, 2005.

Valérie, L, and Dubourdieu, D. "The aptitude of wine lees for eliminating foul-smelling thiols," in *Use of oak in winemaking*, ASVO Seminar, Adelaide, 1999.

Zoecklein, B. "Enology notes" *http://www.fst.vt.edu/extension/enology/enologynotes.html*, 2005.

Zoecklein, B, et al. "Wine Analysis and Production," Kluwer: New York, 1999.

4. Bottling

Boidi, R. *Supply Technical Specifications for Aluminium Screw Caps*, GlobalCap, 2004.

Linton, G. "30 years of screw cap experiences." Presentation at *First International Screw Cap Closure Symposium*, Marlborough, New Zealand, 10-13 November 2004.

Piddington, N. "Issues regarding practical application of screw cap to bottle." Presentation at *First International Screw Cap Closure Symposium*, Marlborough, New Zealand, 10-13 November 2004.

Singh, V. "Villa Maria Estate Screw cap manual," 2004.

Stelzer, T. "Capping it off: Bottling with screw caps," *Australian and New Zealand Grapegrower & Winemaker*, November 2003.

5. Post-bottling

Jean-Claude Boisset: A contemporary brand in tune with its time, Press Release, August 1, 2004.

Mattinson, C. *Open-ended* "WineFront Monthly" Edition 27/28 Sept-Oct 2004.

Skouroumounis, G, et al. "In situ measurement of white wine absorbance in clear and in coloured bottles using a modified laboratory spectrophotometer." *Australian Journal of Grape and Wine Research,* Volume 9, No 2, 2003.

Stelzer, T. "Ready to bottle with screw caps? Red wines and long- term development," *Practical Winery & Vineyard* (California) November 2003.

Stelzer, T. "Screw caps and red wines: The experts speak out," *Winefront Monthly*, July 2003.

Stelzer, T. "Screwed for life: In pursuit of aged red wines under screw cap," *Australian and New Zealand Wine Industry Journal,* August 2003.

参考文献

"Bottle cap history: The need for bottle openers." *www.laserengravedkeychains.com/bottle-cap.htm*, 2005.

"First Screw Caps Appear in Bordeaux." *http://winebusiness.com*, October 2004.

"Introduction of screw cap wine seals," *http://www.csu.edu.au/research/rpcgwr/screwcap.htm*, 2004.

"Screw cap revolution hits Napa Valley." *www.just-drinks.com*, December 2000.

"Screwcaps (aka Stelvin or ROTE)." *www.corkwatch.com,* 2004.

"Stelvin," *www.péchiney-capsules.com*, 2005.

"Stelvin," *www.stelvin.péchiney.com*, 2004.

"Stelvin: Evaluation of a new closure for table wines," *The Australian Grapegrower and Winemaker*,1976.

"Surface Treatment," *Data Sheet: Packaging Glass,* C.E.T.I.E. DT13, 1992

"The Stelvin Wine Closure," Australian Consolidated Industries, 1976.

"Wine experts prove screwcaps are better for wine than cork," *http://biz.tizwine.com/stories/storyReader$5003*, 2003.

"Yalumba and screw cap." *www.yalumba.com/content.asp?p=214*, 2005.

Allen, M. "Is the cork screwed?" *The Weekend Australian Magazine.*

Belsham, J. "The Glass Perspective," New Zealand Screw Cap Manual, 2001.

Berger, D. "The rise of the screw cap." *Napa News,* April 2004.

Blanchard, L. "Characterisation of the sulphur volatile fraction in cabernet sauvignon and merlot wines. Study of its evolution during barrel ageing," in *Use of oak in winemaking,* ASVO Seminar, Adelaide, 1999.

Boidi, R. *Supply Technical Specifications for Aluminium Screw Caps*, GlobalCap, 2004.

Brajkovich, M. "Bottle Maturation". Presentation at *First International Screw Cap Closure Symposium*, Marlborough, New Zealand, 10-13 November 2004.

Brajkovich, M. Letter to the editor, *The World of Fine Wine*, Issue 4, 31-32, 2005.

Brajkovich, M. "Screw caps for wine – The start of a revolution," http://www.kumeuriver.co.nz, 2005.

Brajkovich, M. "Screw caps for wine: The start of a revolution." New Zealand Screw Cap Wine Seal Initiative, June 2002.

Capone, D, et al. "Flavour 'scalping' by wine bottle closures – The 'winemaking' continues post vineyard and winery." Australian Wine Research Institute. *Wine Industry Journal*, Vol 18, No 5. Sept-Oct 2003.

Casey, J. "A commentary on the AWRI closure report," *The Australian & New Zealand Grapegrower & Winemaker*, April 2002.

Casey, J. "Closures for wine bottles - a user's viewpoint". *Australian Grapegrower and Winemaker*, 304, April, 1989.

Casey, J. "Controversies about corks", *Australian and New Zealand Grapegrower and Winemaker*, August, 2003.

Casey, J. "Oxygen, serendipity and sulphur dioxide," *The Australian Grapegrower & Winemaker*, Annual technical issue, 1996.

Courtney, S. "The history and revival of screw caps." *www.wineoftheweek.com*, August 2001.

Eggins, Adam. "Stelcap on Red Wine – A Personal View." 2002.

Emert, C. "Hanzell comes clean." *San Francisco Chronicle*, October 2003.

Eric, B, Leyland, D and Rankine, B. "Stelvin: Evaluation of a new closure for table wines" *Australian Grapegrower & Winemaker*, No. 148, 1976.

eRobertparker.com, Mark Squires' Discussion Board, Closures discussion forum, http://fora.erobertparker.com/cgi-bin/ultimatebb.cgi, 2005.

Fauchald, N. "Bordeaux, Burgundy producers take screw caps for a test drive." *Wine Spectator,* July 2004.

Fauchald, N. "Screw caps make the turn in America, Canada." *Wine Spectator,* March, 2004.

Feuillat, M. "Les capsules à vis pour le Bouchage des vins: des essays faits en Bourgogne il y a 40 ans," *Revue des Oenologues* No. 114, January 2005.

Fistonich, G. "Screw caps – Problems and opportunities past and present." Presentation at *First International Screw Cap Closure Symposium*, Marlborough, New Zealand, 10-13 November 2004.

Gibson, R. "Control of Oxygen in Wine Packaging," unpublished presentation.

Godden, P, et al. "Closures – results from the AWRI trial three years post bottling." Romeo Bragato Conference, Christchurch, New Zealand, 1-11, 12-14 September 2002.

Godden, P, et al. "Results of an AWRI trial investigating the technical performance of various types of wine closure. I. Physical measurements up to 20 months post-bottling." *Australian Grapegrower and Winemaker.* No. 451: 67-70, 75-77, 2001.

Godden, Peter, et al. "Results of an AWRI trial investigating the technical performance of various types of wine closure. II. Wine composition up to 20 months post-bottling." *Australian Grapegrower and Winemaker.* No. 452: 89-91, 93-98; 2001.

Godden, Peter, et al. "Results of an AWRI trial investigating the technical performance of various types of wine closure. III. Wine sensory properties up to 20 months post-bottling." *Australian Grapegrower and Winemaker.* No. 453: 103-110; 2001.

Godden, P. "Results of the AWRI trial of the technical performance of various wine bottle closures up to 63 months post bottling, and an examination of factors related to reductive aroma in bottled wine". Presentation at *First International Screw Cap Closure Symposium*, Marlborough, New Zealand, 10-13 November 2004.

Godden, P. "Update on the Institute trial of the technical performance of various types of wine bottle closure." *Technical Review* (133): 1-3; 2001.

Godden, P. "Update on the Institute trial of the technical performance of various types of wine bottle closure." *Technical Review* (137): 7-10; 2002.

Godden, P. "Update on the Institute trial of the technical performance of various types of wine bottle closure." *Technical Review* (139): 6-10; 2002.

Godden, P, et al. "Wine bottle closures: physical characteristics and effect on composition and sensory properties of a Semillon wine 1. Performance up to 20 months post-bottling." *Australian Journal of Grape and Wine Research*, Vol 7, No 2, 64-105, 2001.

Gordon, J. "A toast to screw caps." *Wine Country Living Magazine*, February 2004.

Granger, J. "The screw cap." Presentation at *First International Screw Cap Closure Symposium*, Marlborough, New Zealand, 10-13 November 2004.

Griffin, J. "Wine matters: Screw caps might kill the cork." *Express-News Dining*, October 2004.

Grosset, J. "Are inert closures the answer to true expression of variety and place?" Presentation at *First International Screw Cap Closure Symposium*, Marlborough, New Zealand, 10-13 November 2004.

Grosset, J. "Australia's quality focus gives closure to terroir." Presentation to the NSW Wine Press Club, November 2003. Reproduced at http://www.jancisrobinson.com/articles/winenews0810?searchterm=grosset%20terroir

Hart, A and Kleinig, A. "The role of oxygen in the ageing of bottled wine," 2005.

Hibberd, J. "Cork is best, say consumers," http://www.harpers-wine.com/newsitemprint.cfm?NewsID=1321&i=31, 2005.

Hickinbotham, I. "Controversy over screw caps." *Financial Review,* Sept 10, 1976.

Jean-Claude Boisset: A contemporary brand in tune with its time, Press Release, August 1, 2004.

Johnson, R. "Issues/acceptance of screw cap closure experienced in Australia, New Zealand and US markets." Presentation at *First International Screw Cap Closure Symposium*, Marlborough, New Zealand, 10-13 November 2004.

Knappstein, D. "Application Equipment," in *New Zealand Screw Cap Manual.*

Laroche, M. "Screw caps: A French Perspective." Presentation at *First International Screw Cap Closure Symposium*, Marlborough, New Zealand, 10-13 November 2004.

Laube, J. "Cork's time has passed: Twist-offs are a viable alternative to a marginal closure." *Wine Spectator,* March 31, 2005, 47-53.

Leyland, D. "The glass perspective." Presentation at *First International Screw Cap Closure Symposium*, Marlborough, New Zealand, 10-13 November 2004.

Linton, G. "30 years of screw cap experiences." Presentation at *First International Screw Cap Closure Symposium*, Marlborough, New Zealand, 10-13 November 2004.

Maling, A. "Screw caps and reduction in wine." www.jancisrobinson.com/winenews/2004/winenews1214.html, 2005.

Mattinson, C. *Open-ended* "WineFront Monthly" Edition 27/28 Sept-Oct 2004.

Mortensen, W. and Marks, B. "An Innovation in the Wine Closure Industry: Screw Caps Threaten the Dominance of Cork", Working Paper, School of Management, Victoria University, 2002.

Mortensen, W. and Marks, B. "The Failure of a Wine Closure Innovation: A Strategic Marketing Analysis", Proceedings of the Wine Marketing Colloquium, University of South Australia, Adelaide, July 2003. CD-ROM.

New Zealand Screw Cap Wine Seal Initiative web site, *www.screwcap.co.nz*, 2005.

NewKap Liner options Specification sheets, NewKap, 2005.

NewKap Recommended metal closure bottling guidelines, NewKap, 2004.

Pearce, D. "Screw cap wine seals," in *New Zealand Screw Cap Manual,* 2001.

Peynaud, E. "Knowing and Making Wine." Wiley, 1984.

Piddington, N. "Issues regarding practical application of screw cap to bottle." Presentation at *First International Screw Cap Closure Symposium*, Marlborough, New Zealand, 10-13 November 2004.

Positive AWRI Test Results for DIAM Closure, http://www.winebusiness.com/Winemaking/webarticle.cfm?AID=96547&ISSUEID=96541, February 2005.

Potter, M. "Cork versus Stelvin: The products which keep our wines intact." *Wine and Spirit Buying Guide,* January, 1980.

Prial, F. "By popular acclaim: The screw cap." *International Herald Tribute,* April 2004.

Rankine, B and Pocock, K. "Dissolved Oxygen in Wine," *Food technology in Australia,* Vol 22, No 3, March 1970, 120-127.

Rankine, B. *Making Good Wine: A manual of winemaking practice for Australia and New Zealand,* Sydney: Macmillan, 1989.

Rankine, Dr B, et al. "Further studies on Stelvin and related wine bottle closures." *The Australian Grapegrower and Winemaker.* No. 196, April 1980.

Rauhut, Dorris. "Impact of volatile sulphur compounds on wine quality," State Research Institute Geisenheim, Germany.

Ribéreau-Gayon, J. *et al,* "Traité d'Œnologie – Sciences et Techniques du Vin" Vol.3, 1976.

Ribéreau-Gayon, Jean. "Phenomena of oxidation and reduction in wines and applications." *American Journal of Enology and Viticulture.* 14 (3): 139-143; 1963.

Ribéreau-Gayon, P. *et al,* "Handbook of Enology - Vol.1 The Microbiology of wine," 2000.

Ribéreau-Gayon, P. *et al,* "Handbook of Enology - Vol.2 The Chemistry of Wine Stabilisation and Treatments," 2000.

Robinson, J. *The Oxford Companion to Wine,* Second Edition. New York: Oxford, 1999.

Salmon, R. *Stelvin Liners: Technical specification sheet,* Péchiney Capsules, 2001.

Scollary, G, et al. "Screw caps: The old and the new" *The Australian and New Zealand Grapegrower and winemaker,* March 2004.

Skouroumounis, G, et al. "In situ measurement of white wine absorbance in clear and in coloured bottles using a modified laboratory spectrophotometer." *Australian Journal of Grape and Wine Research,* Volume 9, No 2, 2003.

*Screwcaps: The how, what and why...*Villa Maria Estate, 2002.

Singh, V. "Villa Maria Estate Screw cap manual," 2004.

Sogg, D. "The science of closures," *Wine Spectator,* March 31, 2005, 55-60.

Somers, Dr T. C. *The Wine Spectrum: An approach towards objective definition of wine quality.* Adelaide: Winetitles, 1998.

Stelvin Presentation, Péchiney Capsules/Esvin Wine Resources New Zealand, 2005.

Stelvin, Péchiney/Esvin Wine Resources New Zealand, 2004.

Stelzer, T, Mortensen, J and Marks, B. "A strategic approach needed to establish a market for screw caps," *Australian Wine Industry Journal,* February 2005.

Stelzer, T. "A new twist to the Queensland wine show," *Australian Vignerons*, September 2003.

Stelzer, T. "Capping it off: Bottling with screw caps," *Australian and New Zealand Grapegrower & Winemaker*, November 2003.

Stelzer, T. "Ready to bottle with screw caps? Red wines and long- term development," *Practical Winery & Vineyard* (California) November 2003.

Stelzer, T. "Screw caps and red wines: The experts speak out," *Winefront Monthly*, July 2003.

Stelzer, T. "Screw caps: The evidence in the glass," *Australian and New Zealand Grapegrower & Winemaker*, March 2005.

Stelzer, T. "Screwed for life: In pursuit of aged red wines under screw cap," *Australian and New Zealand Wine Industry Journal*, August 2003.

Stelzer, T. "Step on the gas: Controlling dissolved gases and sulphur dioxide in screw-capped wines," *Australian and New Zealand Grapegrower & Winemaker*, October 2003.

Stelzer, T. "Twists and Turns: Screw caps, red wines and market trends," *National Liquor News*, September 2003.

Stelzer, T. "Uncapping the truth about sulphides: Sulphide management for screw-capped wines," *Australian and New Zealand Grapegrower & Winemaker*, September 2003.

Stelzer, T. "Will they buy it? Consumer response to screw caps," *Australian and New Zealand Grapegrower & Winemaker*, December 2003.

Stelzer, T. "Winemaking with a twist," *Australian and New Zealand Grapegrower & Winemaker*, August 2003.

Stelzer, T. *Screw Caps: The next chapter.* Presentation at *First International Screw Cap Closure Symposium*, Marlborough, New Zealand, 10-13 November 2004.

Stelzer, T. *Screwed for good? The case for screw caps on red wines.* Brisbane: Wine Press, 2003.

Stelzer, T. *Seal of Approval. Why choose screw caps?* Brisbane: Wine Press, 2003.

Suckling, J. "The virtues of cork go beyond mere science," *Wine Spectator,* March 31, 2005, 47-53.

The Australian Wine Research Institute Annual Report 2001, http://www.awri.com.au/infoservice/publications/Publication%20PDFs/2001%20AWRI%20Annual%20Report.pdf

The Australian Wine Research Institute Annual Report 2002, http://www.awri.com.au/infoservice/publications/Publication%20PDFs/2002%20AWRI%20Annual%20Report.pdf

The Australian Wine Research Institute Annual Report 2003, http://www.awri.com.au/infoservice/publications/Publication%20PDFs/2003%20AWRI%20Annual%20Report.pdf

The Australian Wine Research Institute Annual Report 2004, http://www.awri.com.au/infoservice/publications/Publication%20PDFs/2004%20AWRI%20Annual%20Report.pdf

Valérie, L, and Dubourdieu, D. "The aptitude of wine lees for eliminating foul-smelling thiols," in *Use of oak in winemaking,* ASVO Seminar, Adelaide, 1999.

Van de Water, L. "Comments." *Screw cap closure initiative user's guide.* The New Zealand Screw Cap Initiative, 2002.

White, P. *Seeking Closure,* "Gourmet Traveller Wine," Spring 2004, 40-41.

www.harpers-wine.com/newsitemprint.cfm?NewsID=1321&i=1, 2003.

Zoecklein, B. "Enology notes" *http://www.fst.vt.edu/extension/enology/enologynotes.html*, 2005.

Zoecklein, B, et al. "Wine Analysis and Production," Kluwer: New York, 1999.

致谢

Rachael Stelzer: Your warm encouragement, practical support, and endless patience have carried this project from dream to reality. You have sacrificed much over the past eighteen months, and I am grateful to you for handling all of the things that I couldn't find the time to keep up with. Finally, my fifth book, is dedicated to you. I will stand by the excuse that the first four weren't up to the standard! I love you.

Michael Brajkovich: Your technical expertise holds this manual together. Thanks for handling the tough questions, for sending countless articles across the Tasman, and for always having an answer. It has been a privilege to work with you.

Jeffrey Grosset: Your attention to detail is second to none. Thanks for your attention to the finer points, and for your work with the oxygen and ageing studies. Your expertise has been invaluable, and your passion inspirational.

John Forrest: You have been the powering force behind this project since the very first day. Thanks for sharing your vision, your hospitality, and for taking the time to visit Australia to discuss the manual.

Peter Godden: The touch of your expertise and your passion has left its mark countless times throughout the pages this book. I remain grateful for late nights and long phone conversations.

A project of this nature is only possible through the generous assistance of numerous industry personnel across Australia, New Zealand and the world. There are far too many to list them all. Special thanks to those who assisted the contributing editors in reviewing the manuscript:

- Peter Godden, Manager of Industry Services, Australian Wine Research Institute
- Nigel Piddington, Manager, Marlborough Bottling Company, New Zealand

Thanks also go to the many others who contributed expertise, specifications, images and ideas:

- Andrew Arduca, Operations Manager, Auscap, Australia
- Ivan Barbic, Wine buyer, Coop, Switzerland
- John Belsham, Foxes Island Wines Ltd, New Zealand
- Rachael Carter, GlobalCap, New Zealand
- Greg Edwards, Saverglass, France
- Jacques Granger, Péchiney Capsules, France
- Allen Hart, Research and Development Winemaker, Southcorp Wines, Australia
- Greg Hassold, Chris Pfeiffer and David Sweeney, Openbook Print, Australia
- Stephan Jelicich, Esvin Wine Resources New Zealand, Ltd
- Russell Johnson, Group Technical Manager, Berringer Blass Wine Estates, Australia
- Paul Kilmartin, Auckland University, New Zealand
- Dave Knappstein, Winemaker, Forrest Estate, New Zealand
- Ross Lawson, Lawson's Dry Hills Wines, New Zealand
- David Leyland, Specifications and Technical Support Manager, ACI Glass Packaging, Australia
- Geoff Linton, Technical Manager, Yalumba Wines, Australia
- Paul McKay, International Sales Manager, PackSys Global Ltd, Thailand
- Shay McQuade, Manager of Commercial Operations, Amcor Glass, Australia
- David Morgan, Group Sales and Marketing Manager, Classic Packaging, Australia

- Dr Bryce Rankine, Writer, former Dean of the Faculty of Oenology at Roseworthy Agricultural College and Research Scientist with the Australian Wine Research Institute
- Christine Shelton, Executive Secretary, New Zealand Screw Cap Initiative
- Vijay Singh, Quality Manager, Villa Maria Estate Ltd, New Zealand
- George Thomson, UCP, United Kingdom
- Stéphane Triquet, MGJ, France
- Rachel Walsh, NewPak, Australia

相关术语中英文对照

A

acceptable quality levels (AQLs)：合格质量水平
acetaldehyde：乙醛
acetic acid：醋酸
acetic acid bacteria：醋酸菌
adhesive：胶黏剂、黏着的
aeration：通气、增氧
aesthetic：审美的、美观的
airtight：气密的
alcoholic fermentation：酒精发酵
aldehyde：醛
aluminium：铝、铝的
aluminium outer：铝(帽)外壳
amino acid：氨基酸
amphora：土罐、泥土
ampoule：安瓿瓶
anaerobic environment：厌氧环境
anthocyanin：花青素
anthocyanin pigments：花青色素
antioxidant：抗氧化剂
appearance：外观
arabinose：阿拉伯糖
argon：氩气
aroma：香气
ascorbic acid：抗坏血酸
astringency：涩味、收缩感
Australian Closure Fund (ACF)：澳大利亚密封基金会

B

bacteria：细菌
bacteriological contamination：细菌破败
Bague Verre Stelvin (BVS) finish：BVS 密封方式(端口、瓶口)
barb：毛边、倒钩、刺

base colour：底色
base wine：起泡酒基酒
bead angle：凹槽角度
beading：凹凸部位(包括加强筋、连点切槽、内陷槽等)
beverage：饮料
bisulphate：亚硫酸氢根
bitterness：苦味
black currant：黑加仑、黑醋栗
blending：调配、混合
blind taste：盲品
bottle：螺口瓶
bottle development：瓶内发展
bottle mouth：瓶口、瓶嘴
bottle neck：瓶颈
bottling：灌装、装瓶
bottle ageing：瓶储
bottling line check：灌装线检验
bottling speed：灌装速度
bound sulphur dioxide：结合态二氧化硫
bouquet：香气、芳香
break-line bridge：连点切槽
brettanomyces：酒香酵母
bridge：连点
bridge-breaking torque：连点扭矩
bridge line：连点切槽
browning：褐变
by-product：副产物

C

caliper：卡尺
capping：封帽
capping equipment：封帽设备、封帽机
capping head：封帽头
capping head guide bell：瓶口导向锥体
capsule：铝塑帽、套筒状的密封物
caramel：焦糖
cardboard box：纸板箱

carbonyl：羰基
cavity：模腔
cellaring：窖储
centring guide：导向锥体
change part：替换部件
Chasselas：茶斯莱斯葡萄品种
chemical instability：化学稳定性
chlorine：氯
citric acid：柠檬酸
closure：密封物、包装
cloth：布
coarseness：粗糙
coating：涂层、涂料
Cointreau bottles：君度瓶
cold end coating：冷端涂层
colour density：颜色密度
colour hue：色调
composite cork：复合塞
compressibility：压缩性
concentricity：同心度
consistently：一致性
copper-fining：铜下胶
copper sulphide：硫化铜
copper sulphate solution：硫酸铜溶液
cork：软木塞、天然塞
corker jaws：打塞机
corking head：打塞头
cork oak：栓皮栎、软木栎
cork-sealed wine：软木塞(密封的)葡萄酒
corkscrew：开瓶器
cork taint：木塞污染
corky：木塞味
crimping：卷边
crown seal：皇冠帽
crushing：破碎
cylindrical stoppers：柱形塞
cysteine：半胱氨酸

D

degrease：脱脂

depth gauge：深度计

digital caliper：电子卡尺、数显卡尺

dimensional defect：尺寸缺陷

diameter：直径

dimethyl disulphide：二甲基二硫化物

dimethyl sulphide：二甲基硫化物

diammonium phosphate (DAP)：磷酸氢二铵

dissolved carbon dioxide：溶解二氧化碳

dissolved oxygen：溶解氧、溶氧

drain：下水沟

drawing：制图

driven closures：弹力密封

dry ice：干冰

E

eccentricity：偏心度、偏心率

elasticity：弹力、弹性

elastic recovery：回弹力

ethanol：乙醇

ethyl acetate：乙酸乙酯

end/top decoration：顶部装饰

epoxy-phenolic lacquer：环氧酚醛漆

erythorbic acid：异抗坏血酸

expanded polyethylene：发泡聚乙烯

F

fatty acid：脂肪酸

fermentation：发酵

flavour scalping：风味消减

filling：装瓶、灌装

filling spout：灌装头、灌装喷嘴

fill height：灌装高度、装瓶高度

film：膜、膜层

fitting：接头

fork lift：叉车

free sulphur dioxide：游离二氧化硫
freshness：新鲜度
fungus：真菌、菌类

G

gasket：垫片
germicide：杀菌剂
glass：品酒杯、玻璃
glass bottle：玻璃瓶
glass stopper：玻璃塞
glazing：上釉
gloss varnishes：光泽清漆
glucose：葡萄糖
grain：纹理
grape grower：葡萄种植师
grassy herbaceous characters：生青味
grease：油脂、抹油
grinding：研磨
gunflint：火石

H

headspace：顶空
humidity：湿度
hot end coating：热端涂层
nitrogen：氮气
hydrogen sulphide：硫化氢
head pressure：顶压
hydrogen peroxide：过氧化氢

I

inert gas：惰性气体
inorganic nitrogen：无机氮
Institute of Masters of Wine：葡萄酒大师学会
integrity：完整性
internal varnish：内部上漆
International Screw Cap Wine Seal Initiative：国际螺旋帽葡萄酒密封协会
iron：铁

J

jar：坛罐子

K

kerosene-like flavour：煤油味
knurling：滚齿
kraft paper：牛皮纸

L

labelling machine：贴标机
lacquering：上漆
lactic：乳酸的
laminar flow：缓流、层流
layer：层
leakage：渗漏、漏酒
lees stirring：搅拌酒脚
leesy：酒脚味的、酒泥味的
light oil：轻质油
liner：垫片
litho：平版印刷
loading hopper：料斗
locking ring：加强环
long skirt：长筒
long-term ageing：长期陈酿
lubrication：润滑
lychee character：荔枝风味

M

madeirised characters：马德拉特性
malic acid：苹果酸
malolactic fermentation：苹果酸-乳酸发酵
manganese sulphide：锰硫化合物
maturation：成熟
medium-length skirt：中筒
membrane：膜
methanol：甲醇
methionine：蛋氨酸

microbiological activity：微生物活性
micrometer：千分尺
micro-oxygenation：微氧处理
molecular sulphur dioxide：分子态二氧化硫
mould：霉菌、发霉、模具
mouldy：发霉
mouth sag：瓶口凹坑
müller thürgau：米勒·斯瑞高葡萄品种
multi head machine：多头封帽机

N

natural cork：天然塞
neck diameter：瓶颈直径
neck label：颈标
New Zealand Grape Grower's Council：新西兰葡萄种植委员会
New Zealand Screw Cap Initiative：新西兰螺旋帽协会
New Zealand Screw Cap Wine Seal Initiative：新西兰螺旋帽葡萄酒密封协会
nitrogen metabolism：氮代谢
nitrogen-rich fermentation：富氮发酵
nominal thickness：公称厚度
nutrient：营养物质

O

odourless：无气味的
off-flavour：不良风味
off-odour：不良气味、异味
off-putting：不愉悦
optical isomers：光学异构体
organoleptic assessment：感官评价
ovality：椭圆、椭圆度
over-developed：过熟
oxidants：氧化剂、氧化物
oxidation ：氧化
oxidation-reduction potential：氧化还原潜力
oxygen：氧气
oxygen ingress：透氧、透氧量
oxygen saturation：氧饱和

oxygen state：氧气状态

P

package：包装
pallet：托盘
permeability：渗透性、通透性
perpendicularity：垂直度
piston effect：活塞效应
pitch：树脂、沥青
plastic twist-off closure：可扭断的塑料塞
polyethylene：聚乙烯
polyethylene glycol：聚乙二醇
polyphenol：多酚物质
polyvinylidene chloride (PVDC)：聚偏二氯乙烯
post-fermentation：发酵后
potassium metabisulphite (PMS)：偏重亚硫酸钾
pre-bottling：灌装前
premium wines：优质酒、精选酒
pressure block：压力模块
protein：蛋白质
push-up：瓶底凹槽

Q

quality assurance：质量保证
quality control：质量控制

R

racking：倒罐
radius：半径
random：随机的
recap：换帽
recork：换塞
redraw：R 角
reduced characters：还原特性、还原味
reductive：还原的
reductive sulphide characters：还原硫化物特性
redox potential：氧化还原电位

residual sugar：残糖
reversible reaction：可逆反应
removal/opening torque：开瓶扭矩
ring gear：齿圈、齿轮
roller nose radius：滚轮刀尖半径
roll-on-tamper-evident style：防伪帽筒式、滚压筒式防伪
rotten egg：臭鸡蛋
rubber hose：橡胶管道

S

sampling plan：抽样计划
sand blasting：喷沙处理
sanitation：卫生
scratch：划痕、刮痕
screw cap：螺旋帽
screw-capped wines：螺旋帽(密封的)葡萄酒
seam line：模痕线、缝
seal：密封
sealing fault：封帽缺陷、封帽问题
sealing surface：密封表面
secondary fermentation：二次发酵
sensory evaluation：感官评价
setting：设置
short-term wines：短期消费的葡萄酒
side shaving：帽筒刨花
silicon bung：橡木桶硅胶塞
silk screen printing：丝网印刷
single head capper：单头封帽机
skirt：帽筒
skirt length：帽筒长度
smear：污点、赃物
soft-drinks：软饮料
solubility：溶解度、溶解性
sparging：置换
sparkling wine：起泡酒
spectroscopic analysis：光谱分析
spicy：香料的、辛辣的

splashing：溅洒
sporadic/random oxidation：随机氧化、偶发性氧化
spring tension：弹簧
stainless steel：不锈钢
star wheel：星轮
stave：桶身板
stripping：剥离
struck flint：摩擦火石
sulphate：硫酸根
sulphide chemistry：硫化物
sulphite：亚硫酸根
sulphur dioxide：二氧化硫
sulphur disc：熏硫圈、熏硫片
sulphuring：调硫处理
surface coating：表面涂层
synthetic closure：合成塞
synthetic plastic：合成塑料

T

tannin：单宁
tartaric acid：酒石酸
tasting：品尝
the groove retaining the sealing liner：固定垫片的内陷槽
thread：螺纹
threading roller：螺纹滚轮
thiols：硫醇
tin：锡箔
tin capsule：锡帽
tin foil layer：锡箔层
titanium：钛
titratable acidity：可滴定酸
tolerance：公差
top embossing：顶部压花
top surface：瓶口顶部表面
torque：扭矩
torque gauge：扭矩仪、扭矩测量器
total sulphur dioxide：总二氧化硫

tuck：凹槽
turbidity：浊度
turbulent flow：激流、湍流
tucking roller：凹槽滚轮
turn gauge：转规
two-plus-two cork：2＋2 贴片塞
2,4,6，trichloroanisole（TCA）：2,4,6-三氯苯甲醚

U

ullage space：缺量空间
ullage volume：缺量体积、顶空体积

V

vacuum device：抽真空设备
vibratory bowl feeder：碗式震动送料器
vine：葡萄藤、葡萄树
vinegar：醋
vineyard：葡萄园
vintage：年份
vitamins：维生素
viticulture：葡萄栽培、种植
volatile acidity：挥发酸

W

wad：层、垫
warehouse：仓库
washer：垫圈
waterproof：防水
wax：蜡
wear：磨损
wet cardboard：湿纸板
wet dog：狗臊味
wine closures：葡萄酒密封物
winemaker：酿酒师
winemaking：酿酒
Wine Grower's Research Council：葡萄种植研究委员会
Wine Press Club of NSW/New South Wales Wine Press Club：新南威尔士葡萄

酒新闻俱乐部
winery：酒厂、酒庄
wood：木头、木制品

X

xylose：木糖

Y

yeast wall：酵母菌皮

Z

zinc：锌